普通高等学校“十四五”规划土建学科创新应用型系列教材
装配式建筑智能化建造与设计丛书

装配式冷弯薄壁型钢建筑结构基础

主编：吴鑫文　郭保生
主审：那洪志　袁富贵

华中科技大学出版社
中国·武汉

图书在版编目(CIP)数据

装配式冷弯薄壁型钢建筑结构基础/吴鑫文，郭保生主编. —武汉：华中科技大学出版社，2022.3
ISBN 978-7-5680-8112-2

Ⅰ. ①装… Ⅱ. ①吴… ②郭… Ⅲ. ①装配式构件-冷弯-轻型钢结构-建筑结构 Ⅳ. ①TU392.1

中国版本图书馆 CIP 数据核字(2022)第 045613 号

装配式冷弯薄壁型钢建筑结构基础 吴鑫文 郭保生 主编
Zhuangpeishi Lengwan Baobi Xinggang Jianzhu Jiegou Jichu

策划编辑：胡天金
责任编辑：陈 骏
封面设计：原色设计
责任监印：朱 玢
出版发行：华中科技大学出版社(中国·武汉) 电话：(027)81321913
武汉市东湖新技术开发区华工科技园 邮编：430223
录 排：华中科技大学惠友文印中心
印 刷：武汉市籍缘印刷厂
开 本：787mm×1092mm 1/16
印 张：14.75
字 数：368 千字
版 次：2022 年 3 月第 1 版第 1 次印刷
定 价：49.80 元

华中出版

本书若有印装质量问题，请向出版社营销中心调换
全国免费服务热线：400-6679-118 竭诚为您服务

序 1

大禾速建建筑科技有限公司(以下简称大禾建科)是一家专门从事钢结构装配式建筑技术研究、装配式建筑互联网服务的高科技企业,为客户提供技术服务、项目咨询、新型建筑材料供应链服务。自 2016 年创立以来与全球钢结构装配式建筑领域里的多家院校、机构、专家建立了长期合作关系,于 2017 年成立了培训中心后改为大禾灯塔好房子培训中心,于 2019 年在厦门附近的长泰县创办了模块化房屋实验工厂并获得了美国 ICC 认证,于 2020 年与广东白云学院创办的大湾区装配式建筑培训中心合作共建培训机构,于 2021 年与华侨大学共同合作创建了智能装配式建筑技术联合研发中心。旗下的大禾速建品牌是国内首家轻钢建筑建材优选集采平台,以开放的态度为全球的伙伴们提供服务,助力装配式建筑高速发展,推动建筑工业化进程,致力于让每个家庭享受智能化建筑带来的幸福美好生活。

冷弯薄壁型钢房屋行业在 2015 年前人才匮乏,用一片荒芜来形容那时的状况都不为过。当时国内还没有自己的设计软件,购买软件需要进口,学习软件还需要从国外请专家来华授课,高昂的价格让企业望而却步,后续的进阶学习也是个大问题,长此以往行业如何发展?为解决这些难题,推动行业发展,大禾建科便组织人力从培养设计人才开始入手。从 2015 年开始打造结构设计软件培训课程,将结构设计部主管吴鑫文及几位结构设计师抽调出来进行软件教学工作,密集时每月一期公开授课,不仅提供软件教学还把房屋设计知识融入其中,取得行业内的一致好评,其中积累的经验也为国内自主研发 BuildiPRO 设计软件奠定了基础。2018 年开始与阳地钢(北京)装配式建筑设计研究院共同举办施工员的培训工作。2019 年初,行业的快速发展带来了巨大施工管理技术人员的缺口,于是把创新中心经理那洪志、部品件主管刘志文等人抽调出来,升级原来的培训部门,共同组建了大禾灯塔好房子培训中心,扩展了施工技术、施工组织管理等一系列人才培训内容。时至今日,中心共培养了软件应用设计人才超 1000 多人,优秀施工技术员 300 多人。2021 年中心还开展了走出去服务的活动,先后给多家企业开设定制培训课程。

回首大禾灯塔好房子培训中心的发展,经历了非常多的困难,过程一路坎坷,幸好我们这一群人乐在其中,相互鼓励、一路坚持。在疫情影响的困难环境背景下,还依然做出了成果,能把我们多年的教学、实践经验整理汇编成册,并与广东白云学院共同合作将其出版为教材，难能可贵。感谢这一路上支持我们的朋友们，感谢在身后默默付出的家人们。希望这本书能成为热爱轻钢建房的朋友们的工作指导资料，为在技术探索道路上前行的你点亮一盏灯，如果还能为冷弯薄壁型钢行业的发展起到一定推动作用，我们将倍感欣慰。

大禾速建建筑科技有限公司

大禾灯塔好房子培训中心

2022 年 1 月

序 2

“双碳”战略的启动将积极推动我国高品质绿色建筑的建设，这对建筑行业来说不仅是挑战，更是机遇。超低能耗、近零能耗建筑的提出对建筑全生命周期产生了较大的影响。从建筑规划与设计、材料与构建生产、建造与运输、运行与维护直到拆除与处理的每个环节都将发生巨大的变化。加强每个环节的技术创新和集成，利用新技术实现建造全流程低碳化是实现建筑领域“双碳”目标的有效路径。

冷弯薄壁型钢建筑结构作为装配式建筑结构体系之一，具有低能耗、低排放、综合经济效益显著的突出优势，目前该结构体系已在美国、澳大利亚和新西兰等国家广泛应用。冷弯薄壁型钢结构体系符合我国大力发展绿色建筑、建设节约型社会、走可持续高质量发展道路的国情。

本书由大禾速建建筑科技有限公司和广东白云学院共同编制。大禾速建建筑科技有限公司多年来致力于装配式钢结构建筑行业智能化的发展，在装配式冷弯薄壁型钢结构设计和建造方面具有先进的技术和丰富的经验，通过校企联合的方式，对促进装配式冷弯薄壁型钢行业的发展具有积极作用。

本书依据相关技术标准和图集进行编制，涉及冷弯薄壁型钢住宅骨架、组合梁柱、连接件、组合墙体、屋盖、屋架、楼梯等，是一本全面且详细的装配式冷弯薄壁型钢建筑结构图集，同时对冷弯薄壁型钢结构体系的构造作了全面的阐述说明。本书图文并茂，内容详实，具有较强的技术性和实用性，可作为装配式冷弯薄壁型钢建筑结构学习及培训的基础教材，同时也可作为冷弯薄壁型钢结构设计和施工的参考手册。本书可以为更多从事冷弯型钢行业的工程技术人员提供帮助，同时希望本书能够对轻钢行业的高质量发展和普及起到促进作用。

虞　诚

美中钢结构协会　会长

美国北德克萨斯大学　教授

2022 年 1 月

前言

中共中央、国务院印发的《关于加快推进生态文明建设的意见》及国务院出台的《国家新型城镇化规划(2014—2020年)》等一系列文件中提出要大力推进装配式建筑的发展。发展装配式建筑是建造方式的重大变革,有利于促进建筑产业转型升级。2060年国家要实现碳中和的目标,其中建筑行业的碳中和将起到重要的作用。发展装配式建筑是实现建筑行业碳中和的一个主要举措。

装配式建筑是指采用在工厂预制的部品部件在施工工地装配而成的建筑,包括钢筋混凝土装配式建筑、重钢结构装配式建筑、冷弯薄壁型钢结构装配式建筑、现代木结构建筑和其他符合装配式特征的建筑。它具有标准化设计、工厂化生产、装配化施工、一体化装修、信息化管理、智能化应用等六大特征。

装配式冷弯薄壁型钢结构建筑体系是装配式建筑中的一个重要体系,已经在全国各个省份快速发展,被广泛运用于新农村住宅、旅游景点、仓库、办公室、工业厂房、体育设施等六层及以下建筑,具有抗震好、自重轻、工厂化生产、现场轻量化安装、施工周期短、施工现场以干作业为主、噪声低、对环境不造成污染、环保性能好等优点。

本书根据《低层冷弯薄壁型钢房屋建筑技术规程》(JGJ 227— 2011)、《冷弯薄壁型钢多层住宅技术标准》(JGJ/T 421—2018)及《钢结构住宅(一)》(05J910—1)等国家相关技术标准和图集编制。

本书共分11个单元,主要内容包括:住宅骨架;组合柱与组合梁;常用连接件;CU结构墙体;CC结构墙体;CU结构楼盖;CC桁架结构楼盖;斜梁屋面与CC背对背屋架;CC开口连接屋架;屋盖骨架;楼梯。

本书适合作为装配式冷弯薄壁型钢结构建筑学习及培训的基础教材。本书采用图文并茂的方式编写,内容翔实,技术性强,通俗易懂。

本书图中数据中未注单位均为毫米。本书可供行业内的专业人士和即将跨入本行业的从业人员参考和交流。

本书主要编写单位:厦门大禾速建建筑科技有限公司
广东白云学院
大禾众邦(厦门)智能科技股份有限公司
粤港澳大湾区装配式建筑技术培训中心
厦门大禾灯塔好房子培训中心

总　策　划:何永康
主　　　编:吴鑫文　郭保生
主　　　审:那洪志　袁富贵
主要参编人员:马中华　刘志文　李文童　张　涛
黄　珏　丁　斌　唐小方

目录

1. **冷弯薄壁型钢住宅骨架** …… 1
低层冷弯薄壁型钢房屋 CC 结构住宅骨架 …… 2
低层冷弯薄壁型钢房屋 CU 结构住宅骨架 …… 3
基础连接节点构造示意 …… 4
C 形截面(卷边槽形截面) …… 5
U 形截面(普通槽形截面) …… 6
构件开孔示意 …… 7
孔口加强 …… 8
同一平面内构件形心的偏差——C 形楼盖梁 …… 9
同一平面内构件形心的偏差——桁架梁 …… 10
螺钉连接示意 …… 11
螺钉间距 …… 12

2. **组合柱与组合梁** …… 13
组合柱形式一 …… 14
组合柱形式二 …… 15
组合梁形式一 …… 16
组合梁形式二 …… 17
组合梁加劲件 …… 18
单榀桁架组合梁 …… 19
多榀桁架组合梁 …… 20
组合梁柱连接一 …… 21
组合梁柱连接二 …… 22
组合梁柱连接三 …… 23
组合梁与墙体连接一(T 形) …… 24
组合梁与墙体连接二(L 形) …… 25
组合梁与墙体连接三(一字形) …… 26
桁架式组合梁与墙体连接一(T 形) …… 27
桁架式组合梁与墙体连接二(L 形) …… 28
桁架式组合梁与墙体连接三(一字形) …… 29
组合梁与组合梁连接 …… 30
组合梁与楼盖梁连接一 …… 31
组合梁与楼盖梁连接二 …… 32

组合梁与楼盖梁不等高连接 …… 33

3. 常用连接件 …… 34
抗拔件 …… 36
角码连接件 …… 37
直板连接件 …… 38
T形连接件 …… 39
拉带紧固件 …… 40
层间拉带/40 拉带 …… 41
穿心龙骨卡件 …… 42
过线孔卡件 …… 43
梁托 …… 44
菱形卡件 …… 45
桁架卡件(左、右) …… 46
屋顶卡件 …… 47

4. CU 结构墙体 …… 48
CU 结构墙体构造示意 …… 50
CU 组合墙体构造一 …… 51
CU 组合墙体构造二 …… 52
墙体与基础连接一 …… 53
墙体与基础连接二 …… 54
墙体与基础连接三 …… 55
墙体与基础连接四 …… 56
墙体与基础连接五 …… 57
墙体柱间支撑——穿心龙骨 …… 58
墙体柱间支撑——单面扁钢带 …… 59
墙体柱间支撑——双面扁钢带 …… 60
墙体柱间支撑——翼缘开槽 …… 61
墙体剪力支撑一 …… 62
墙体剪力支撑二 …… 63
双立柱墙体 …… 64
承重墙门窗箱形过梁 …… 65
承重墙门窗工字形过梁 …… 66
承重墙门窗 L 形钢板过梁 …… 67
非承重墙门窗过梁 …… 68
窗台一 …… 69
窗台二 …… 70
橱柜、空调等支撑 …… 71

穿墙管道 …… 72
墙体转角连接一 …… 73
墙体转角连接二 …… 74
墙体转角连接三 …… 75
墙体 T 形连接一 …… 76
墙体 T 形连接二 …… 77
墙体一字形连接 …… 78
三面墙体连接一(转角＋一字形连接) …… 79
三面墙体连接二(一字形＋T 形连接) …… 80
三面墙体连接三(二个转角连接) …… 81
上下层墙体连接一 …… 82
上下层墙体连接二 …… 83
上下层墙体连接三 …… 84
非承重墙体平行于楼盖梁的连接 …… 85
墙面板与墙架的连接 …… 86
墙面板水平接缝加强连接 …… 87

5. **CC 结构墙体** …… 88
CC 结构墙体构造示意 …… 90
CC 组合墙体构造一 …… 91
CC 组合墙体构造二 …… 92
墙体与基础连接一 …… 93
墙体与基础连接二 …… 94
墙体与基础连接三 …… 95
墙体与基础连接四 …… 96
墙体与基础连接五 …… 97
墙体柱间支撑一 …… 98
墙体柱间支撑二 …… 99
墙体剪力支撑一 …… 100
墙体剪力支撑二 …… 101
双立柱墙体 …… 102
承重墙门窗箱形过梁 …… 103
承重墙门窗工字形过梁 …… 104
承重墙门窗倒 Y 形过梁 …… 105
承重墙门窗倒 L 形钢板过梁 …… 106
非承重墙门窗过梁 …… 107
窗台 …… 108
橱柜、空调等支撑 …… 109
穿墙管道 …… 110

墙体转角连接一 …… 111
墙体转角连接二 …… 112
墙体转角连接三 …… 113
墙体 T 形连接一 …… 114
墙体 T 形连接二 …… 115
墙体一字形连接 …… 116
三面墙体连接一(转角＋一字形连接) …… 117
三面墙体连接二(一字形＋T 形连接) …… 118
三面墙体连接三(二个转角连接) …… 119
上下层墙体连接一 …… 120
上下层墙体连接二 …… 121
上下层墙体连接三 …… 122
非承重墙体平行于楼面桁架的连接 …… 123
墙面板与墙架的连接 …… 124
墙面板水平接缝加强连接 …… 125

6. CU 结构楼盖 …… 126
CU 结构楼盖构造示意 …… 128
腹板加劲件 …… 129
刚性支撑连接 …… 130
刚性支撑一 …… 131
刚性支撑二 …… 132
刚性支撑三 …… 133
楼板开洞 …… 134
楼盖梁背对背加强 …… 135
楼盖梁与上下层墙体立柱轴线偏差 …… 136
楼盖与基础连接一 …… 137
楼盖与基础连接二 …… 138
楼盖与基础连接三 …… 139
楼盖与基础连接四 …… 140
楼盖梁与承重墙连接一 …… 141
楼盖梁与承重墙连接二 …… 142
楼盖梁与承重墙连接三 …… 143
楼盖梁与承重墙连接四 …… 144
楼盖梁与承重墙连接五 …… 145
楼盖梁与承重墙连接六 …… 146
楼盖梁穿管线 …… 147
湿区下沉连接 …… 148
楼面铺板 …… 149

楼面板接缝加强连接 …… 150

7. CC 桁架结构楼盖 …… 151
CC 桁架结构楼盖构造示意 …… 152
刚性支撑一 …… 153
刚性支撑二 …… 154
桁架梁加强一 …… 155
桁架梁加强二 …… 156
桁架梁加强三 …… 157
桁架梁加强四 …… 158
桁架梁与上下层墙体立柱轴线偏差 …… 159
桁架梁与承重墙连接一 …… 160
桁架梁与承重墙连接二 …… 161
桁架梁与承重墙连接三 …… 162
桁架梁与承重墙连接四 …… 163
桁架梁与承重墙连接五 …… 164
桁架梁穿管线 …… 165
湿区下沉连接 …… 166
楼面铺板 …… 167
楼面板接缝加强连接 …… 168

8. 斜梁屋面与 CC 背对背屋架 …… 169
斜梁屋面构造示意 …… 170
CC 背对背屋架构造示意 …… 171
屋架上弦与屋脊连接一 …… 172
屋架上弦与屋脊连接二 …… 173
屋架上弦与屋脊连接三 …… 174
CC 背对背屋架节点加强一 …… 175
CC 背对背屋架节点加强二 …… 176
屋架与墙体连接一 …… 177
屋架与墙体连接二 …… 178
屋架与墙体连接三 …… 179
屋架与墙体连接四 …… 180
山墙屋架与墙体连接 …… 181
屋架侧向支撑 …… 182
主屋架与次屋架连接 …… 183
屋脊折板连接 …… 184
雨篷屋架与墙体连接 …… 185
屋面铺板 …… 186

9. CC 开口连接屋架 …… 187
CC 开口连接屋架构造示意 …… 188
屋架与墙体立柱轴线偏差 …… 189
屋架下弦加强 …… 190
屋架与墙体连接一 …… 191
屋架与墙体连接二 …… 192
连续屋架与墙体连接 …… 193
山墙屋架与墙体连接 …… 194
屋架下弦分段拼接 …… 195
屋架与屋架对接 …… 196
屋架侧向支撑一 …… 197
屋架侧向支撑二 …… 198
主屋架与次屋架连接 …… 199
雨篷屋架与墙体连接 …… 200
屋架、墙体和吊顶面板的连接 …… 201

10. 屋盖骨架 …… 202
屋盖骨架构造示意 …… 203
屋盖骨架与屋架连接一 …… 204
屋盖骨架与屋架连接二 …… 205
屋盖骨架间连接 …… 206
屋脊折板连接 …… 207
屋谷折板连接 …… 208
檐口折板连接一 …… 209
檐口折板连接二 …… 210
屋盖铺板 …… 211

11. 楼梯 …… 212
落地式墙体楼梯一构造 …… 213
落地式墙体楼梯一连接 …… 214
落地式墙体楼梯二构造 …… 215
落地式墙体楼梯二连接 …… 216
CU 组合梁式楼梯构造 …… 217
CU 组合梁式楼梯连接 …… 218
桁架组合梁式楼梯构造 …… 219
桁架组合梁式楼梯连接 …… 220

参考文献 …… 221

1. 冷弯薄壁型钢住宅骨架

冷弯薄壁型钢是指在室温下将厚度 3.0 mm 以内的薄钢带通过辊轧或冲压弯折成各种截面的型钢，是通过改变钢带的截面形状的方法，用较少的材料来承受较大的外荷载。冷弯薄壁型钢采用符合我国现行标准《碳素结构钢》(GB/T 700)和《低合金高强度结构钢》(GB/T 1591)的规定；镀锌和镀铝锌钢板及钢带的质量应符合现行国家标准《连续热镀锌钢板及钢带》GB/T2518 和《连续热镀铝锌合金镀层钢板及钢带》GB/T14978 的规定。钢板的表面镀有锌、铝、镁等合金层，其镀层的质量应符合国家现行有关标准的规定，在不破坏镀层的情况下骨架可以在 50 年内不锈蚀。

冷弯薄壁型钢生产的产品通常比热成型产品更薄，生产速度更快，成本更低。冷弯薄壁型钢的主要截面形状有 C 形、U 形、L 形、几字形(帽型)、Z 形等。

冷弯薄壁型钢通过自攻螺钉、拉铆钉、射钉、螺栓等连接方式组合成建筑中的各种骨架，又称为结构骨架(龙骨骨架)。自攻螺钉、拉铆钉、射钉、螺栓等应符合国家现行有关标准的规定。冷弯薄壁型钢结构建筑中的结构骨架主要是以 C 形和 U 形截面的型钢组合而成。

本章主要通过图例的形式介绍冷弯薄壁型钢结构建筑的结构住宅骨架、基础连接节点构造、C 形及 U 形截面形式的构件、构件的开孔要求、螺钉的连接要求等内容。

低层冷弯薄壁型钢房屋 CC 结构住宅骨架

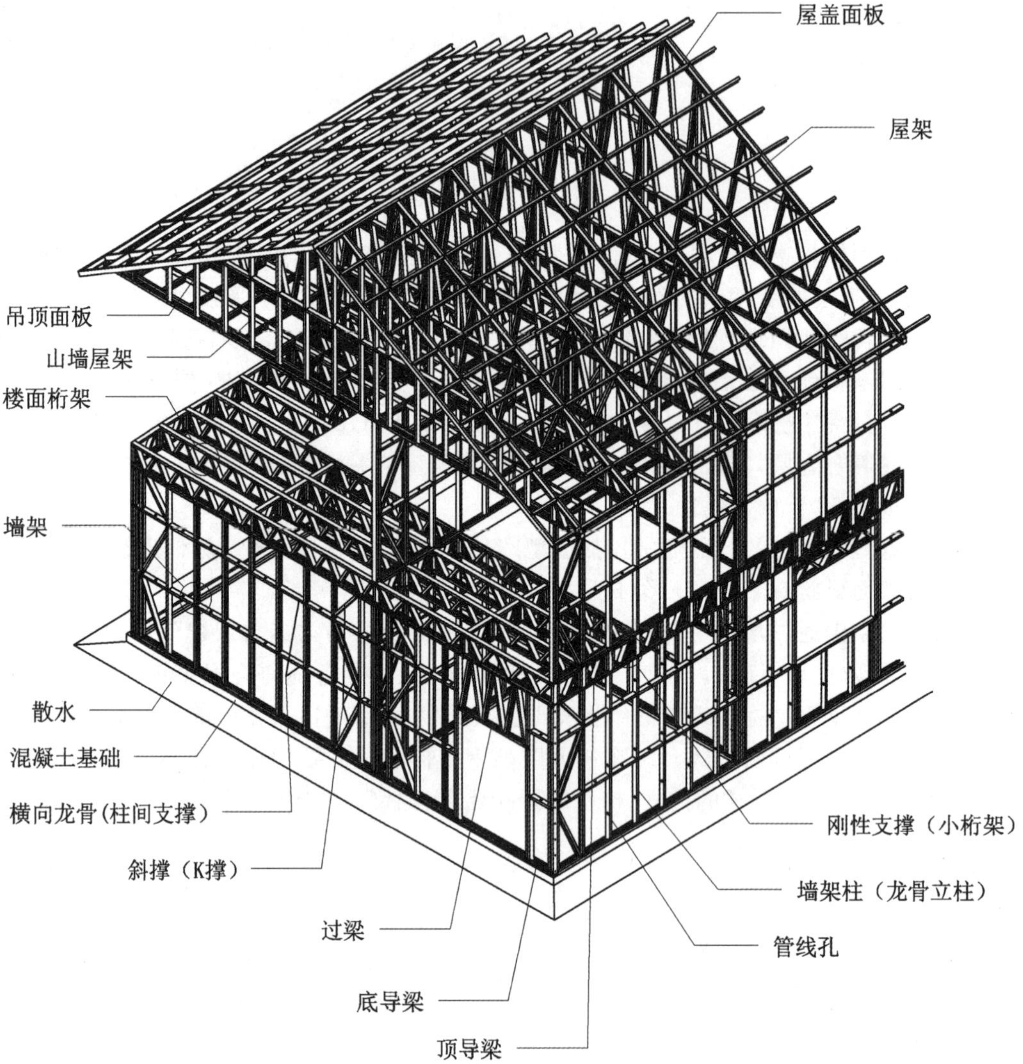

低层冷弯薄壁型钢房屋 CU 结构住宅骨架

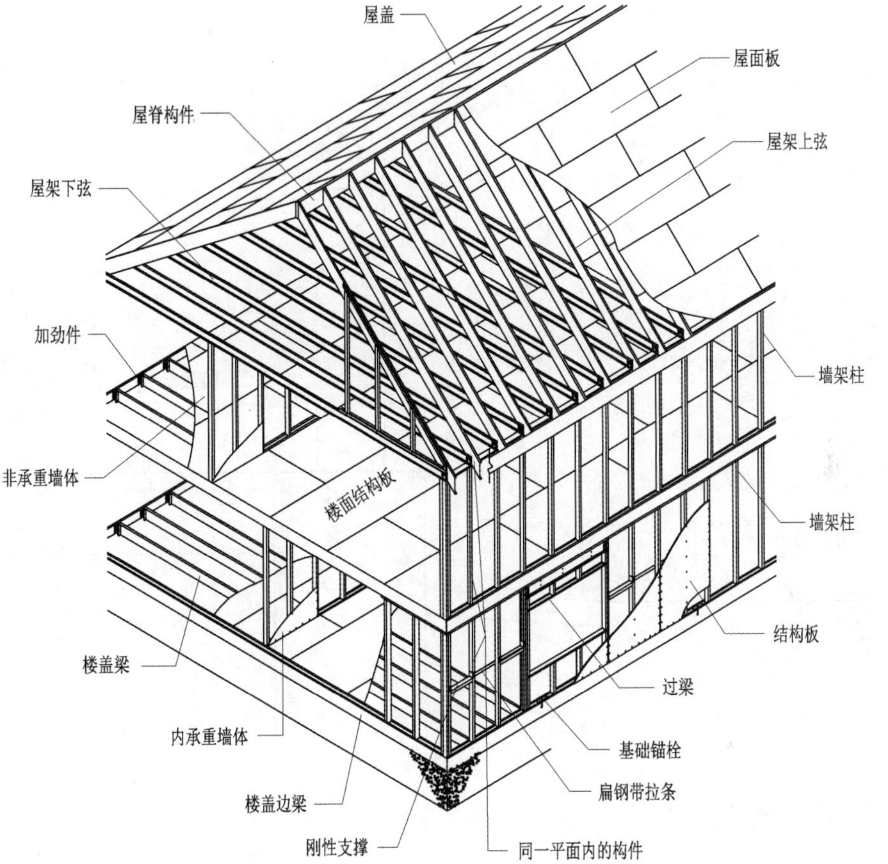

基础连接节点构造示意

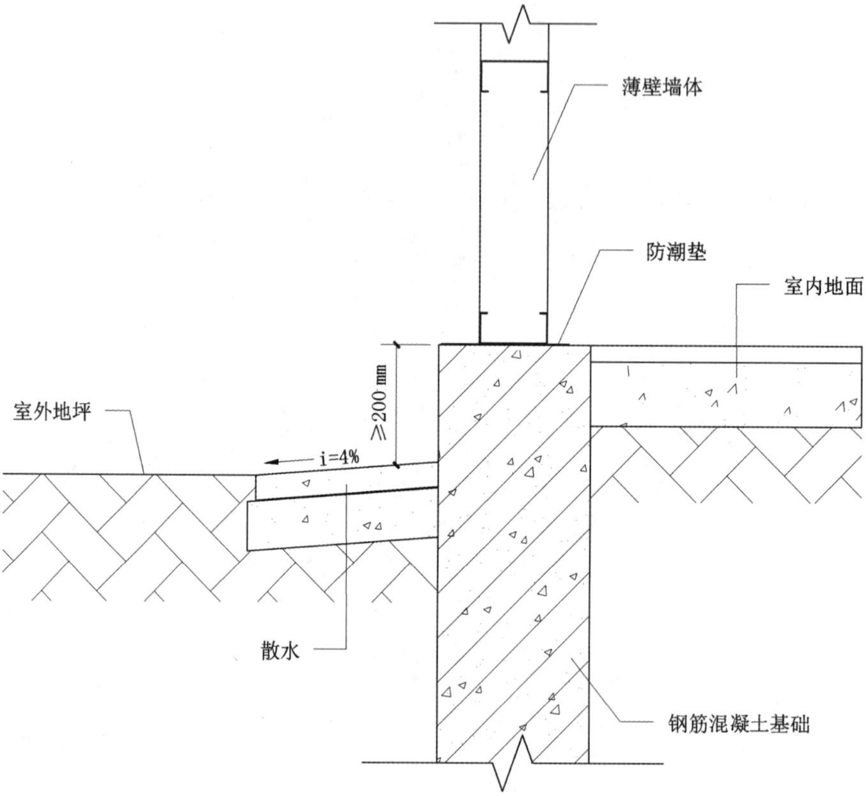

C 形截面(卷边槽形截面)

构件标记

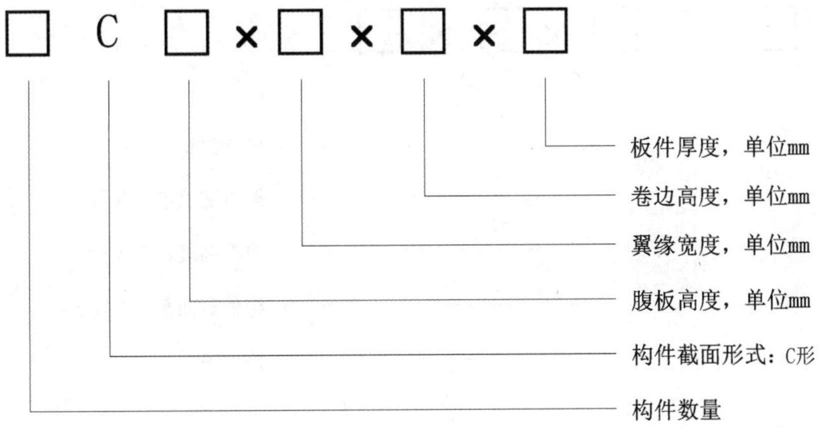

h — 腹板高度
b — 翼缘宽度
a — 卷边高度
t — 壁厚

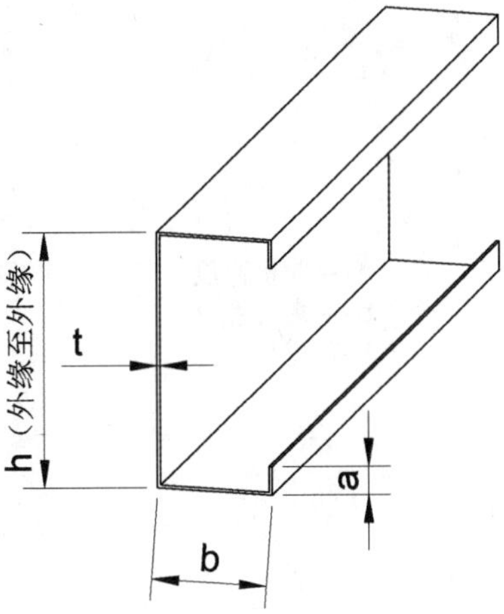

C形截面

C形截面展开宽度的计算方式：

h+2b+2a-4×(0.86+1.48t),0.86+1.48t是折弯系数

U 形截面(普通槽形截面)

构件标记

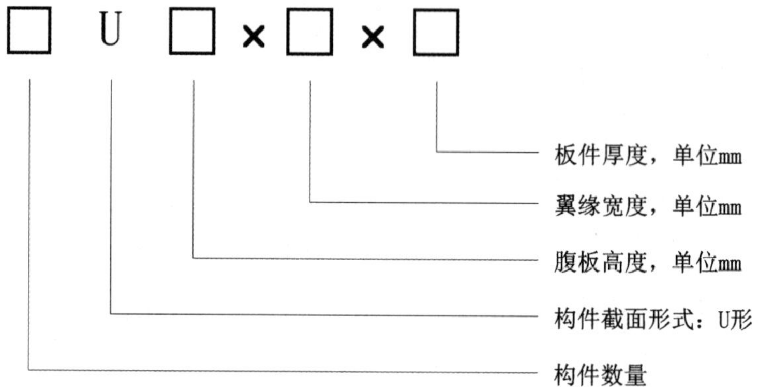

h — 腹板高度
b — 翼缘宽度
t — 壁厚

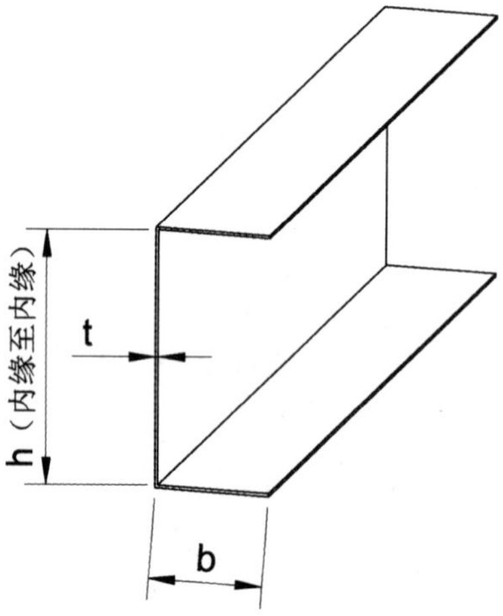

U形截面

U形截面展开宽度的计算方式：

h+2b+2b-2(0.86+1.48t),0.86+1.48t是折弯系数

构件开孔示意

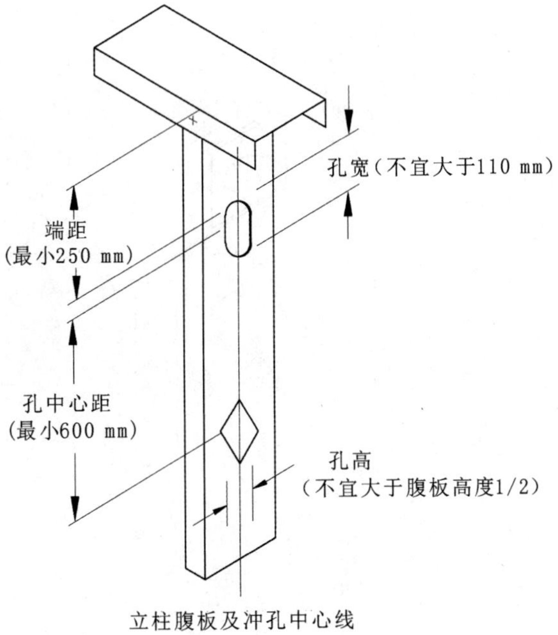
孔宽（不宜大于110 mm）
端距
（最小250 mm）
孔中心距
（最小600 mm）
孔高
（不宜大于腹板高度1/2）
立柱腹板及冲孔中心线

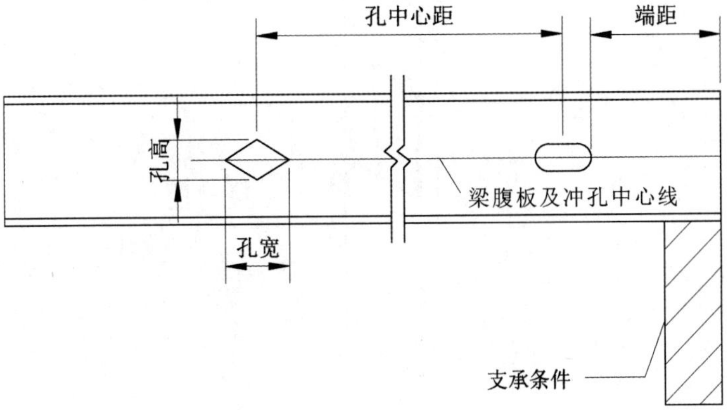
孔中心距
端距
孔高
梁腹板及冲孔中心线
孔宽
支承条件

孔口加强

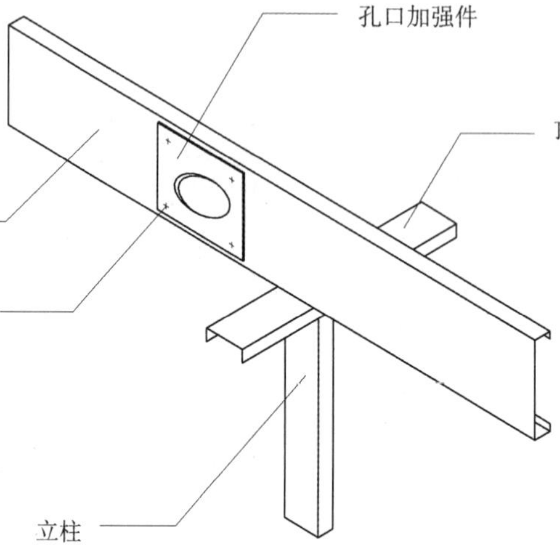

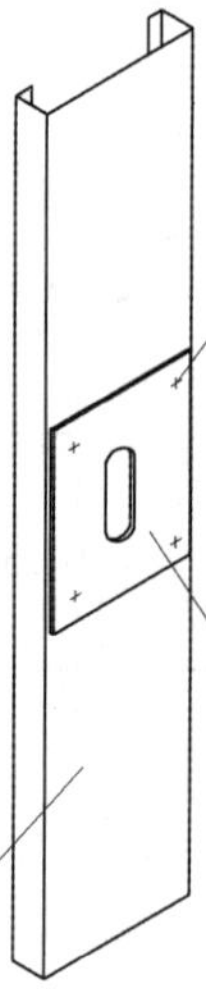

同一平面内构件形心的偏差——C 形楼盖梁

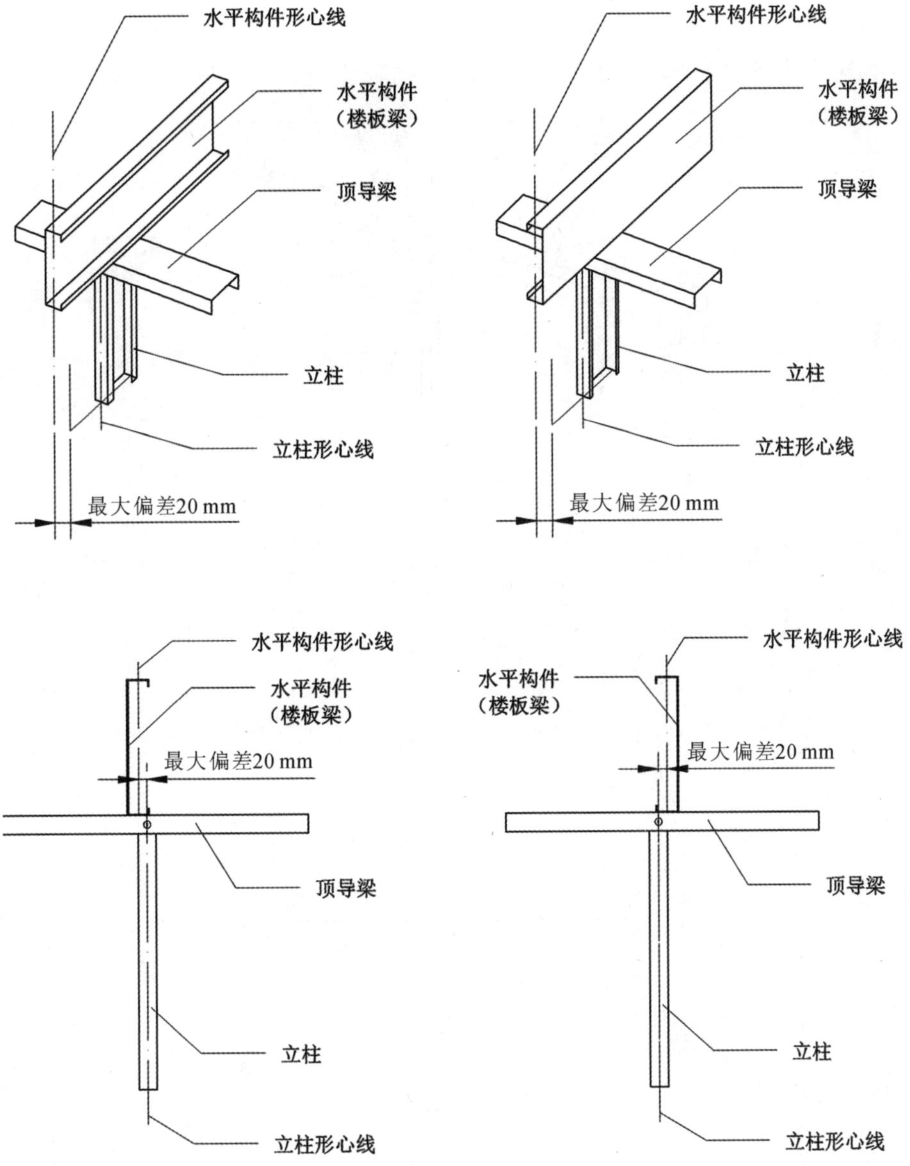

同一平面内构件形心的偏差——桁架梁

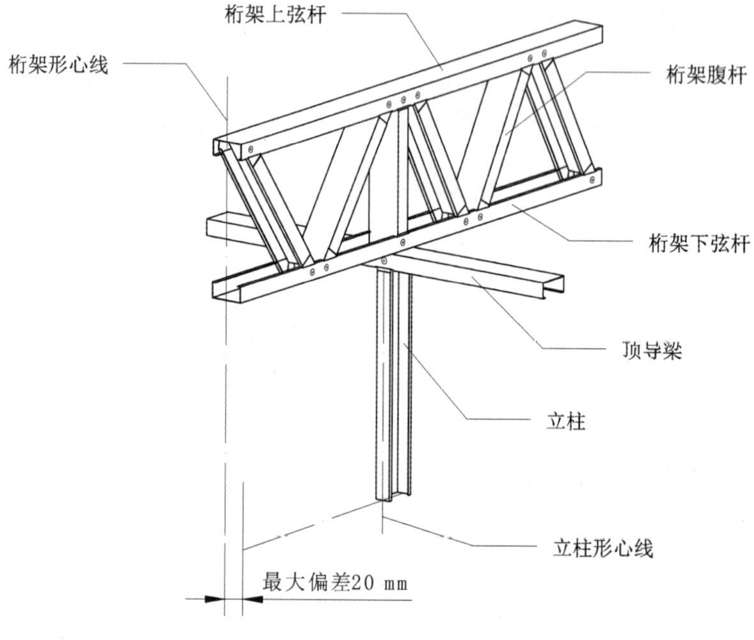

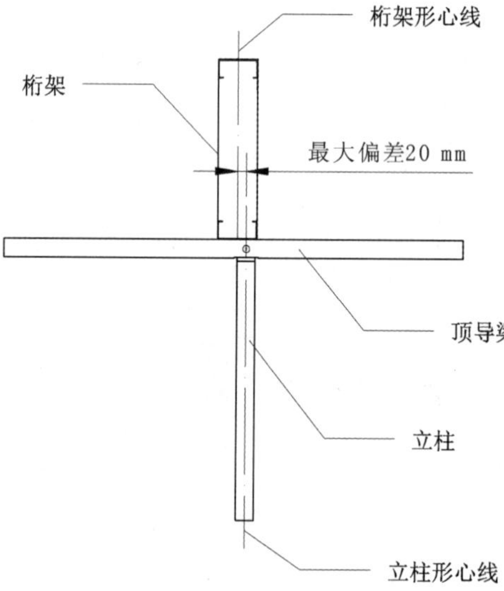

螺钉连接示意

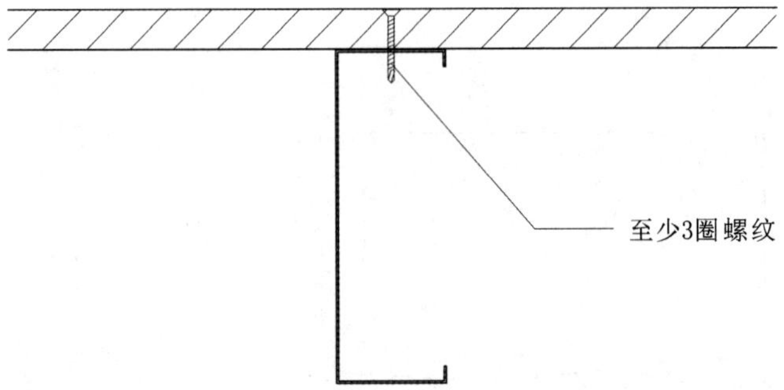

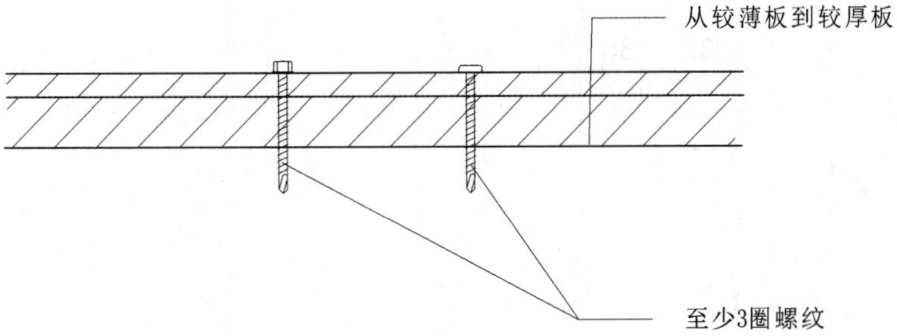

注：采用螺钉连接时，螺钉至少应有3圈螺纹穿过连接构件。用于钢板之间连接时，钉头应靠近较薄的构件一侧。

螺钉间距

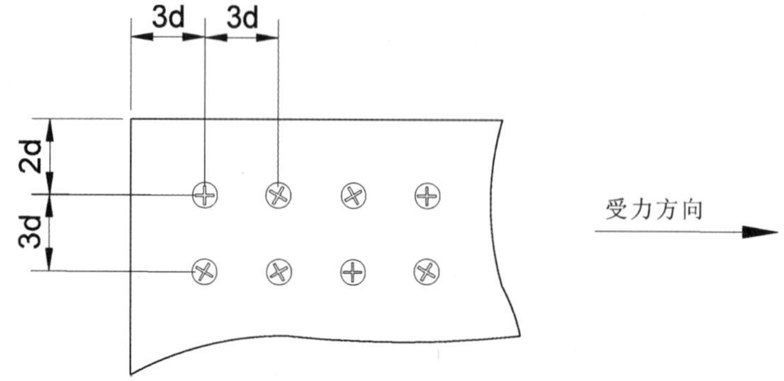

方形样式布钉

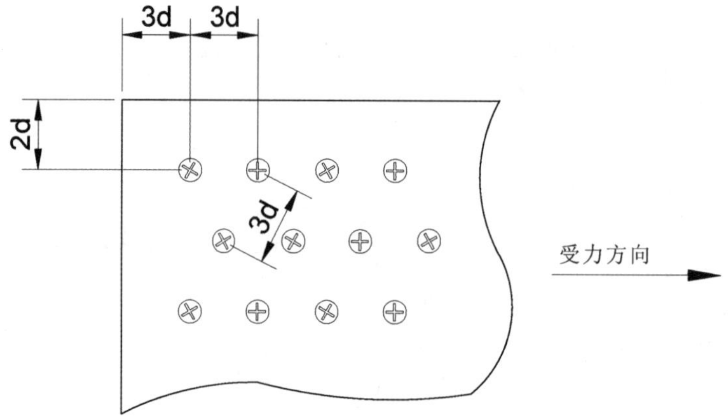

三角形样式布钉

注：d为螺钉直径。

螺钉的中心距和端距不得小于螺钉直径的3倍，边距不得小于螺钉直径的2倍。受力连接中的螺钉连接数量不得少于2个。

2. 组合柱与组合梁

冷薄壁型钢结构建筑中的结构由型钢柱与型钢梁组合而成。在单根的型钢柱和型钢梁不能满足薄壁型钢结构建筑的设计要求时，薄壁型钢结构均可采用组合柱与组合梁来构成型钢结构。型钢组合柱与型钢组合梁是用多根C形或U形型钢构件通过自攻螺钉或螺栓连接组合而成。单一型钢柱与型钢梁一般用于荷载较小的地方，或用于非承重结构部位，也可以用于模块的连接和作为加强构件使用。

型钢组合柱可以由2根或2根以上的型钢构件组成，型钢组合柱的组合方式有C形构件腹板背对背组合、C形构件钢带面对面组合、C形和U形混合式组合等多种组合形式。

型钢组合梁可以由2根或2根以上的型钢构件组成，具体选用多少根型钢构件要根据该梁的受力情况，经过力学计算来决定。型钢组合梁的组合形式有C形构件腹板背对背组合、C形构件钢带面对面组合、C形和U形混合式组合、箱型组合、桁架组合等多种组合形式。

对于荷载受力较大的梁，可以在梁中通过增加加劲件的方式来增加梁的承载力，加劲件一般应增加在组合梁的中间及支承部位，便于梁的稳定和均匀受力。

跨度较大的梁可以采用增加构件的钢板厚度、减小梁间距、增加构件数量和采用桁架组合梁的方式提高承受荷载的能力。为了生产和装配施工方便，大跨度结构宜采用桁架组合梁。

本章主要通过图例介绍冷弯薄壁型钢建筑的组合柱与组合梁的组合方式及螺钉或螺栓的连接应用等内容。

组合柱形式一

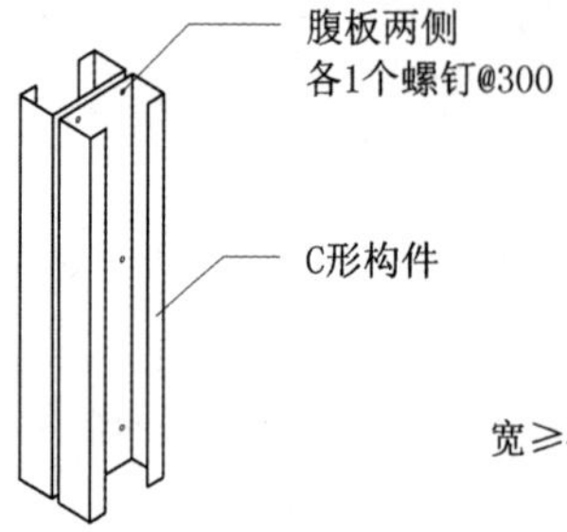

2C背对背

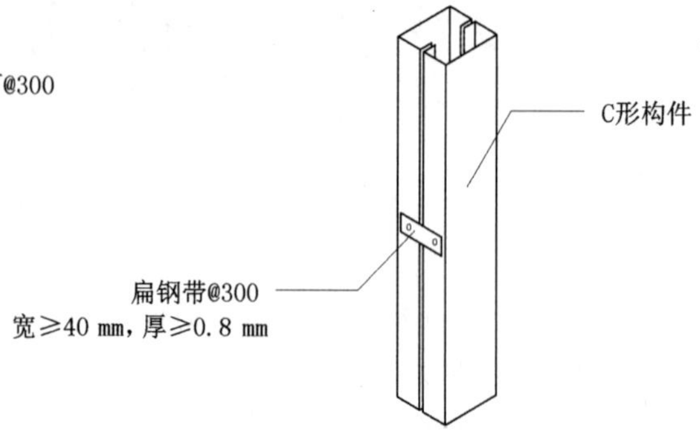

2C面对面

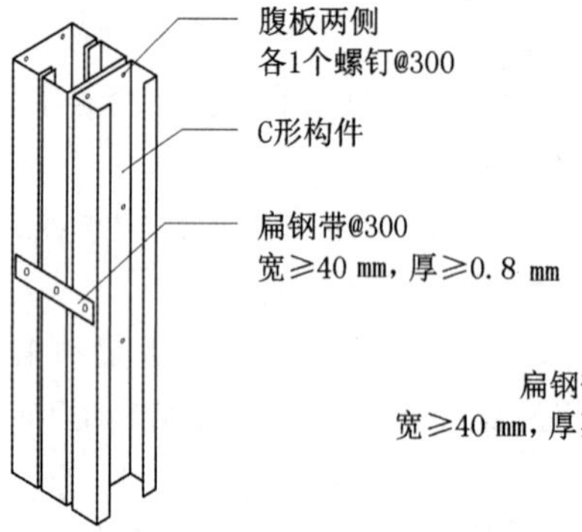

3C

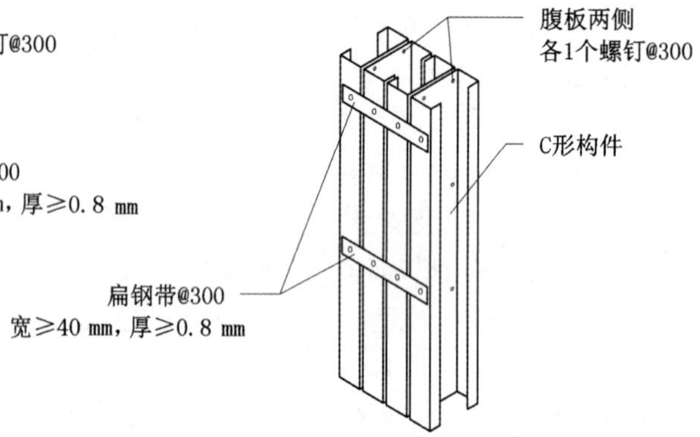

4C背对背

组合柱形式二

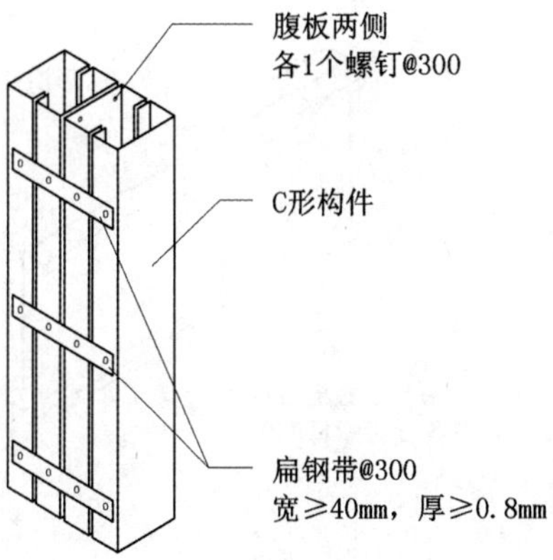

4C 面对面

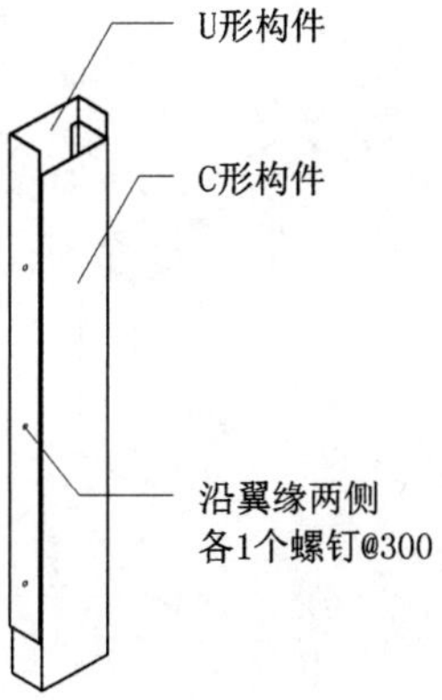

箱形(C+U)

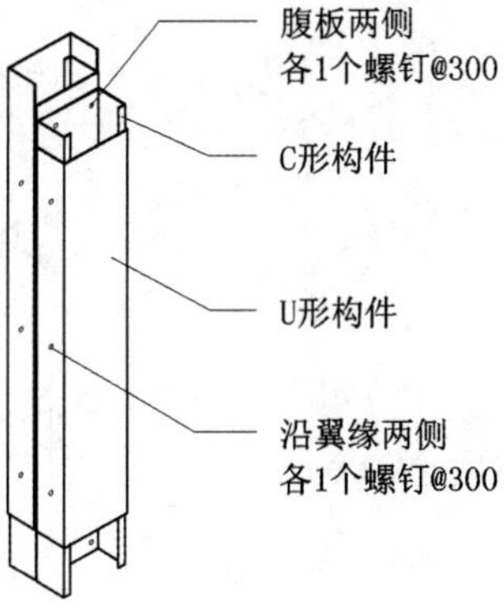

2箱形

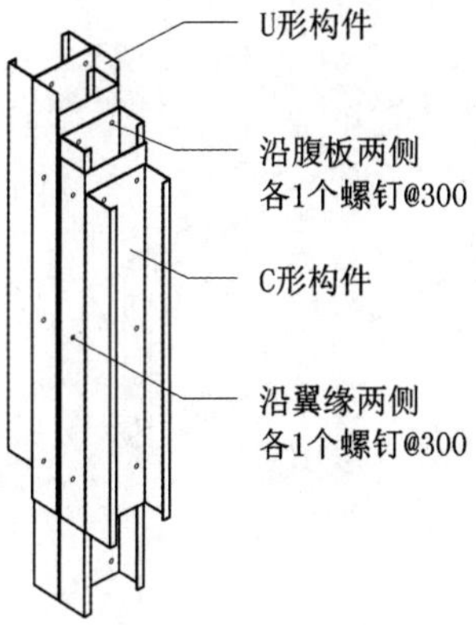

2箱形+2C

组合梁形式一

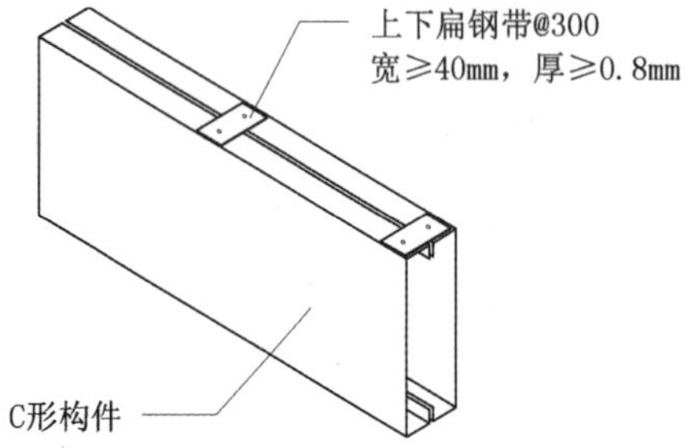

2C面对面

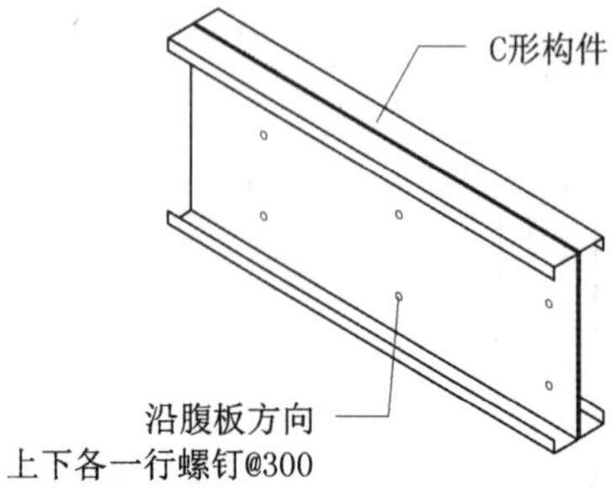

2C背对背

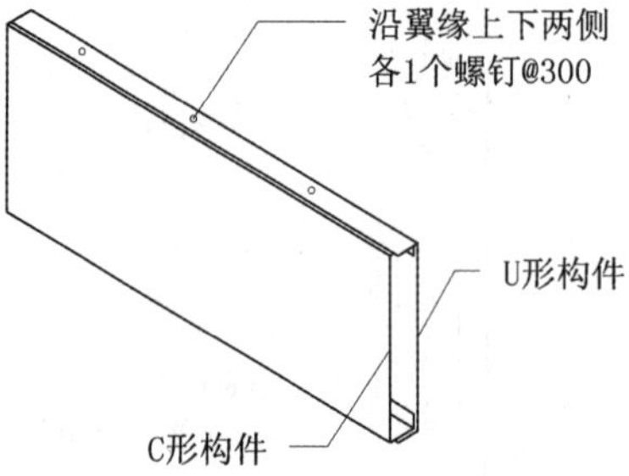

箱形(CU合抱)

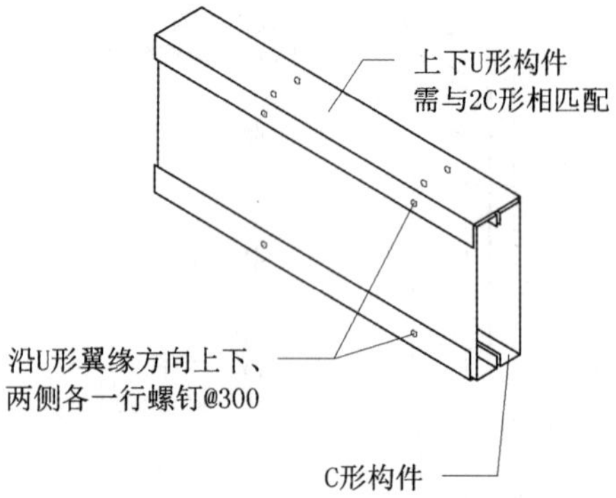

2C+2U面对面

组合梁形式二

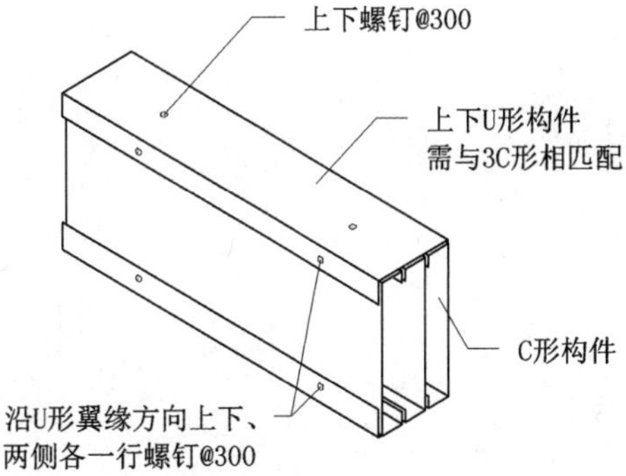

3C+2C组合

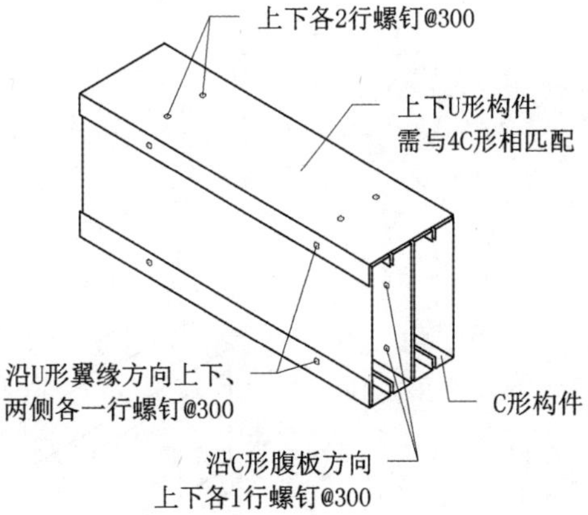

4C+2U组合

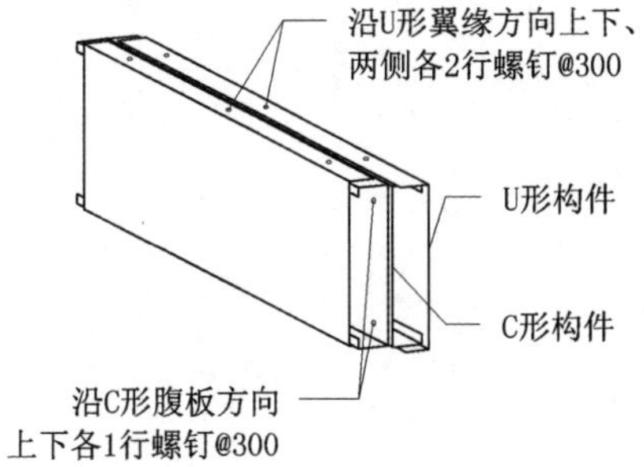

2箱形（2C+2U合抱）

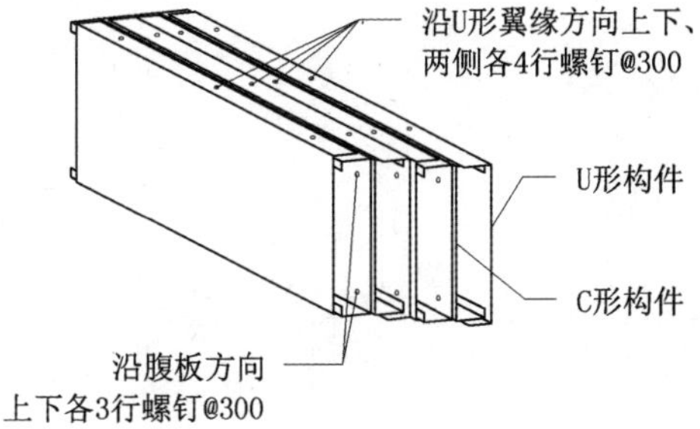

4箱形（4C+4U合抱）

组合梁加劲件

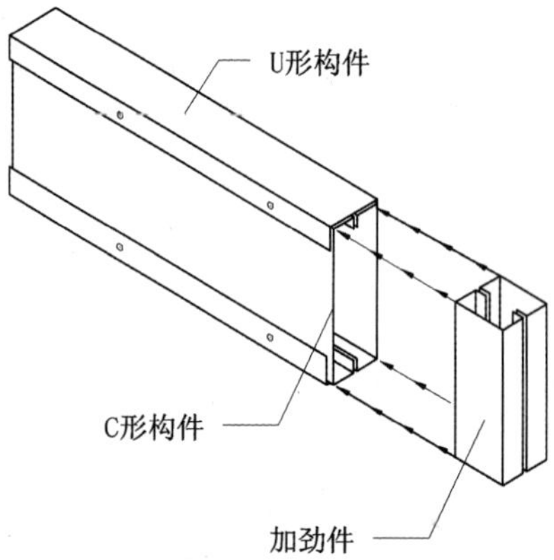

单榀桁架组合梁

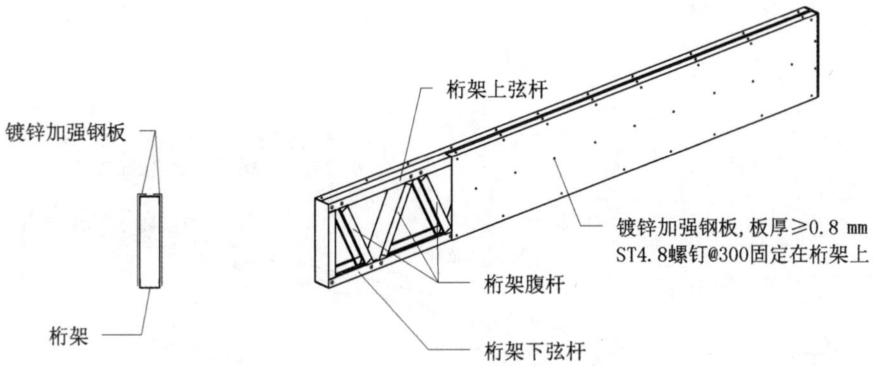

注:采用单榀桁架做为托梁时，桁架应用双面蒙钢板加固。

多榀桁架组合梁

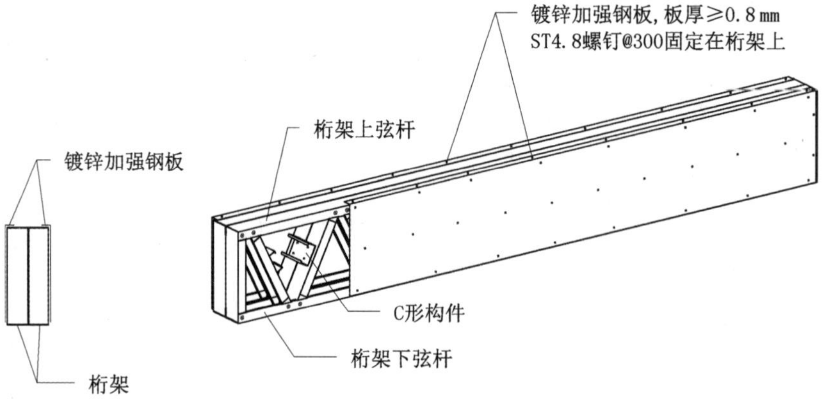
镀锌加强钢板，板厚≥0.8 mm
ST4.8螺钉@300固定在桁架上
桁架上弦杆
镀锌加强钢板
C形构件
桁架下弦杆
桁架

组合梁柱连接一

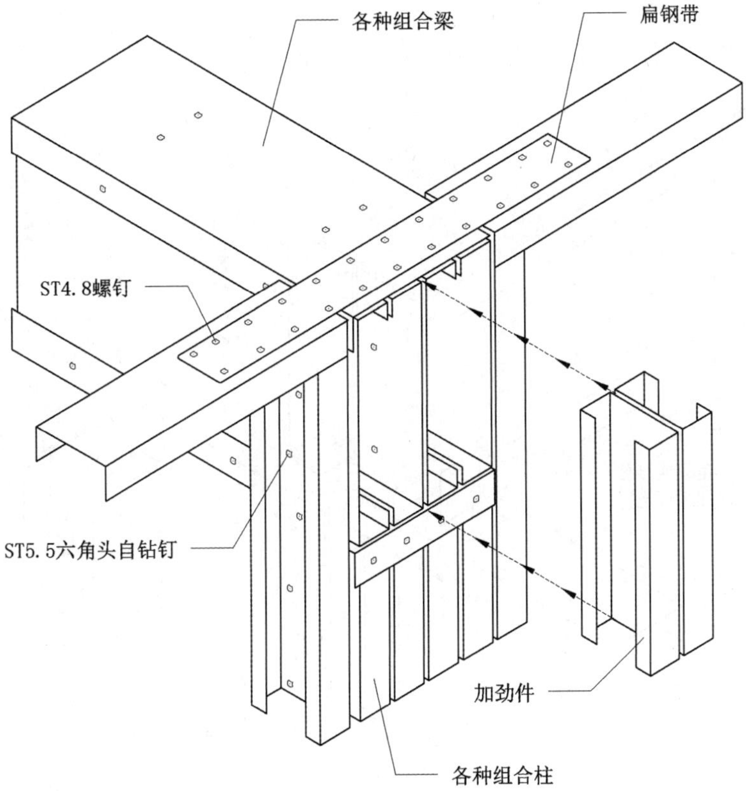
各种组合梁
扁钢带
ST4.8螺钉
ST5.5六角头自钻钉
加劲件
各种组合柱

组合梁柱连接二

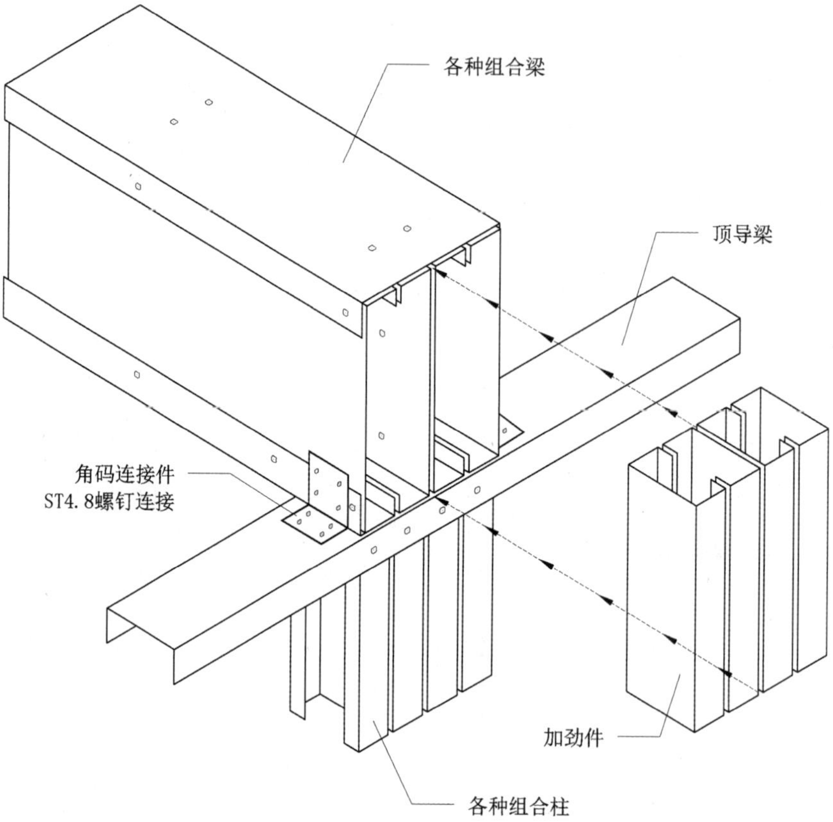
各种组合梁
顶导梁
角码连接件
ST4.8螺钉连接
加劲件
各种组合柱

组合梁柱连接三

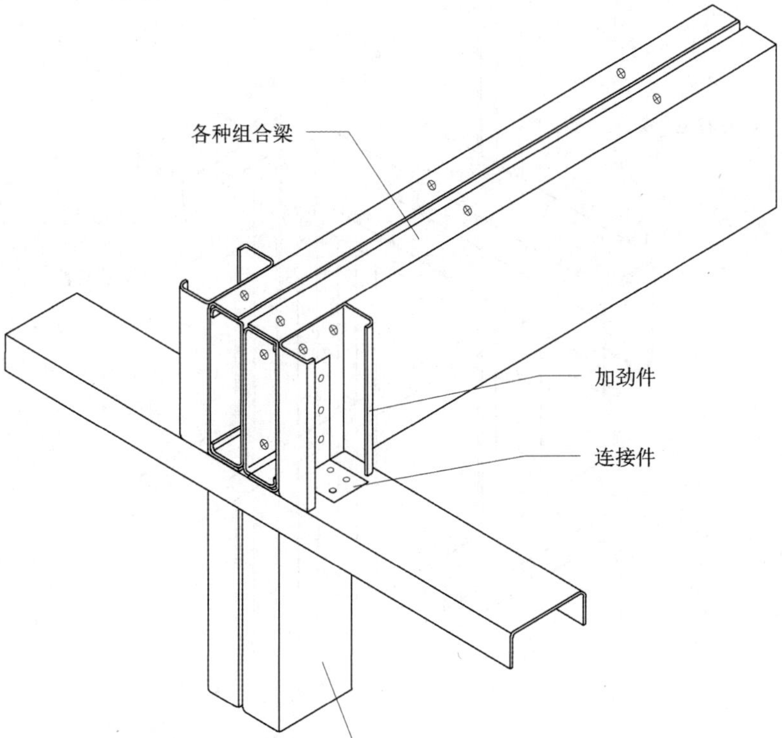

组合梁与墙体连接一(T 形)

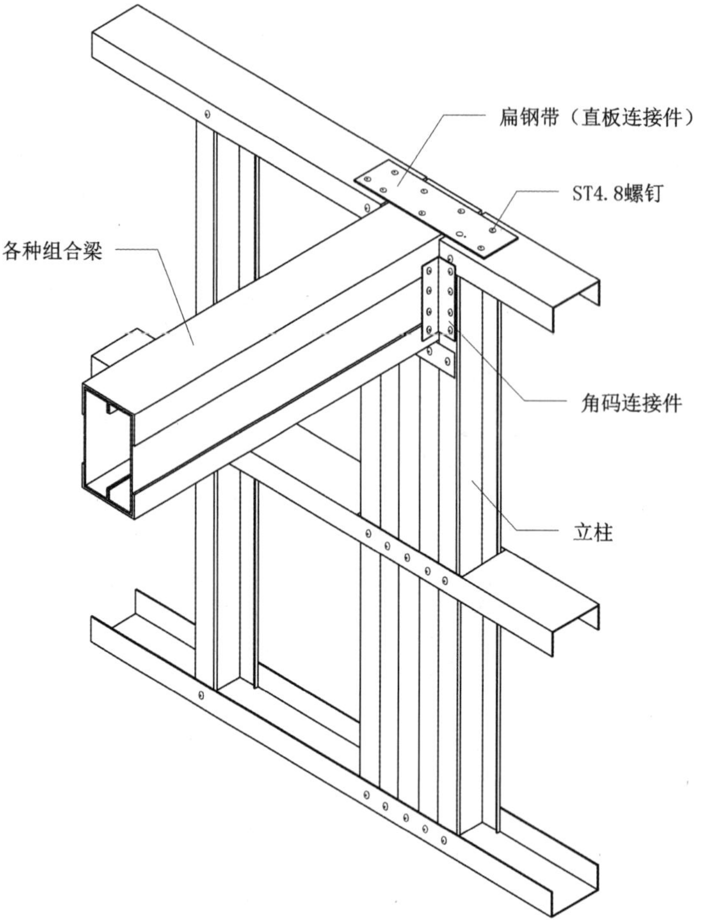

组合梁与墙体连接二(L 形)

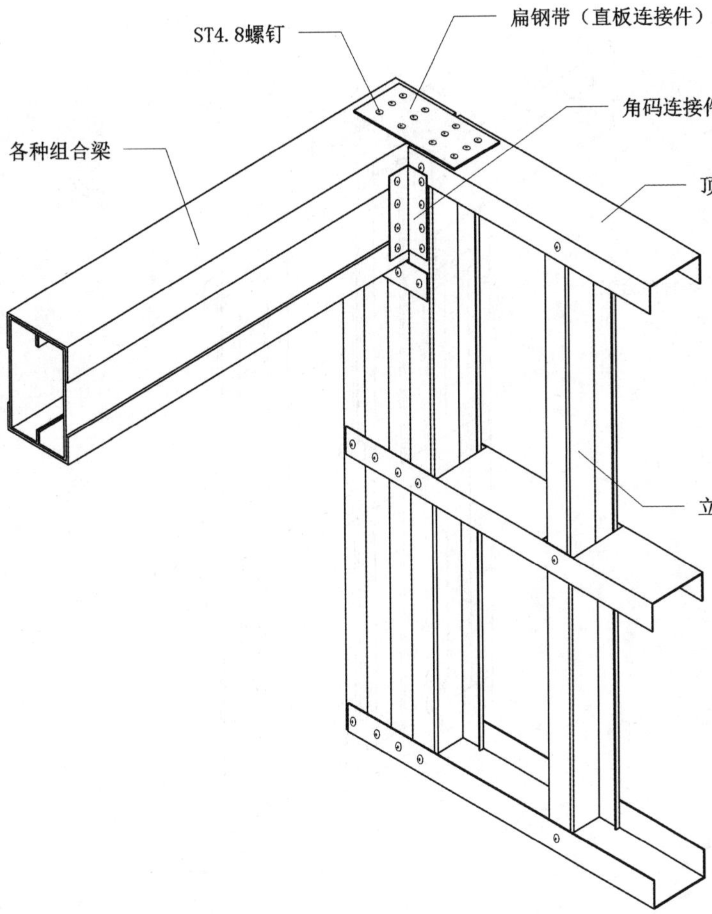

组合梁与墙体连接三(一字形)

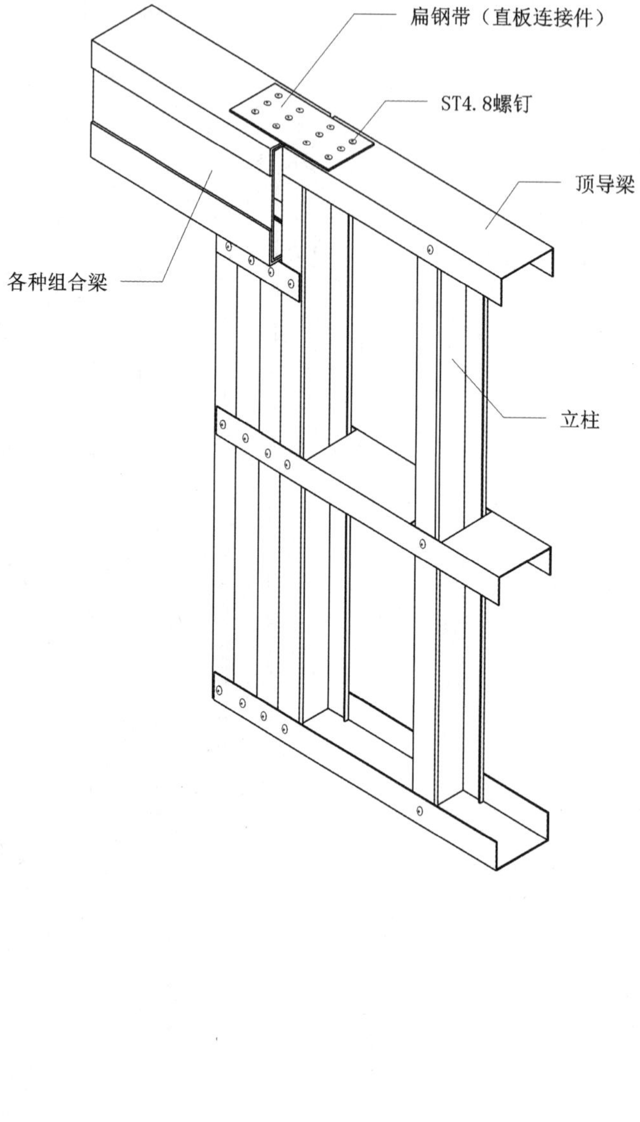

桁架式组合梁与墙体连接一(T 形)

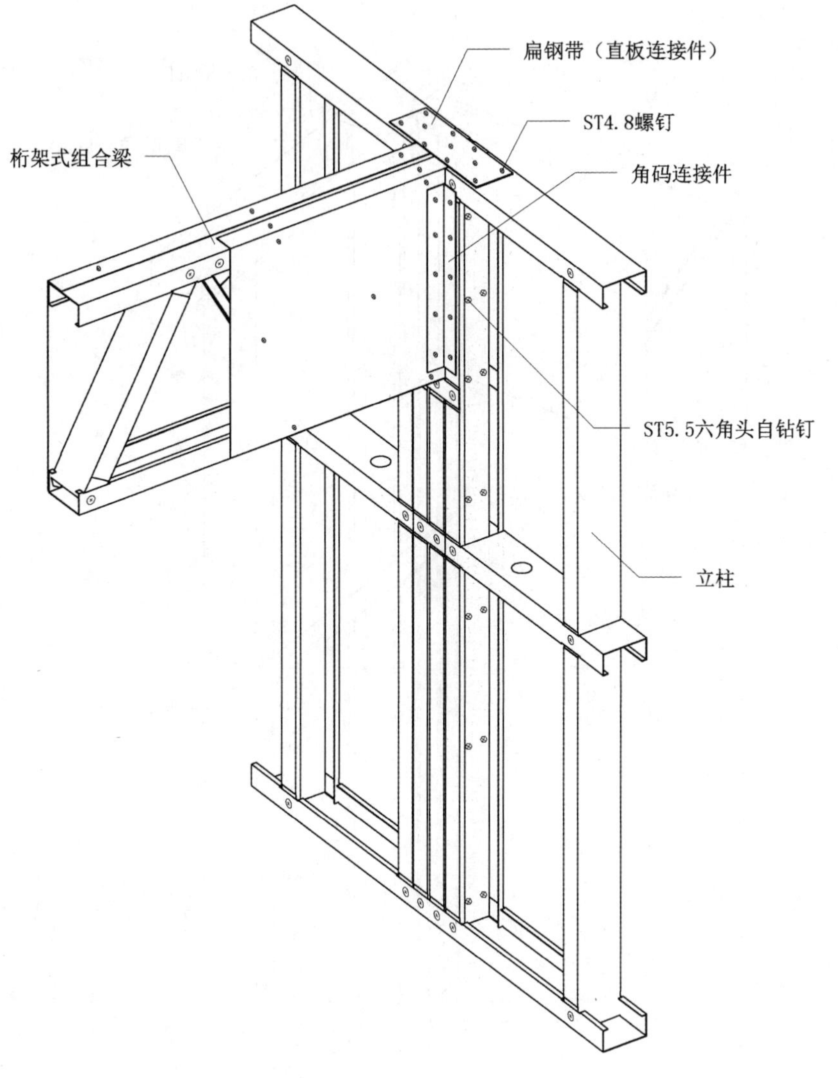

桁架式组合梁与墙体连接二(L 形)

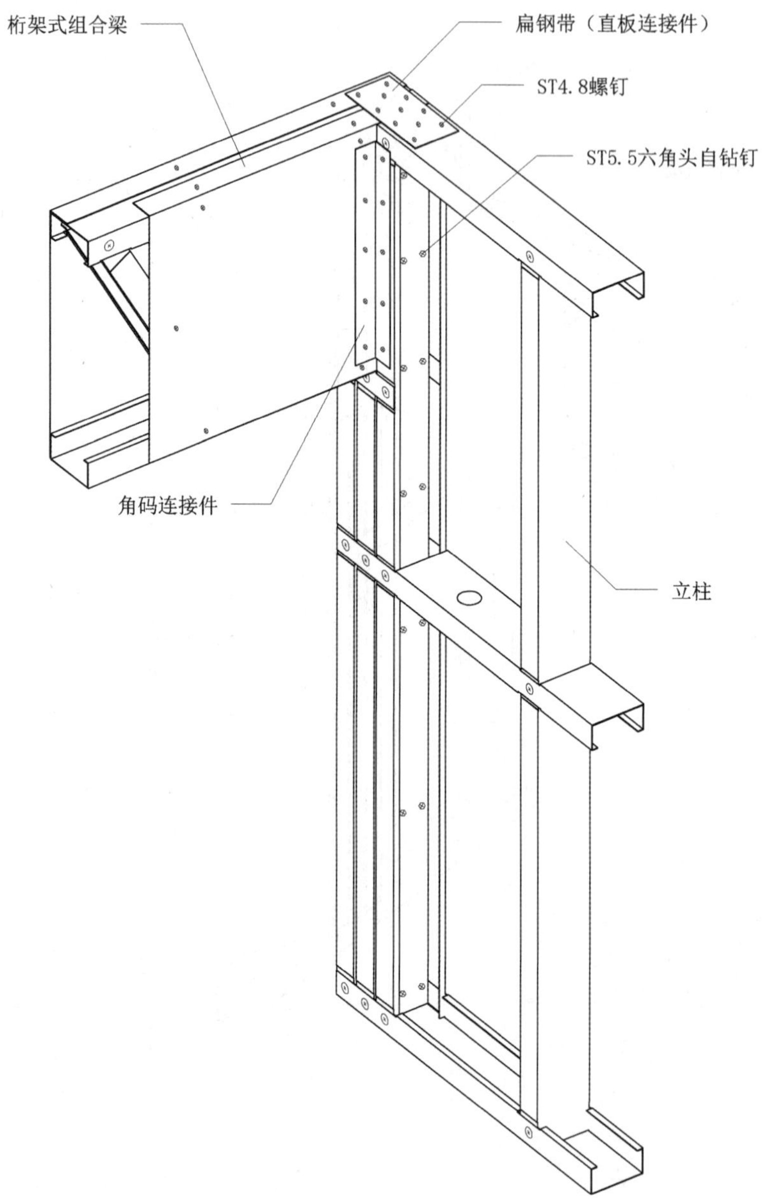

桁架式组合梁与墙体连接三(一字形)

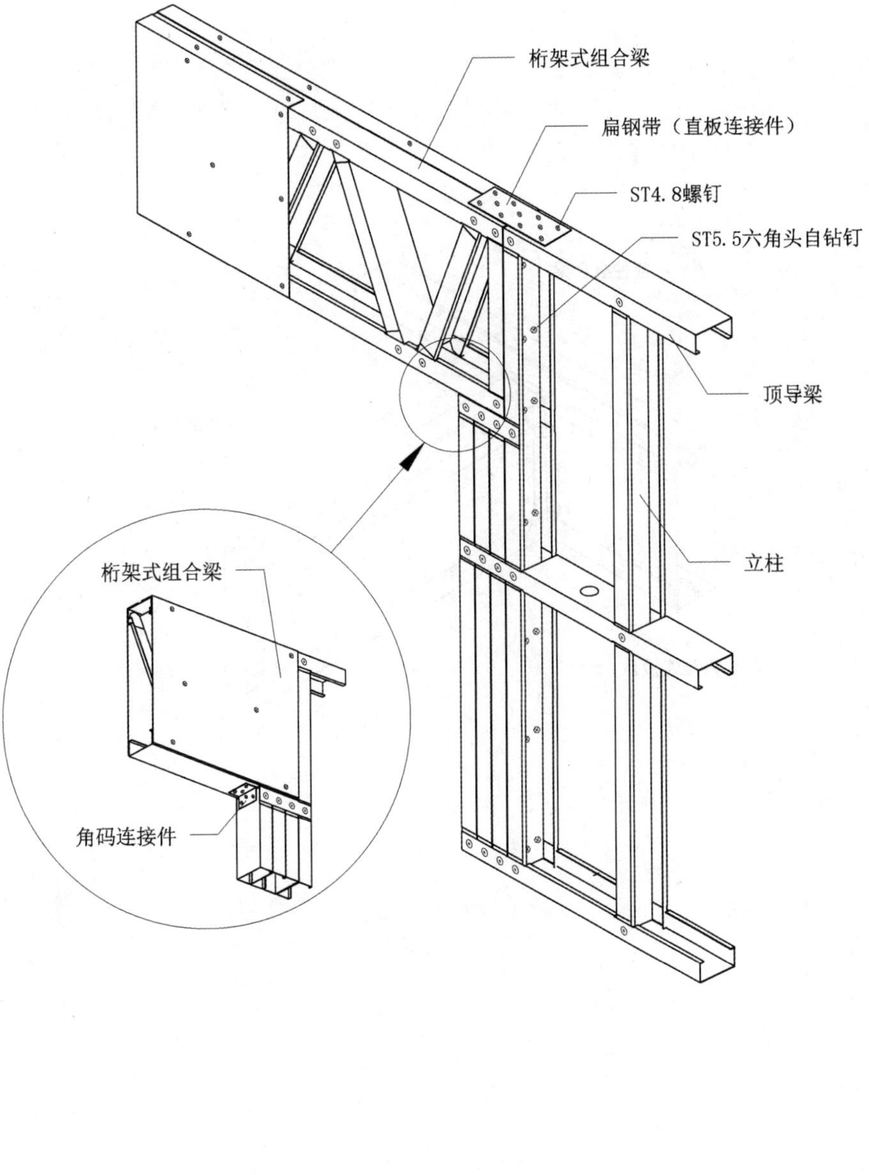

组合梁与组合梁连接

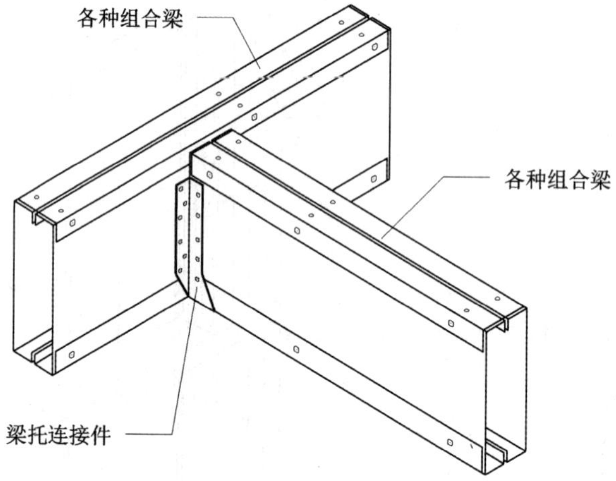

组合梁与楼盖梁连接一

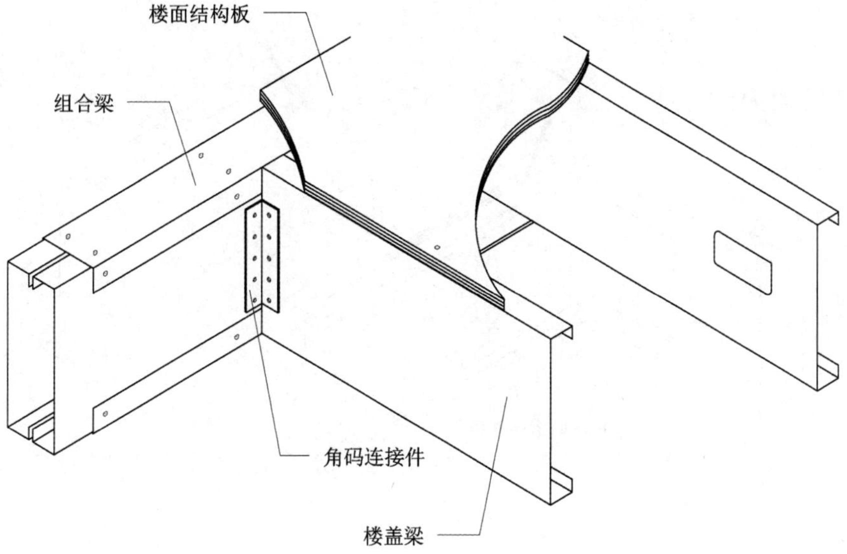

组合梁与楼盖梁连接二

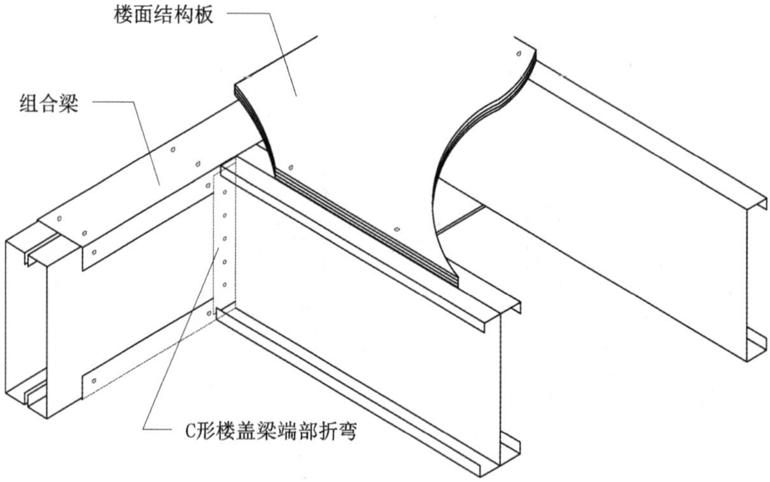

组合梁与楼盖梁不等高连接

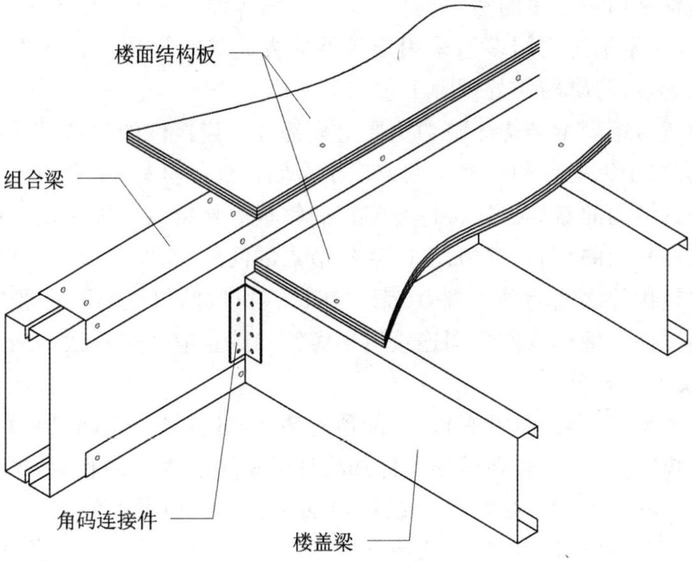

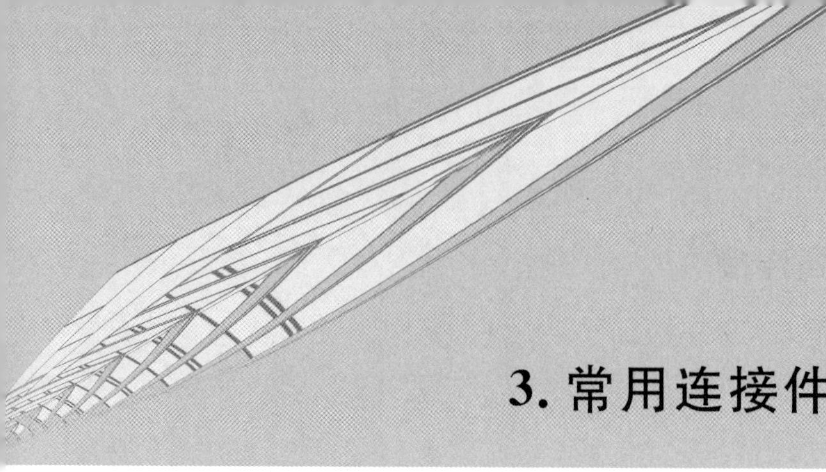

3. 常用连接件

冷弯薄壁型钢结构建筑中的型钢构件之间、型钢构件与材料、型钢构件与模块、型钢构件与基础、型钢柱与型钢梁之间多数采用连接件的方式进行连接。连接件的生产是将钢板通过剪裁、冲压、焊接、防腐防锈处理等工艺加工而成。

连接件是冷弯薄壁型钢结构建筑的重要组成部分。连接件的材料应满足设计文件的要求，其力学性能宜与型钢构件的材料一致或优于型钢构件的材料，不会由于连接件的损坏而导致冷弯薄壁型钢结构的破坏。连接件与连接的钢板等材料应紧固密贴，外观整齐，间距合理。不同的连接件采用的材料、规格尺寸、连接节点的间距、边距等应符合设计要求。

连接件与型钢构件之间均采用螺钉、钢拉铆钉、射钉、圆钉、螺栓、膨胀螺栓和地脚螺栓等进行连接。连接件与型钢构件之间连接所用螺钉的数量应根据连接件所承受荷载的具体情况，按照设计文件的要求决定。

螺钉有两种类型，一类为自钻螺钉，无须预先钻孔，可直接用电动钻自行钻孔和攻丝；另一类为单一的自攻螺钉，需先行在被连板件和构件上钻一定大小的孔后，再用电动钻或扭力扳手将其拧入连接板的孔中。拉铆钉有铝材和钢材制作等种类。为防止电化学反应，薄壁型钢结构宜采用钢制拉铆钉。射钉由带有锥杆和固定帽的杆身与下部活动帽组成，靠射钉枪的动力将射钉穿过被连板件并打入母材基体中，射钉一般用于薄板与支承构件的连接。

连接件主要有以下类型。

1. 抗拔件：抗拔件主要用于基础与建筑结构、型钢柱、地梁及上下层墙体等的连接。

2. 角码连接件：角码连接件有固定和可调节两种类型，角码连接件是多用件，主要用于墙架之间、桁架之间、桁架与墙架之间等的连接。

3. 直板连接件：直板连接件有宽、窄、长、短等多种规格，主要用于直线平面型钢构件的连接。

4. T 形连接件：T 形连接件主要用于直线平面型钢构件的连接，常用于型钢骨架之间成 T 型组合时的连接。

5. 拉带：拉带主要用于薄壁型钢结构中型钢构件的连接，一根拉带可以连接 2 根或者 2 根以上的型钢构件。拉带主要用于防止薄壁型钢骨架结构的变形和失稳等。

6. 卡件：薄壁型钢结构卡件主要有穿心龙骨卡件、过线孔卡件、梁托卡件、菱形卡件、桁架卡件、屋顶卡件等。

穿心龙骨卡件主要用于穿心龙骨从另一型钢构件中间穿插时的连接，起到加固型钢构件结构的作用。穿心龙骨卡件有垂直型钢龙骨卡件和平行型钢龙骨卡件两种。

过线孔卡件主要用于保护穿过型钢构件的水电管线等，其材料不同于其他用金属制作而成的连接件，它是采用橡胶或塑料制作而成的，具有一定的缓冲和绝缘作用。

托梁卡件主要用于梁与柱、梁与墙、梁与梁之间的连接。

菱形卡件主要用于桁架与梁、桁架与立柱的连接，这类连接卡件形状尺寸比较复杂，应根据菱形卡件连接的型钢构件的形状尺寸来决定采用菱形卡件的型号。

桁架卡件主要用于桁架与墙体顶导梁之间的连接，桁架卡件均宜在桁架的两侧对称使用，避免桁架的偏离。

屋顶卡件主要用于屋盖骨架与屋架之间的连接。

本章主要通过图例介绍冷弯薄壁型钢建筑中的一些常用连接件样式及使用位置等内容。

抗拔件

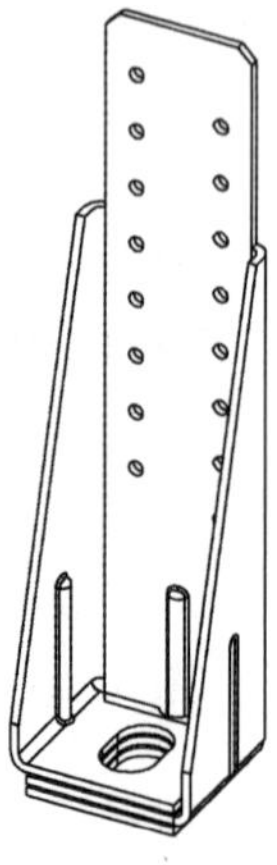

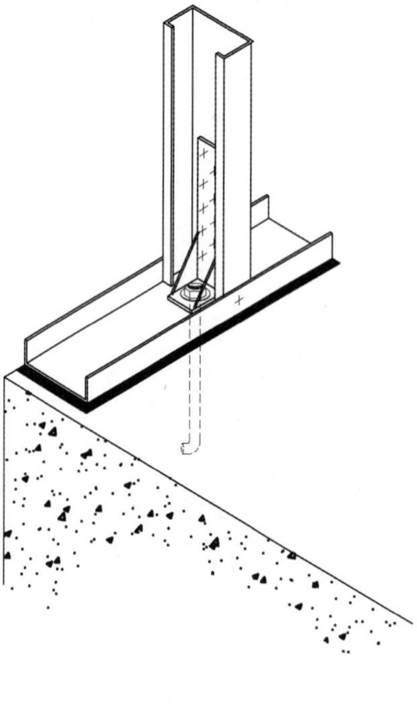

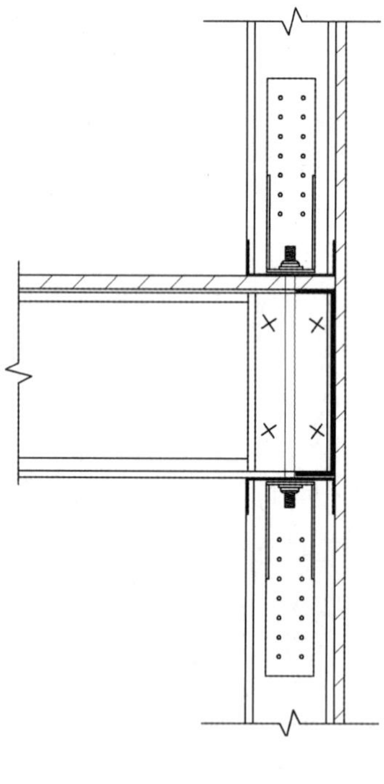

角码连接件

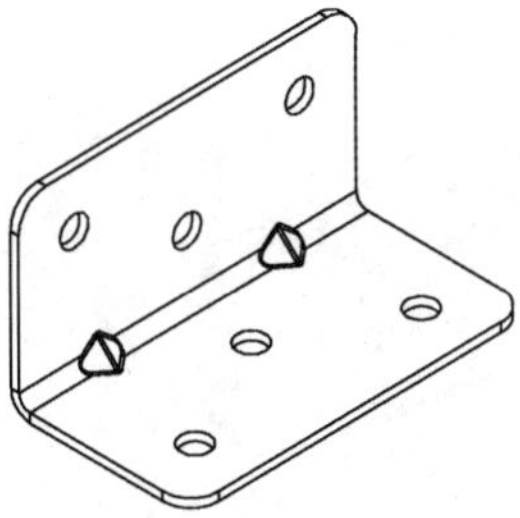

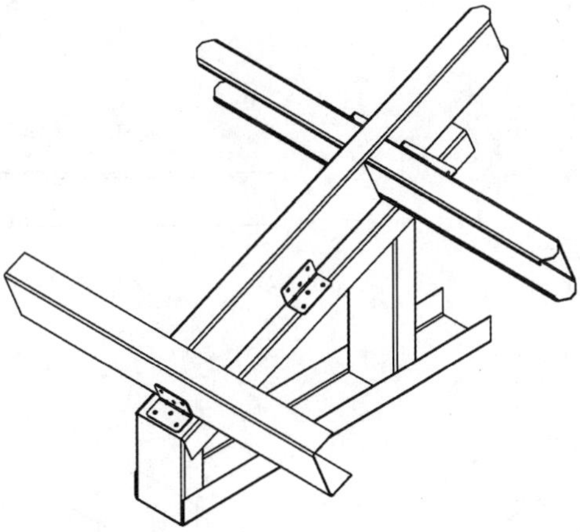

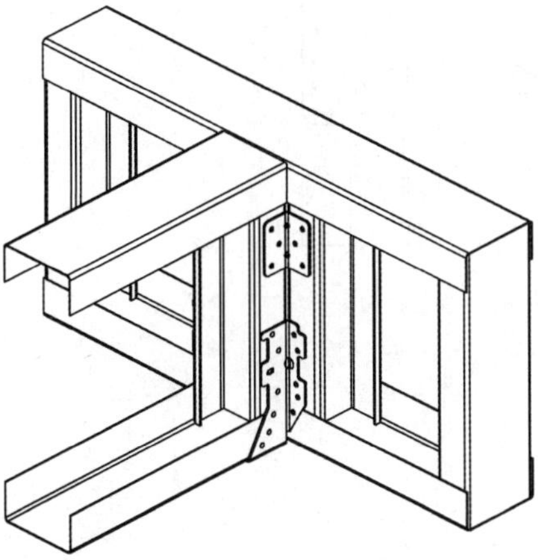

直板连接件

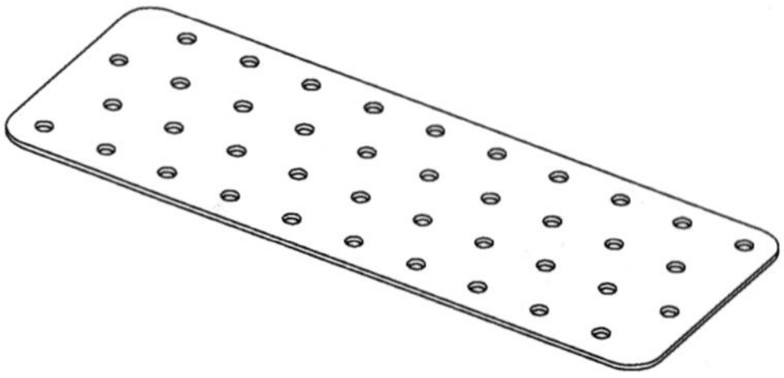

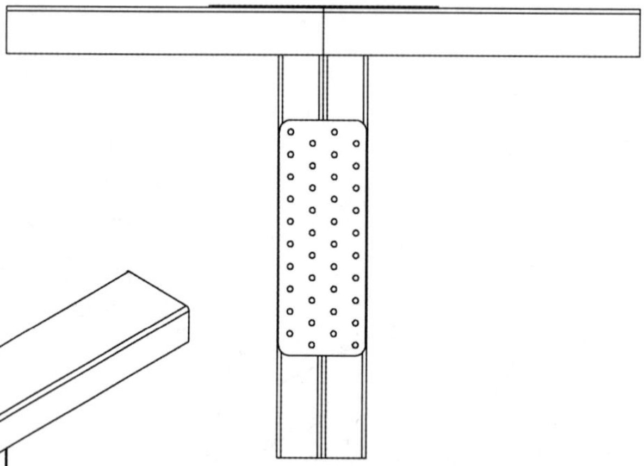

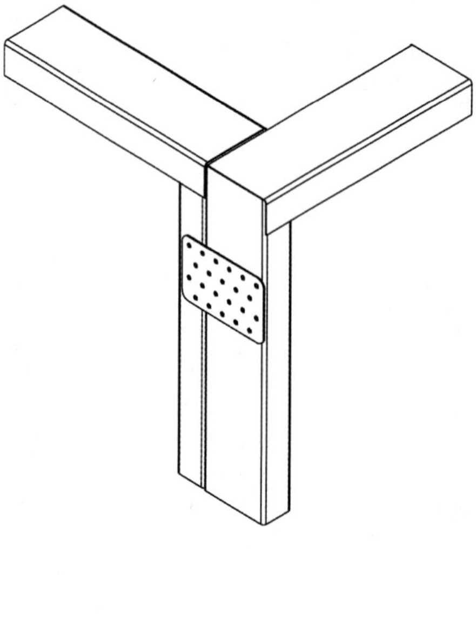

T 形连接件

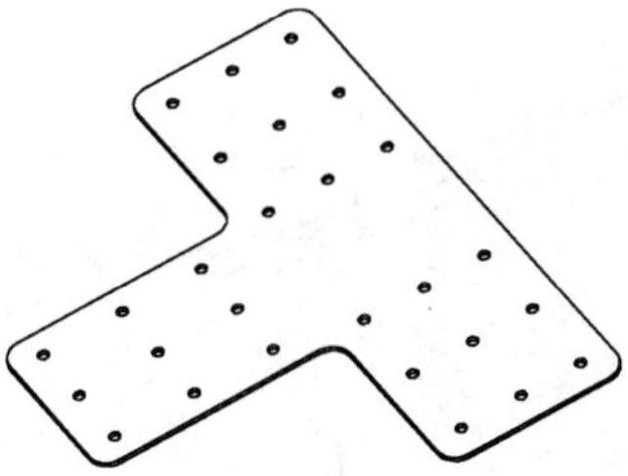

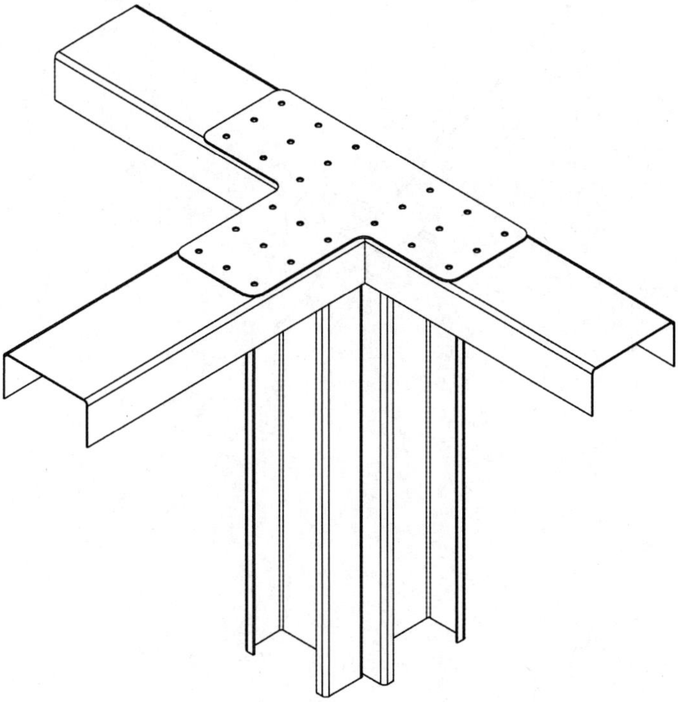

拉带紧固件

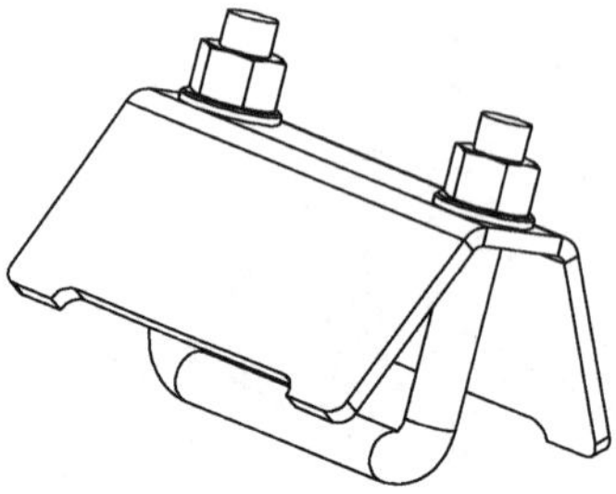

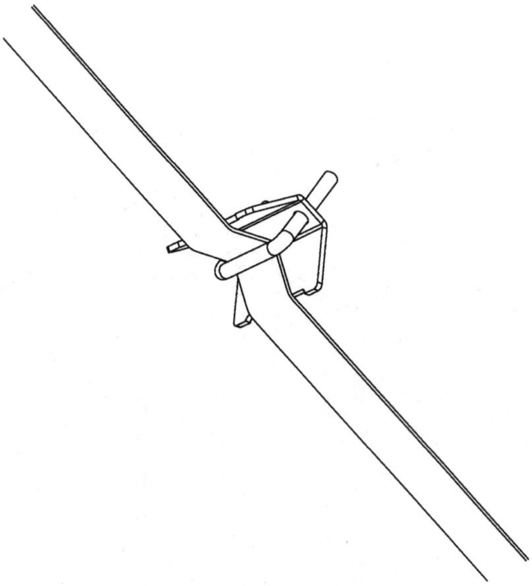

层间拉带/40 拉带

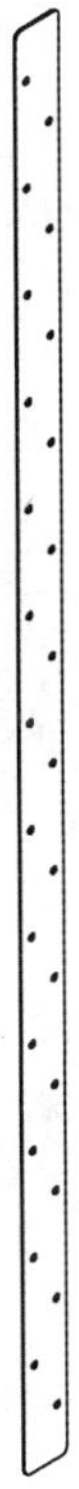

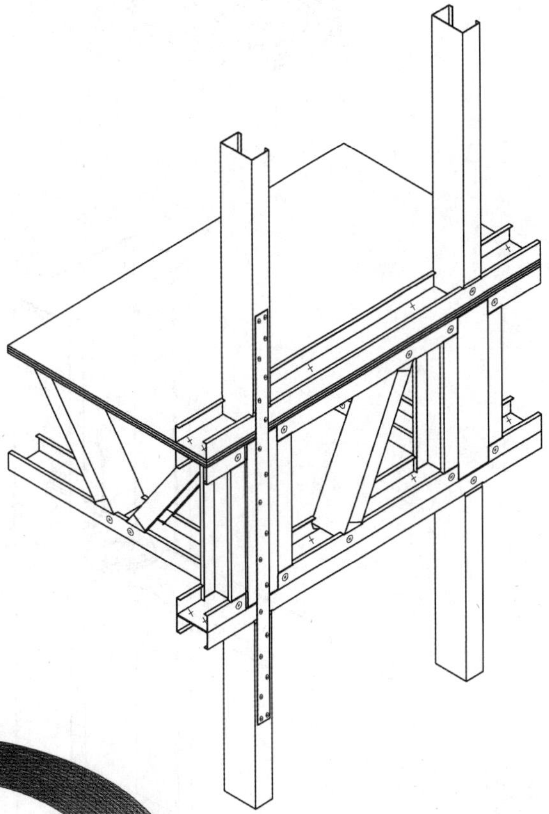

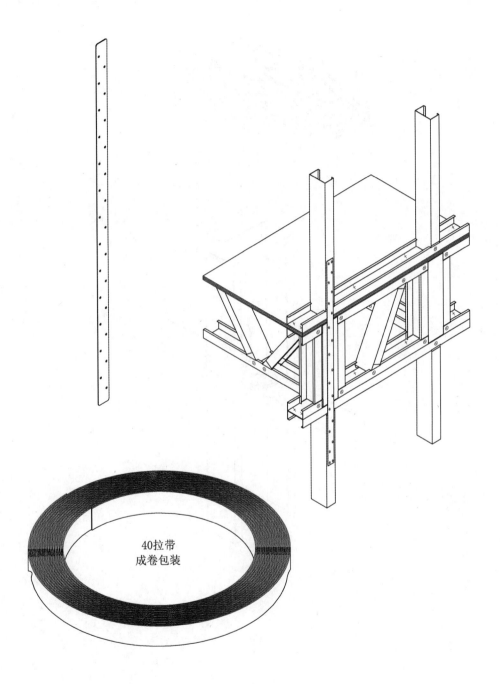

穿心龙骨卡件

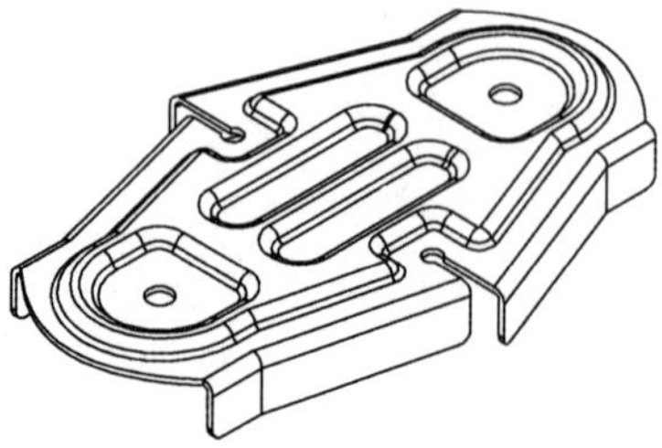

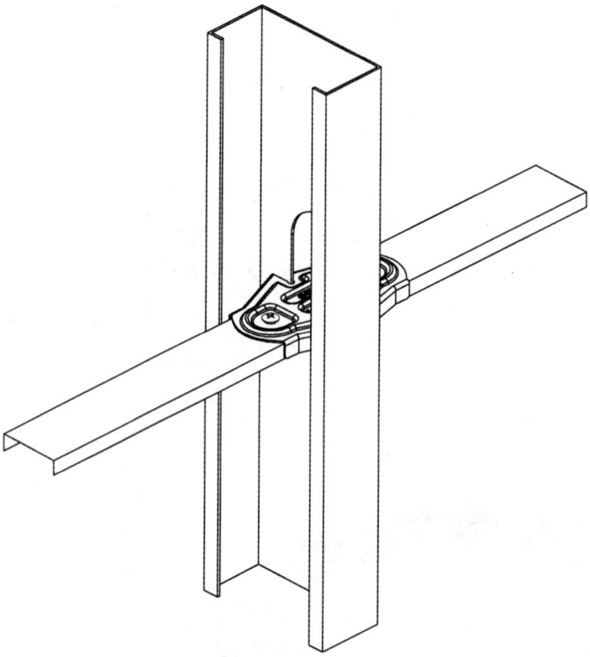

过线孔卡件

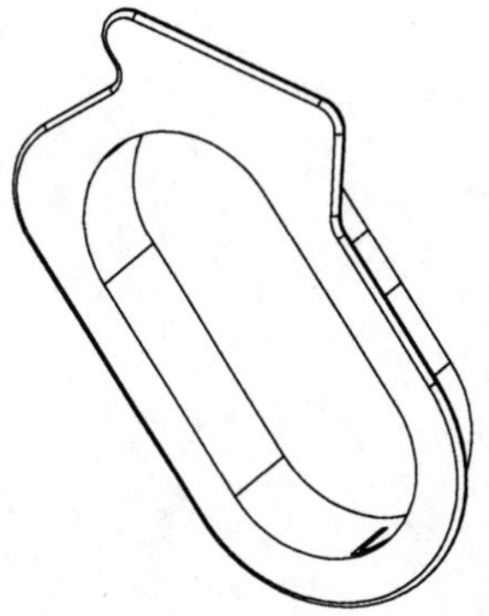

4080过线孔卡件

30过线孔卡件

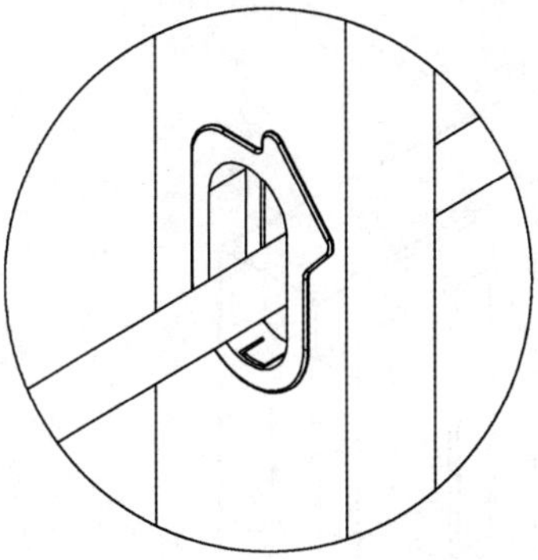

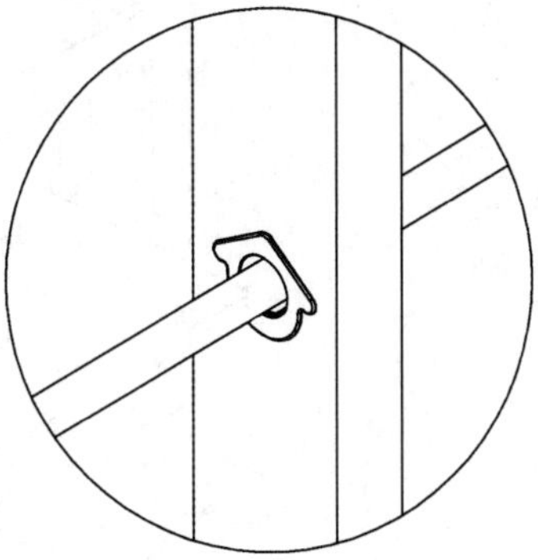

梁托

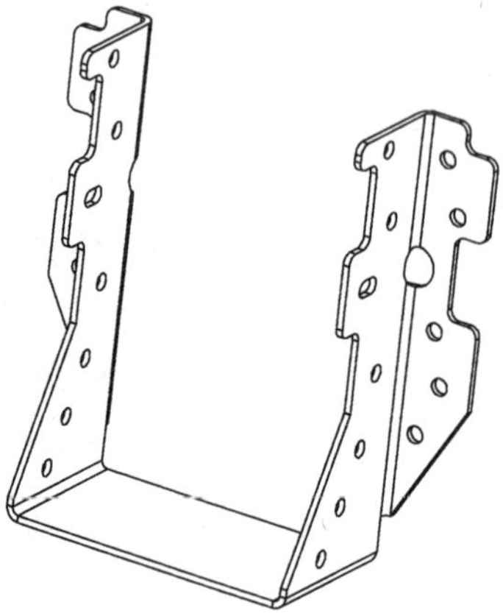

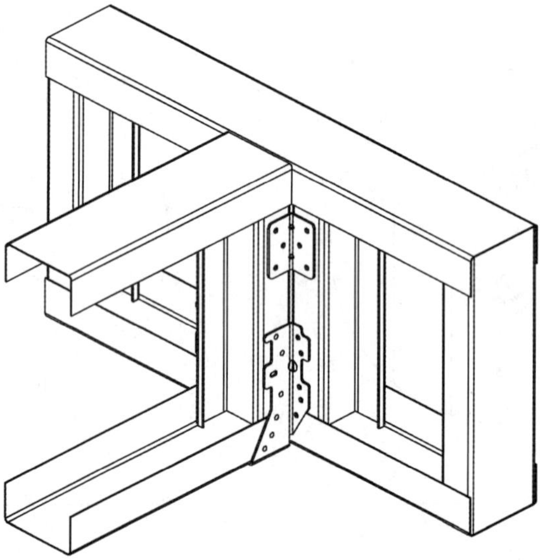

菱形卡件

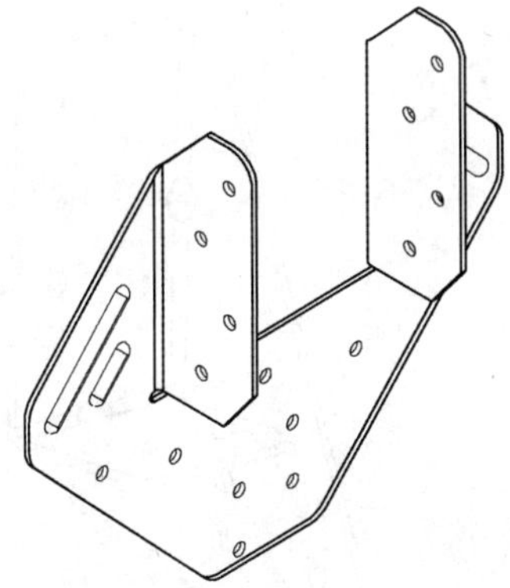

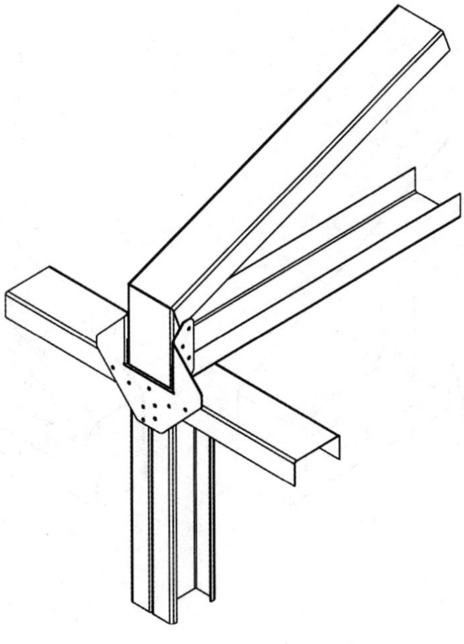

桁架卡件(左、右)

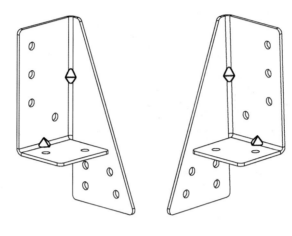

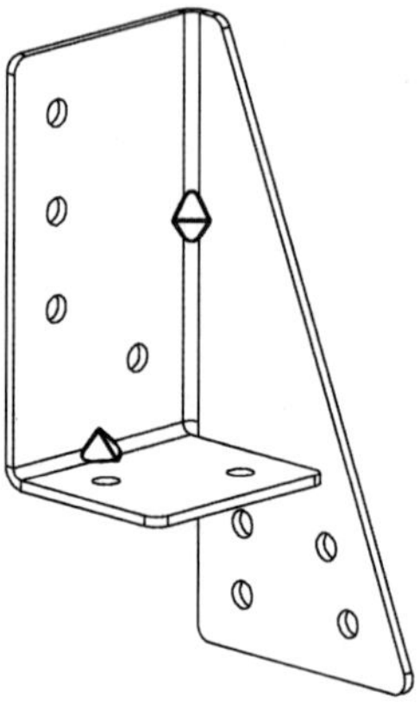

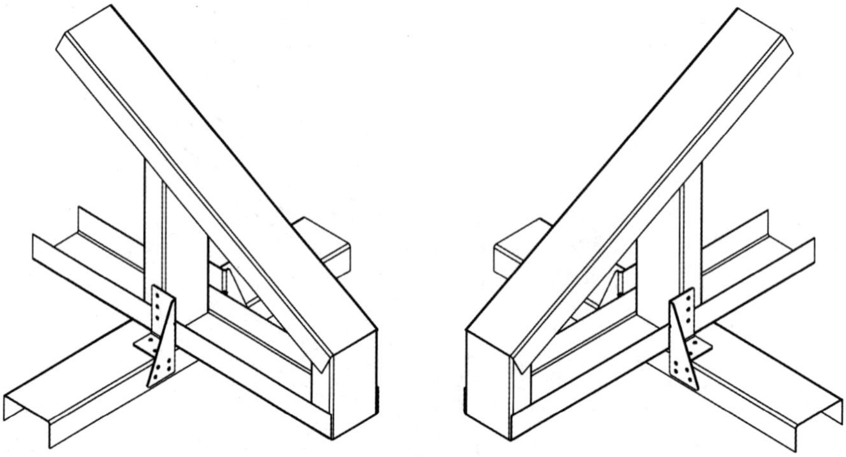

屋顶卡件

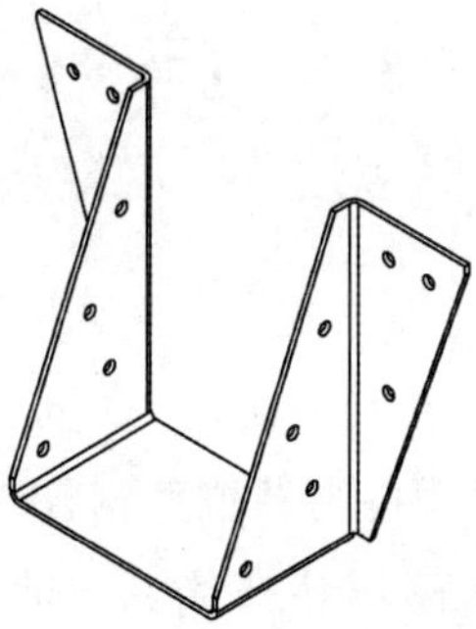

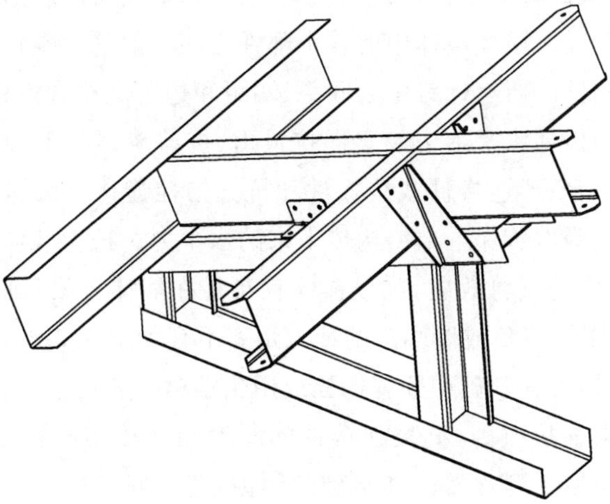

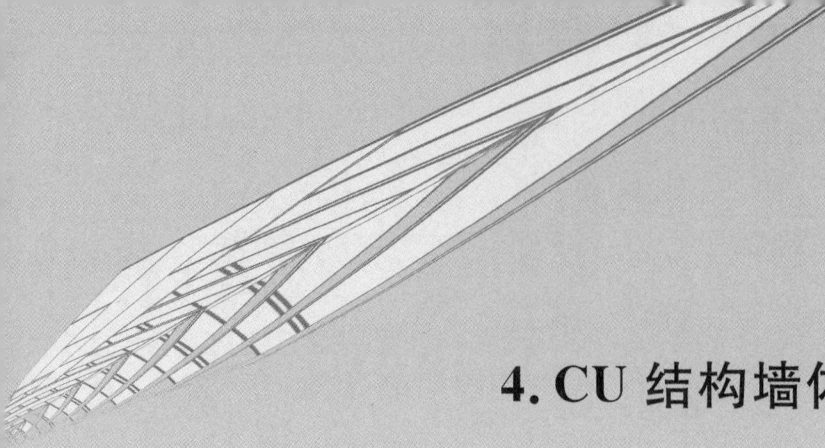

4. CU 结构墙体

冷弯薄壁型钢建筑的墙体是由冷弯薄壁型钢骨架、墙体结构面板、填充保温材料等通过螺钉连接组合而成的复合体。根据墙体在建筑中的所处位置，受力状态可划分为外墙、内墙、承重墙、抗剪墙和非承重墙等几类。

冷弯薄壁型钢建筑的结构墙体由型钢立柱、剪力支撑、刚性支撑、扁钢带拉条、底导梁、过梁等部件组合而成。本章中的 CU 结构墙体主要是指用 C 形构件和 U 形构件配合相应的拉条、撑杆等组合而成的墙架结构，其中 C 形构件主要用于墙体的立柱，U 形构件主要用于墙体的顶导梁与底导梁。整体墙体中的各个部件之间一般采用螺钉连接，螺钉至少应有 3 圈螺纹穿过被连接的构件。所有螺钉中心间距、端距和边距应符合设计要求。

为了可靠地承受和传递水平剪力及竖向抗拔力，抗剪墙体与基础，抗剪墙体与上、下部楼盖及墙体之间，应采用条形连接件或抗拔件和抗拔锚栓连接。墙体顶导梁或底导梁与楼盖、基础应可靠连接，以确保传递上部结构传下来的水平力。抗剪墙体与抗拔锚栓组合使用时，为了充分发挥抗剪墙的抗剪效应，抗拔锚栓宜布置在墙体导梁截面的中线上，间距不宜大于 6 m，且抗拔锚栓距离墙角或墙端部的最大距离不宜大于 300 mm。

墙体与基础连接时，宜在基础中预埋锚栓或用化学锚铨和抗拔连接件，埋在基础中的锚栓深度应具有设计要求的抗拔力，抗拔连接件的厚度和连接用螺钉数量应满足设计要求。为了杜绝墙体底导梁长期受到水浸泡和基础的锈蚀，墙体底导梁和基础之间应设置符合设计要求厚度的防腐防潮垫层，其每边宽度应大于底导梁宽度 5 mm 以上。

承重墙体内沿竖向连续通长应设置柱间水平支撑，减小墙体立柱的自由长度。承重墙体门、窗洞口上方设置过梁主要是为了承受洞口上方屋架或楼面梁传来的荷载。承重墙体门、窗洞口上方的过梁样式主要有实腹式过梁和钢桁架式过梁。实腹式过梁常用箱形、工字形和 L 形等截面形式。桁架式过梁常用普通桁架式和组合桁架式等桁架形式。

在施工阶段，当墙体未连接成整体建筑前，应对墙体骨架设置临时支撑。墙面板与墙体立柱通过螺钉连成整体。设置钢拉带交叉支撑时，两个交叉钢带拉条可布置在墙体立柱的同一侧，也可分别布置在墙体立柱的两侧。

墙体结构的内部安装有水电暖通线管、保温材料等。这些材料是墙体的重要组成部分，这些材料的功能对建筑至关重要，但这些材料最怕水和潮湿，水和潮湿会引起这些材料发霉、生虫、变质等。为防止水电暖通线管穿过墙体构件时由于水锤效应或其他原因造成破损而导致漏水、漏电等危害，应在墙体构件与水电暖通线管交接处加装套管或垫片并固定水电暖通线管。

本章将主要通过图例介绍 CU 结构墙体的构造、CU 墙体与基础的连接方法、CU 墙体的柱间支撑、CU 墙体的门窗过梁样式、墙体间的连接、墙面板的连接等内容。

CU 结构墙体构造示意

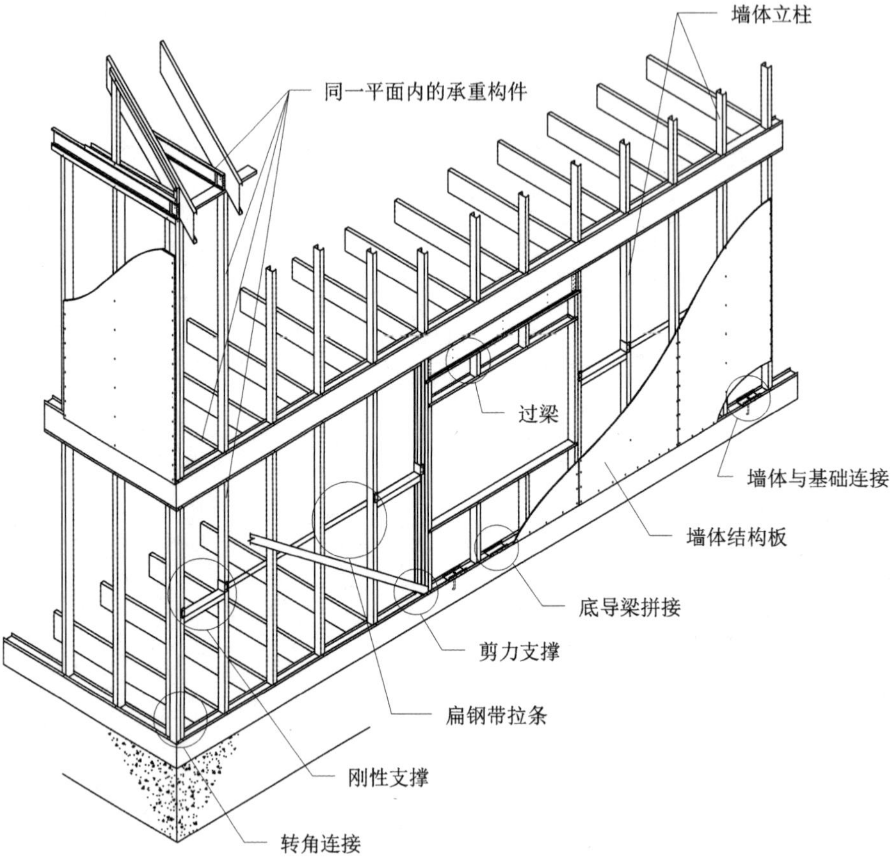
墙体立柱
同一平面内的承重构件
过梁
墙体与基础连接
墙体结构板
底导梁拼接
剪力支撑
扁钢带拉条
刚性支撑
转角连接

CU 组合墙体构造一

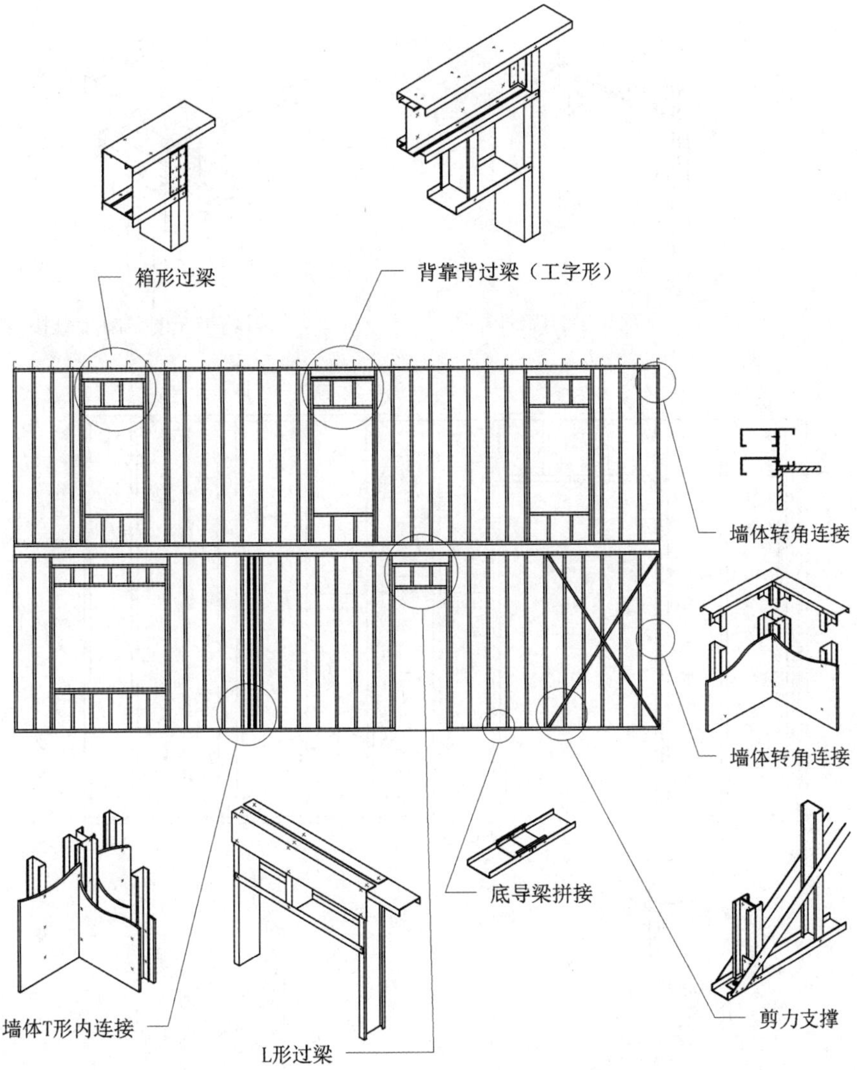
箱形过梁
背靠背过梁（工字形）
墙体转角连接
墙体转角连接
底导梁拼接
剪力支撑
墙体T形内连接
L形过梁

CU 组合墙体构造二

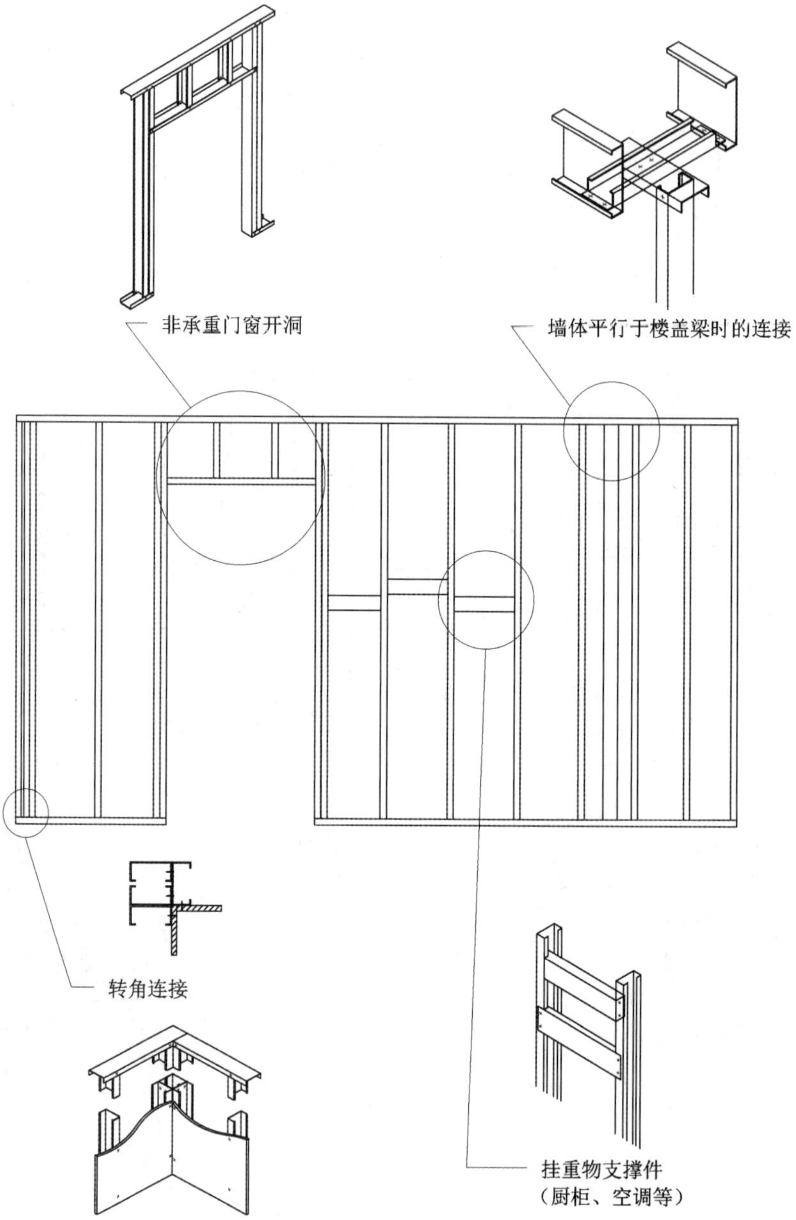
非承重门窗开洞
墙体平行于楼盖梁时的连接
转角连接
挂重物支撑件
（厨柜、空调等）

墙体与基础连接一

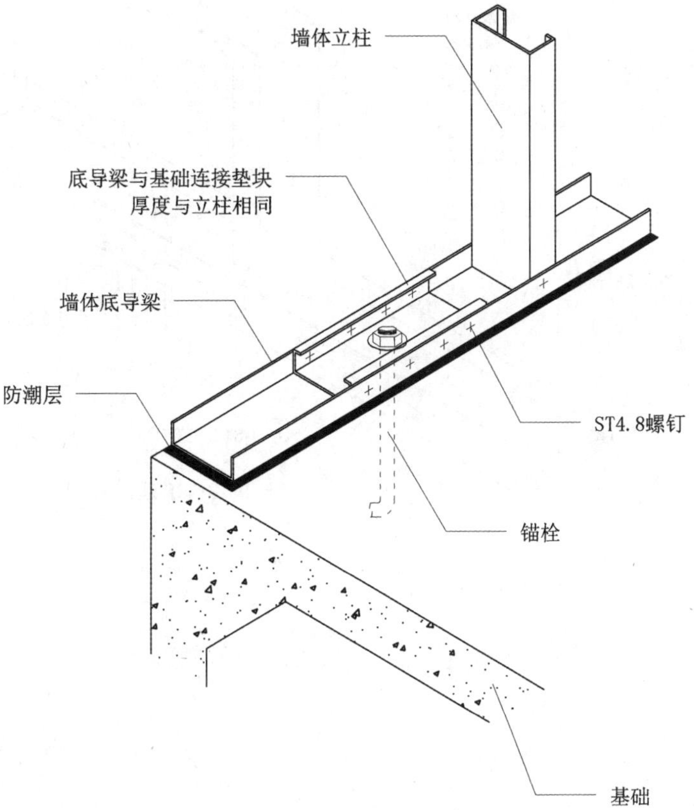
墙体立柱
底导梁与基础连接垫块
厚度与立柱相同
墙体底导梁
防潮层
ST4. 8螺钉
锚栓
基础

墙体与基础连接二

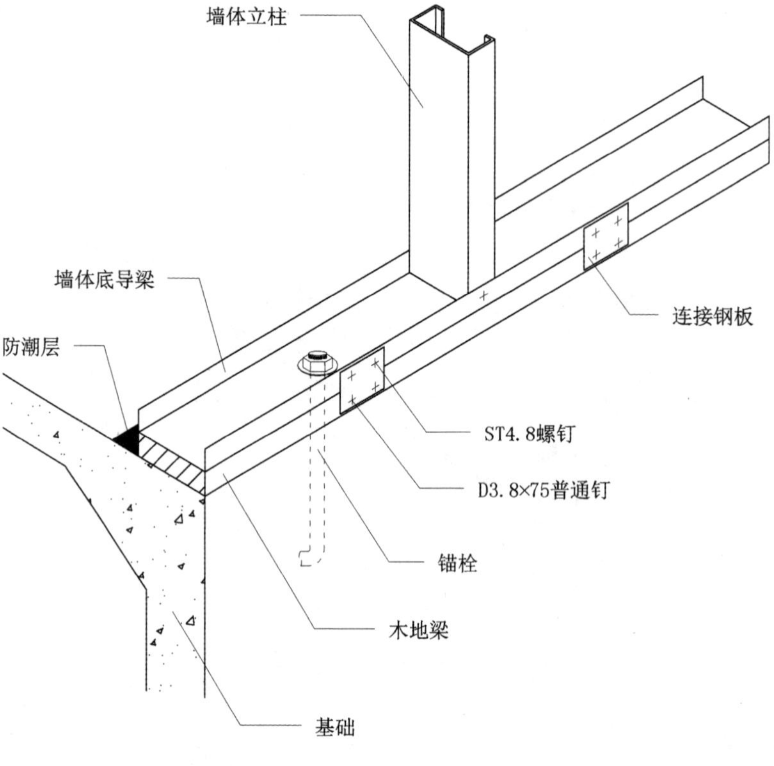
墙体立柱
墙体底导梁
防潮层
连接钢板
ST4.8螺钉
D3.8×75普通钉
锚栓
木地梁
基础

墙体与基础连接三

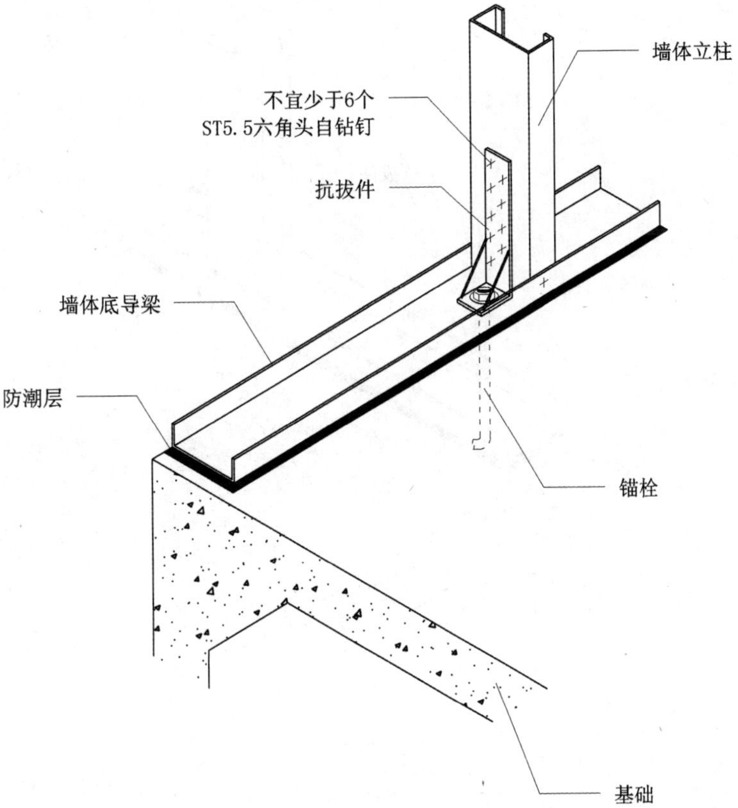
墙体立柱
不宜少于6个
ST5.5六角头自钻钉
抗拔件
墙体底导梁
防潮层
锚栓
基础

墙体与基础连接四

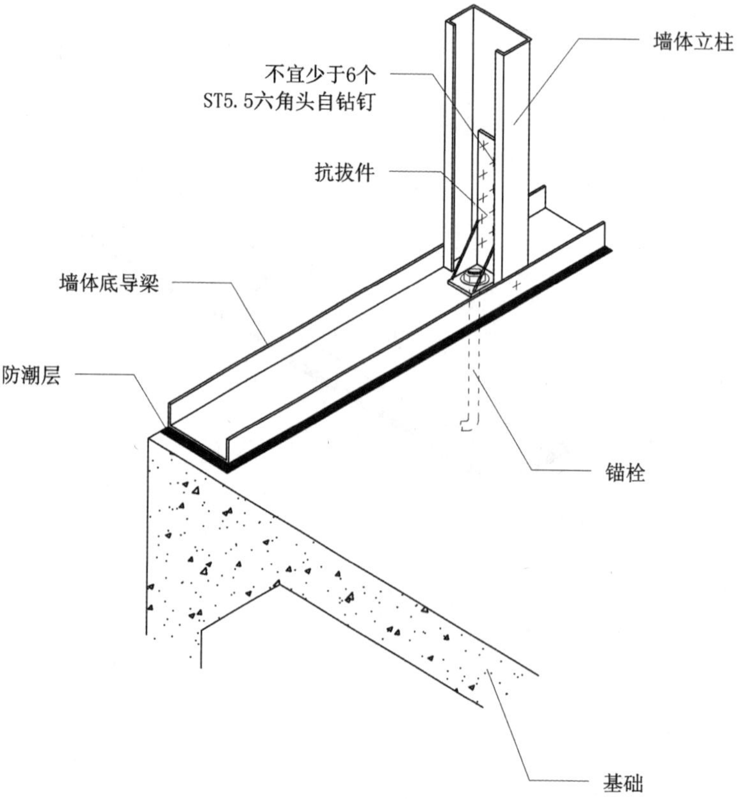
墙体立柱
不宜少于6个
ST5.5六角头自钻钉
抗拔件
墙体底导梁
防潮层
锚栓
基础

墙体与基础连接五

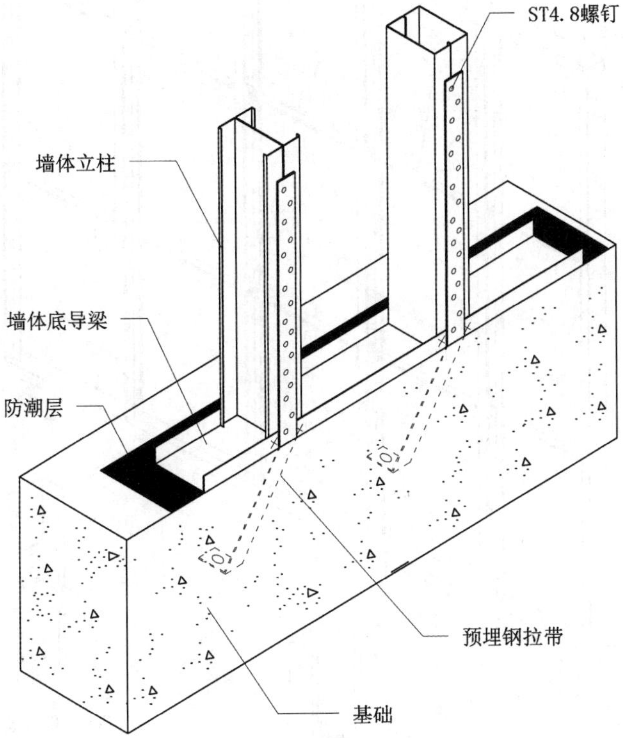
ST4. 8螺钉
墙体立柱
墙体底导梁
防潮层
预埋钢拉带
基础

墙体柱间支撑——穿心龙骨

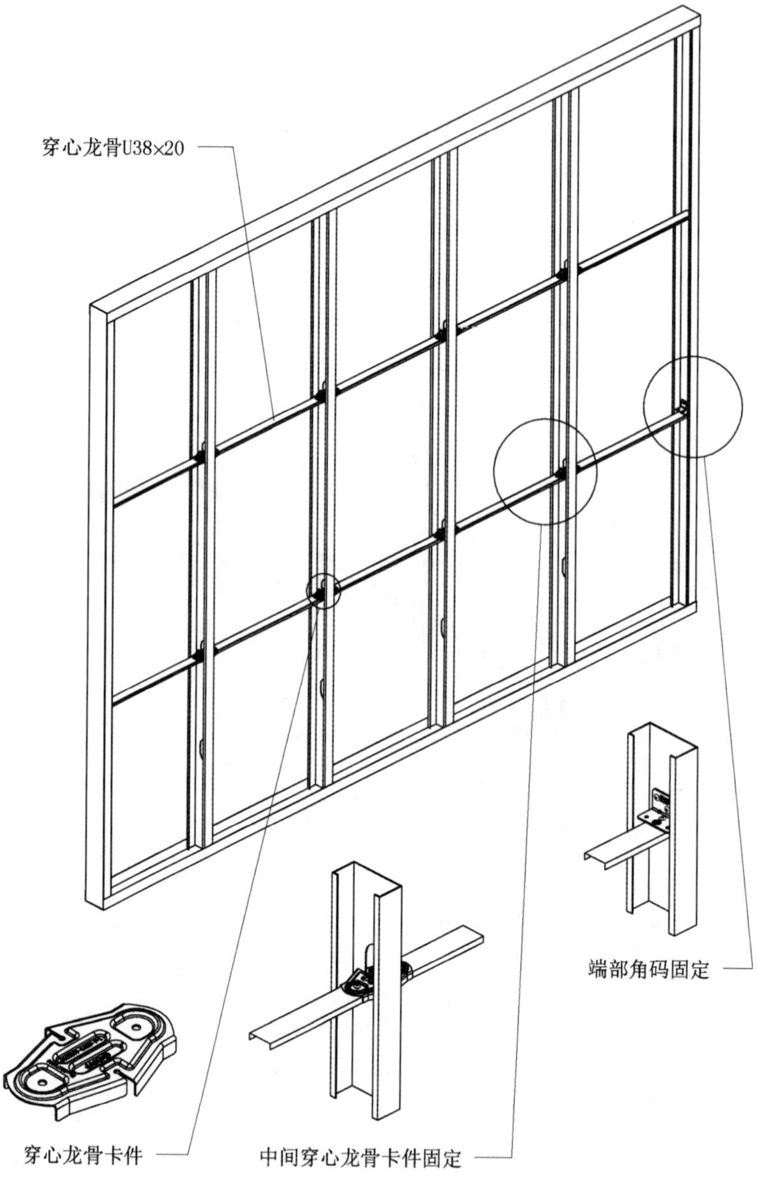
穿心龙骨U38×20
端部角码固定
穿心龙骨卡件
中间穿心龙骨卡件固定

墙体柱间支撑——单面扁钢带

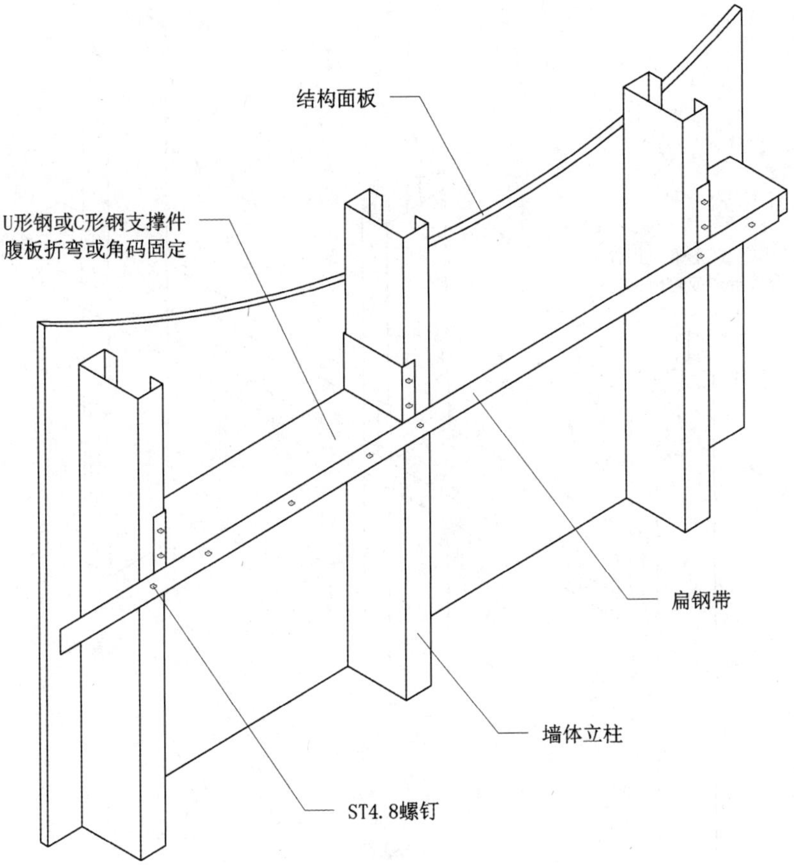

墙体柱间支撑——双面扁钢带

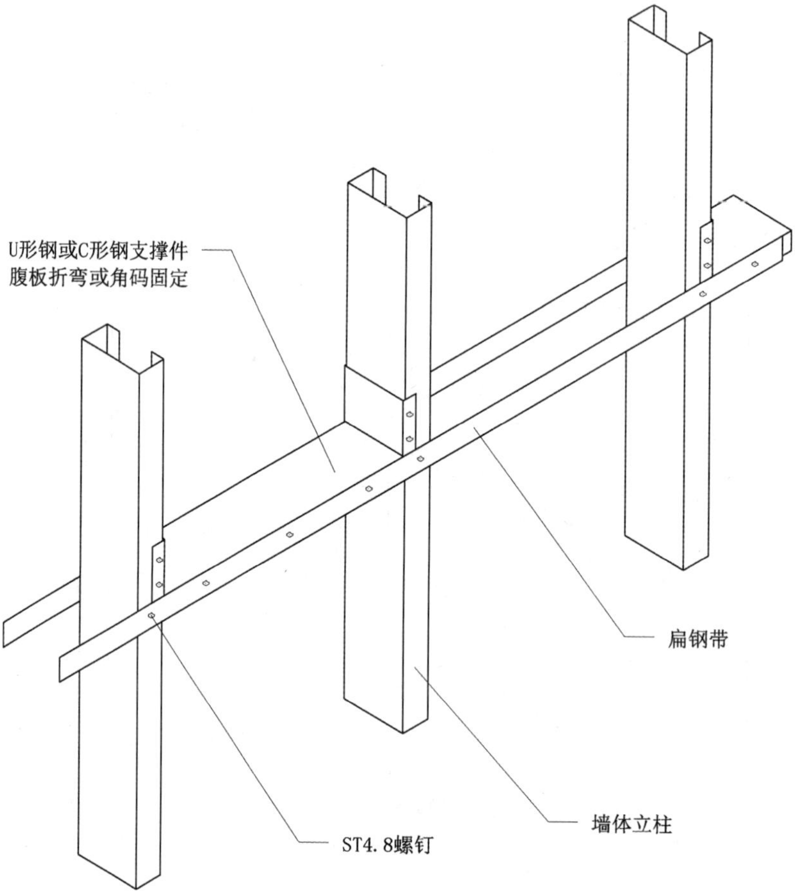

墙体柱间支撑——翼缘开槽

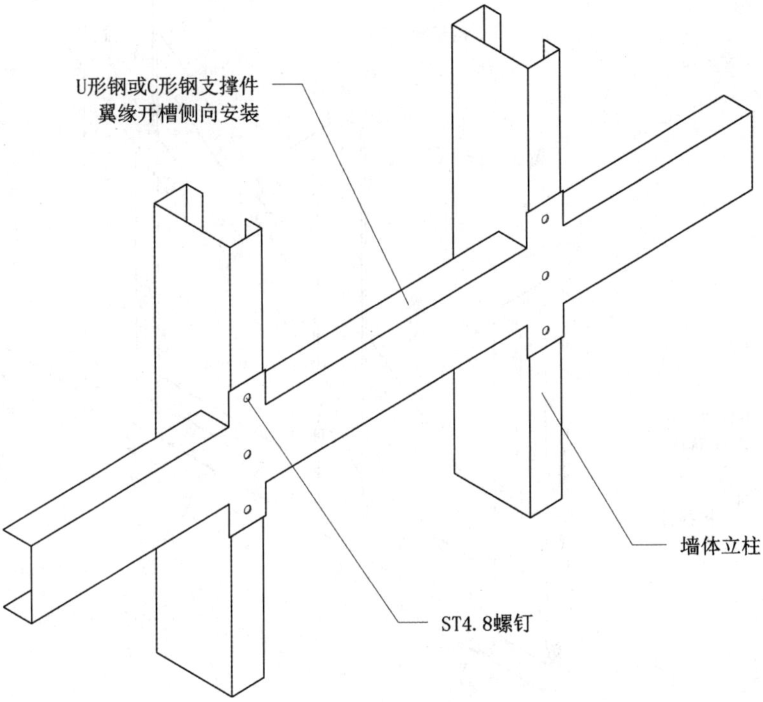
U形钢或C形钢支撑件
翼缘开槽侧向安装
墙体立柱
ST4.8螺钉

墙体剪力支撑一

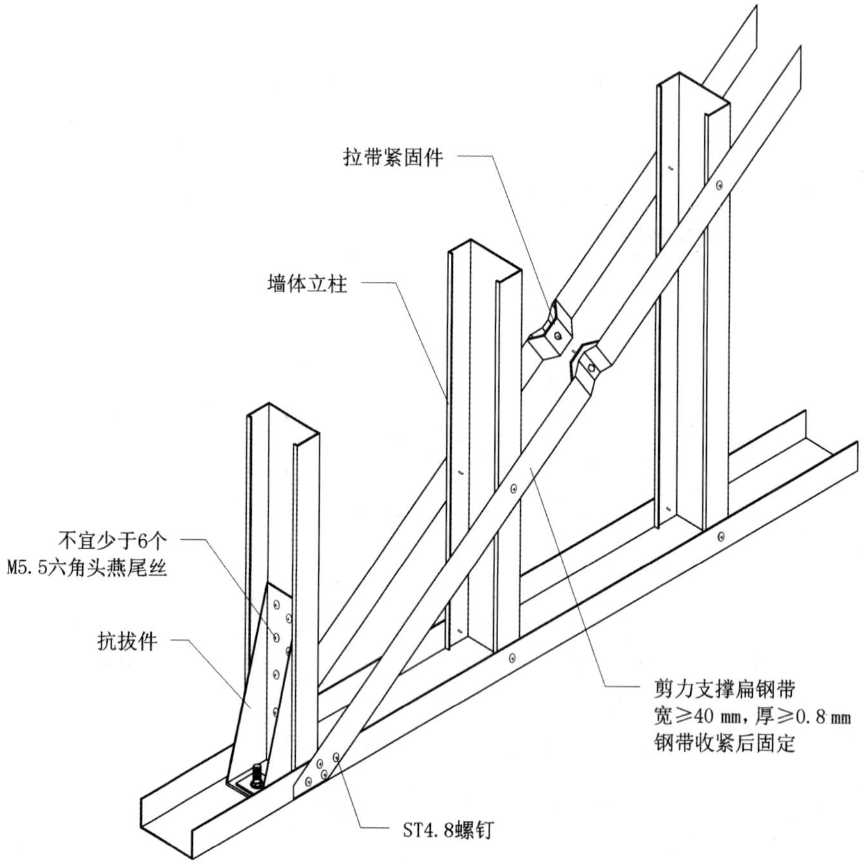
拉带紧固件
墙体立柱
不宜少于6个
M5.5六角头燕尾丝
抗拔件
剪力支撑扁钢带
宽≥40 mm，厚≥0.8 mm
钢带收紧后固定
ST4.8螺钉

墙体剪力支撑二

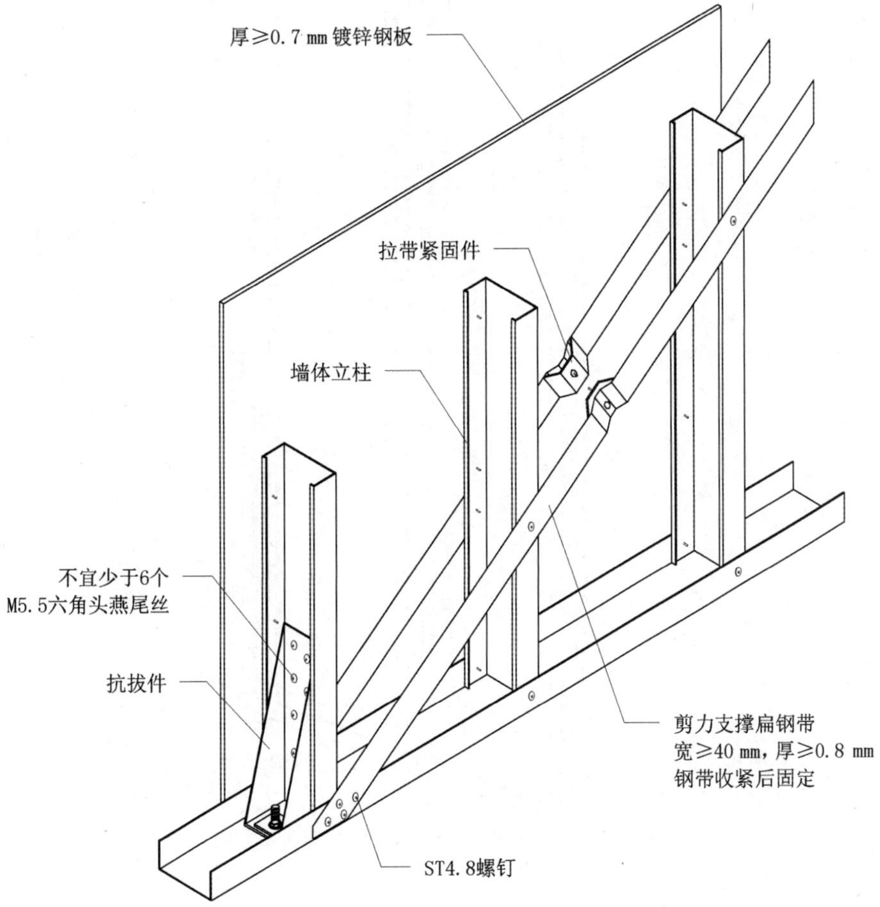
厚≥0.7 mm镀锌钢板
拉带紧固件
墙体立柱
不宜少于6个
M5.5六角头燕尾丝
抗拔件
剪力支撑扁钢带
宽≥40 mm，厚≥0.8 mm
钢带收紧后固定
ST4.8螺钉

双立柱墙体

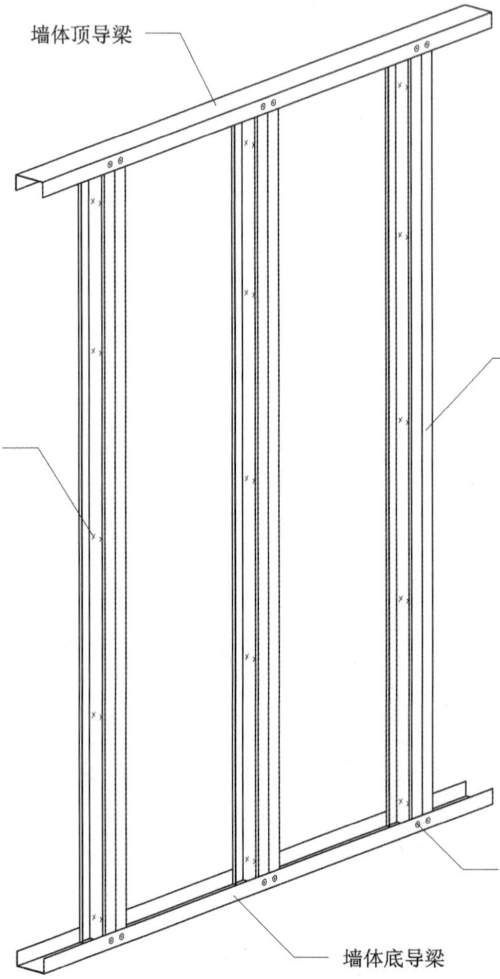
墙体顶导梁
墙体双立柱
ST5.5六角头自钻钉
双列@300
ST4.8螺钉
墙体底导梁

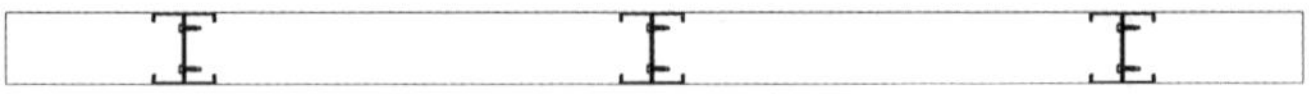

承重墙门窗箱形过梁

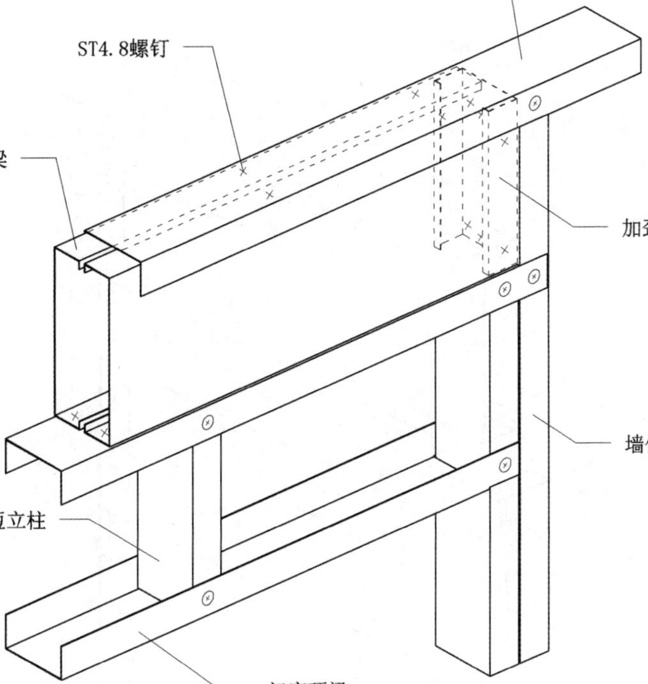
墙体顶导梁
ST4.8螺钉
箱形组合过梁
加劲件
墙体立柱
短立柱
门窗顶梁

承重墙门窗工字形过梁

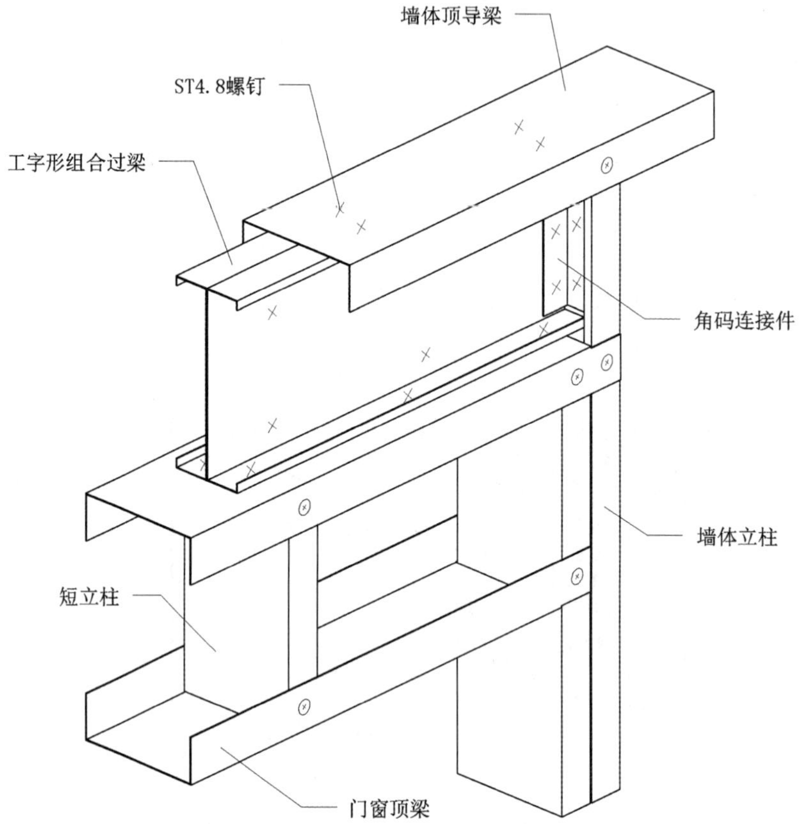
墙体顶导梁
ST4.8螺钉
工字形组合过梁
角码连接件
墙体立柱
短立柱
门窗顶梁

承重墙门窗 L 形钢板过梁

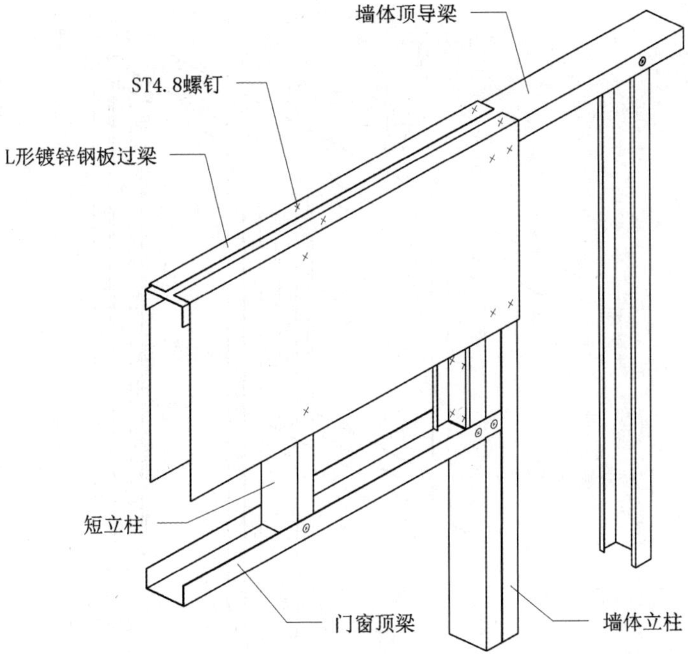

非承重墙门窗过梁

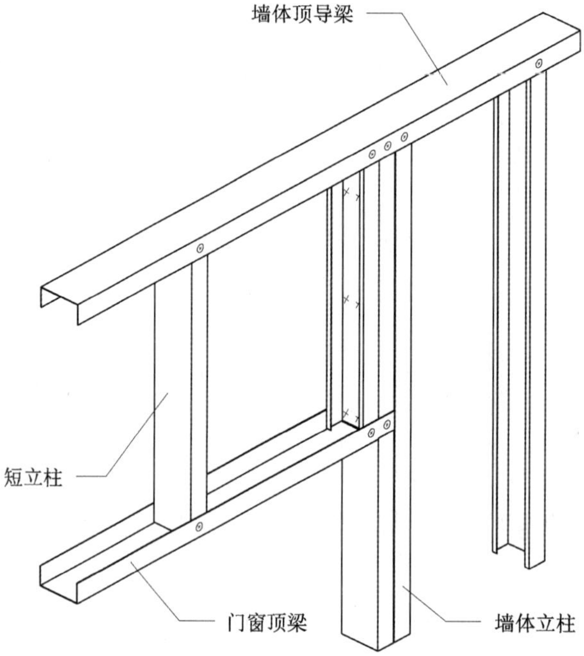

窗台一

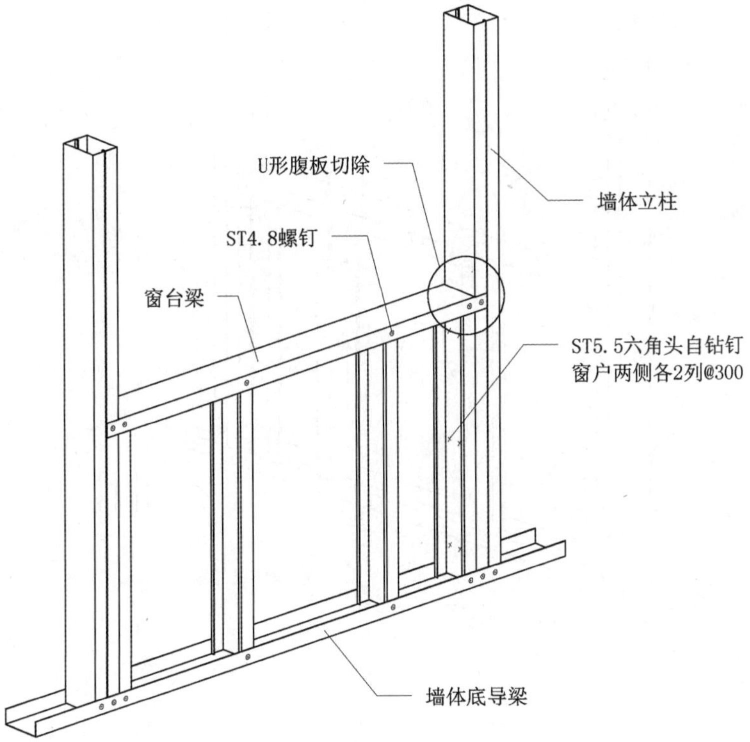
U形腹板切除
墙体立柱
ST4.8螺钉
窗台梁
ST5.5六角头自钻钉
窗户两侧各2列@300
墙体底导梁

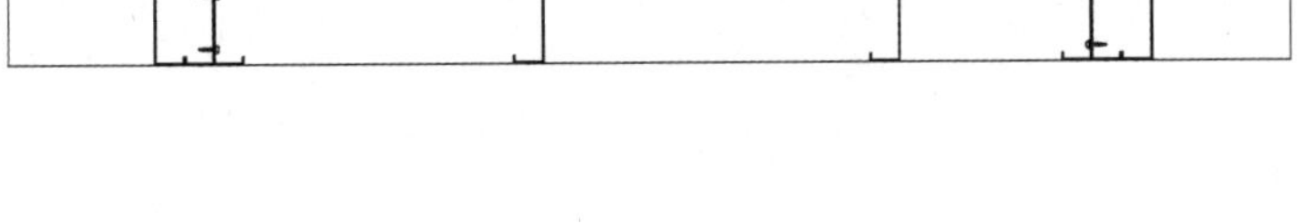

窗台二

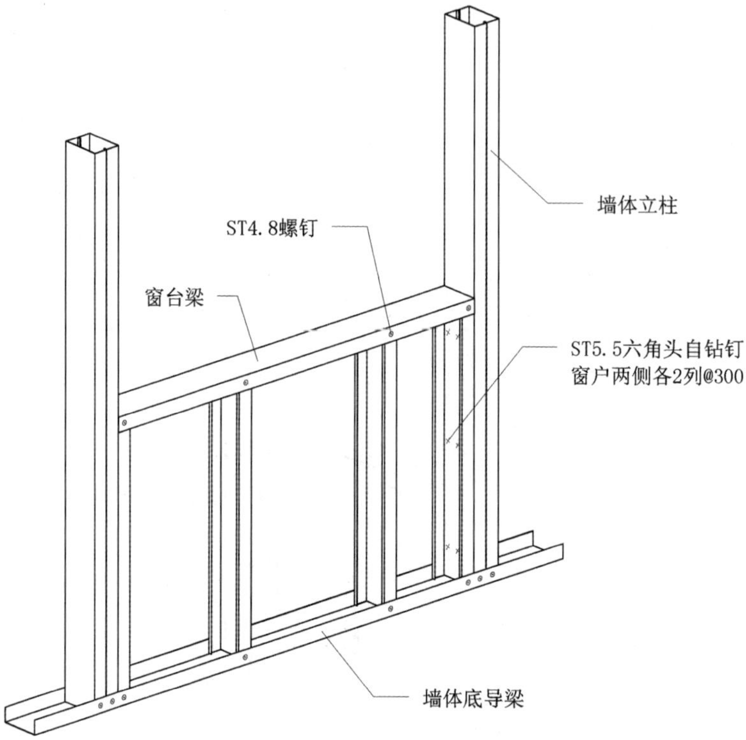
ST4.8螺钉
墙体立柱
窗台梁
ST5.5六角头自钻钉
窗户两侧各2列@300
墙体底导梁

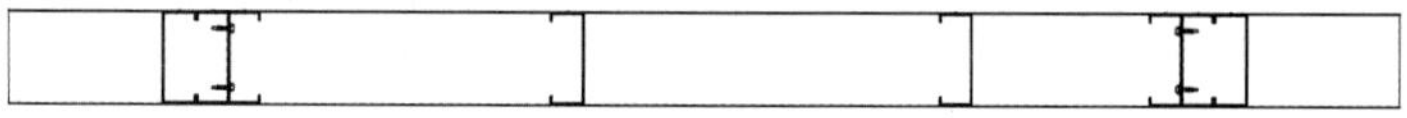

橱柜、空调等支撑

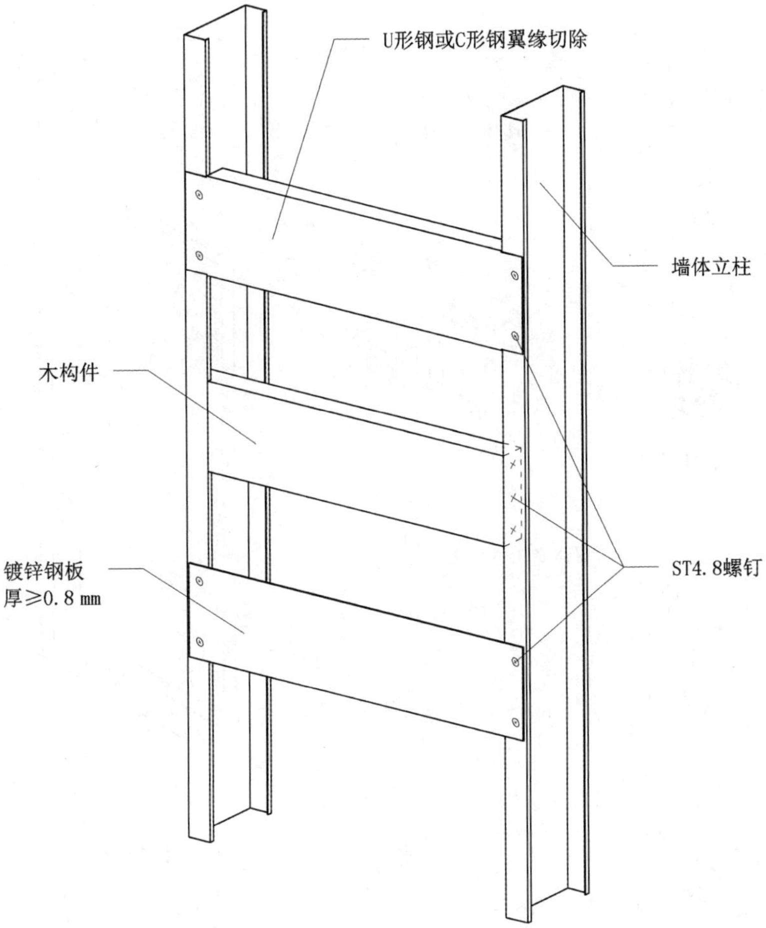

注：橱柜、空调等设备安装时应设置相应的缓冲减震垫，减少噪声及震动传输。

穿墙管道

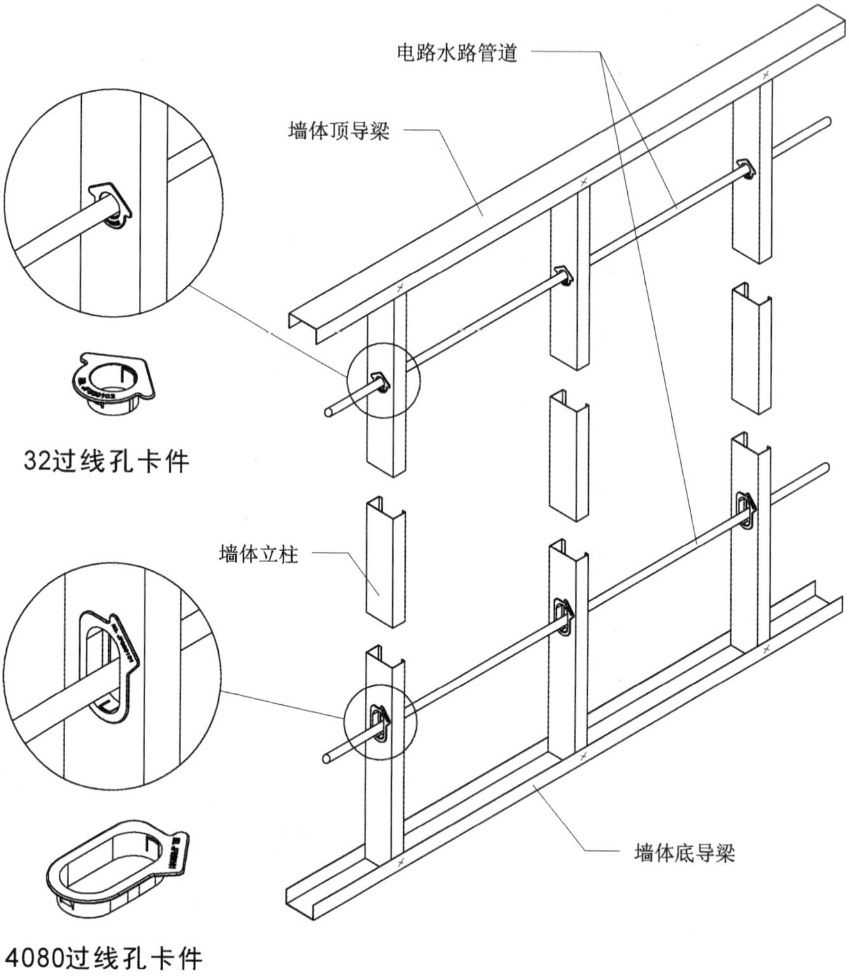

注：水路管线穿过构件孔洞前，应在构件孔洞处布置管套或其他保护措施，并将管线固定牢靠，防止由于水锤效应导致管路与构件切口不停摩擦而造成破损、漏水等。电路没有线管保护时同样需要在构件孔洞处布置相应的保护措施，防止电线破损造成的漏电、短路等危害。

墙体转角连接一

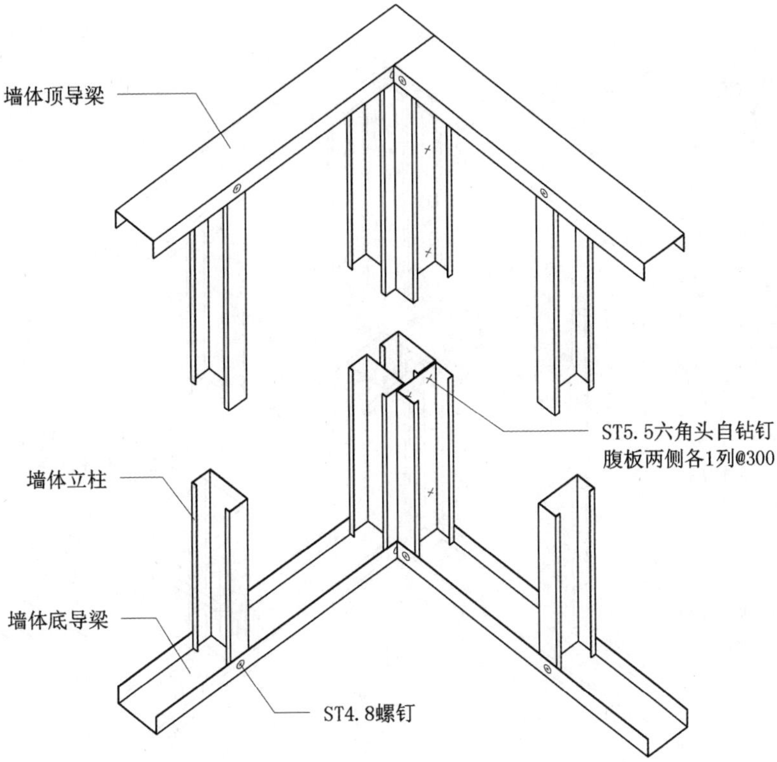

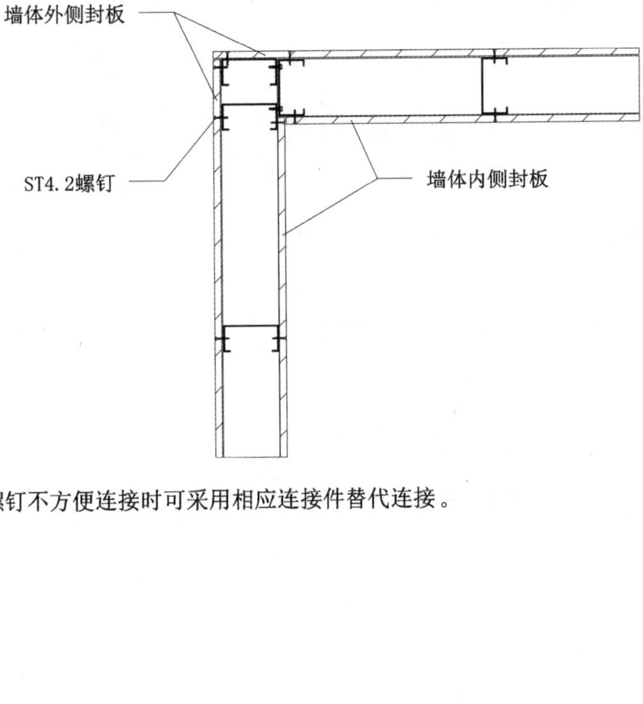

注：螺钉不方便连接时可采用相应连接件替代连接。

墙体转角连接二

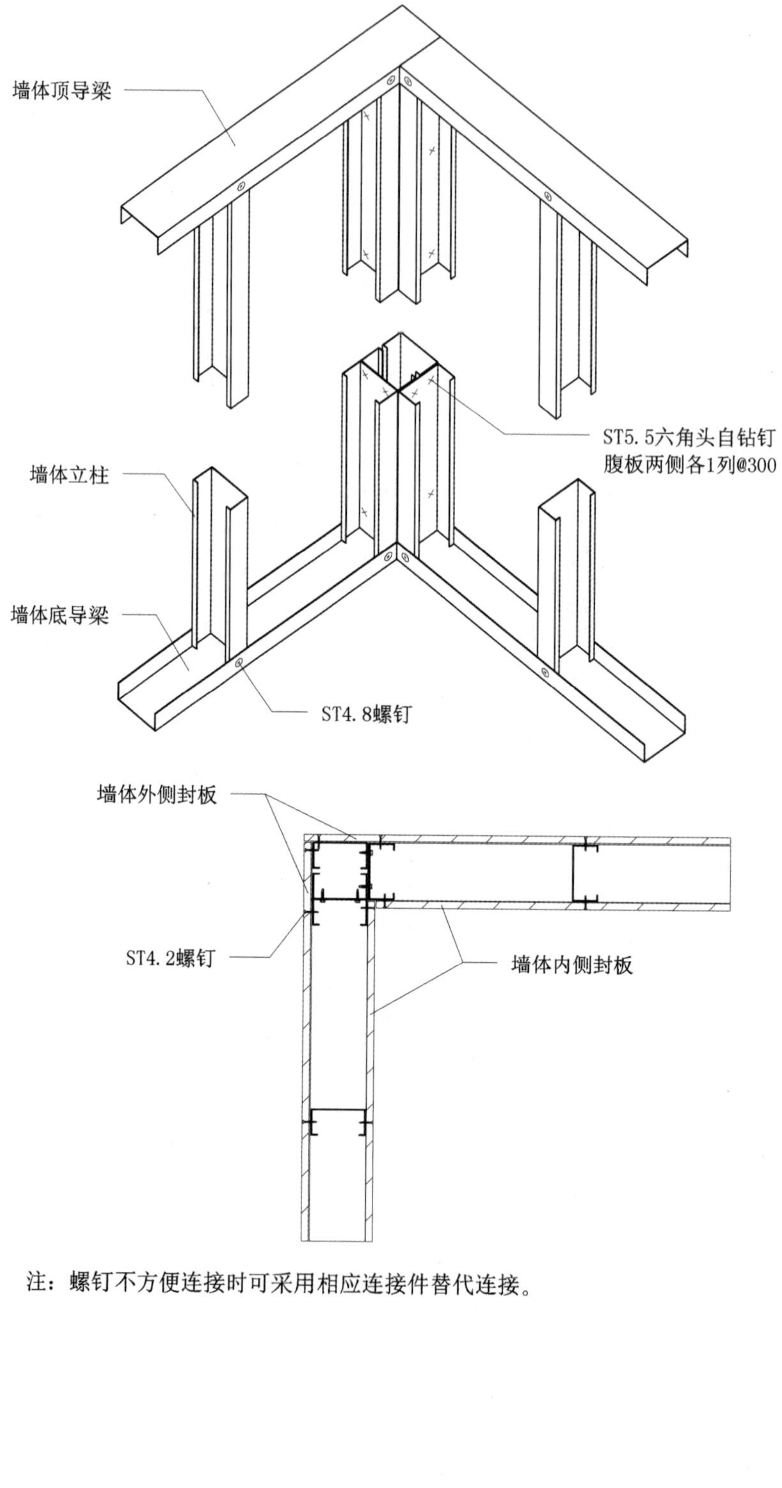

注：螺钉不方便连接时可采用相应连接件替代连接。

墙体转角连接三

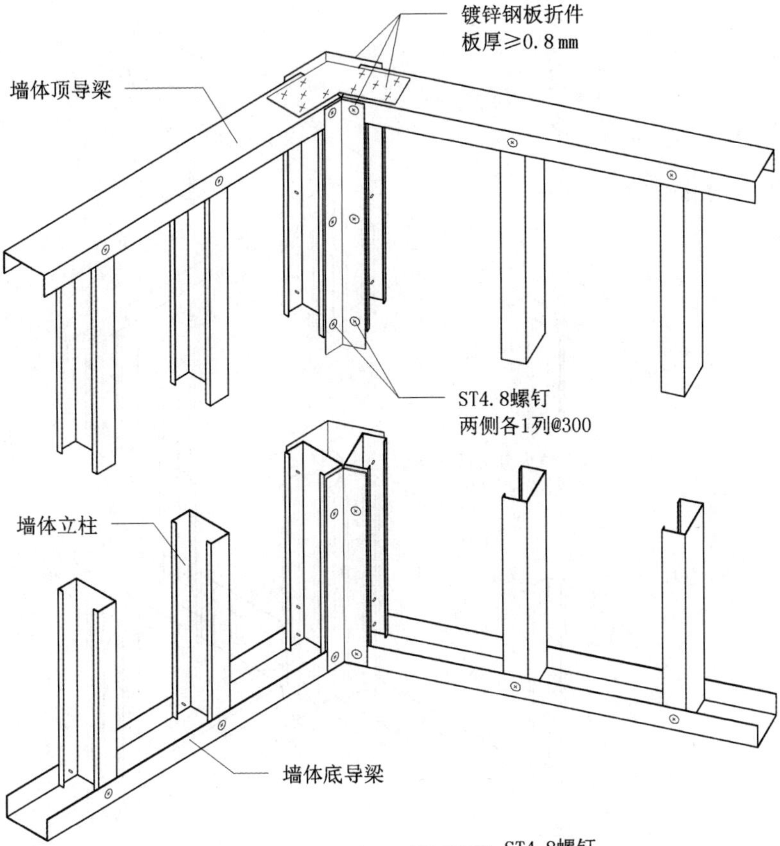

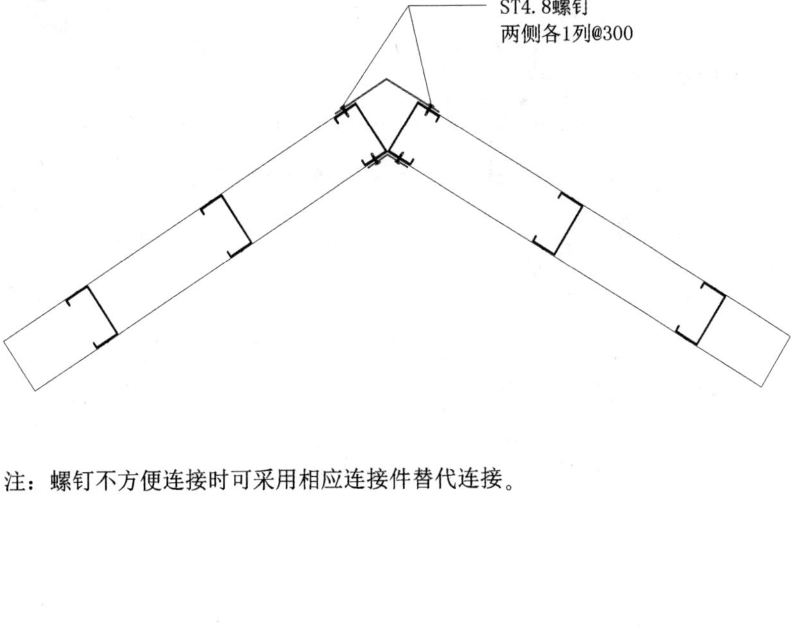

注：螺钉不方便连接时可采用相应连接件替代连接。

墙体 T 形连接一

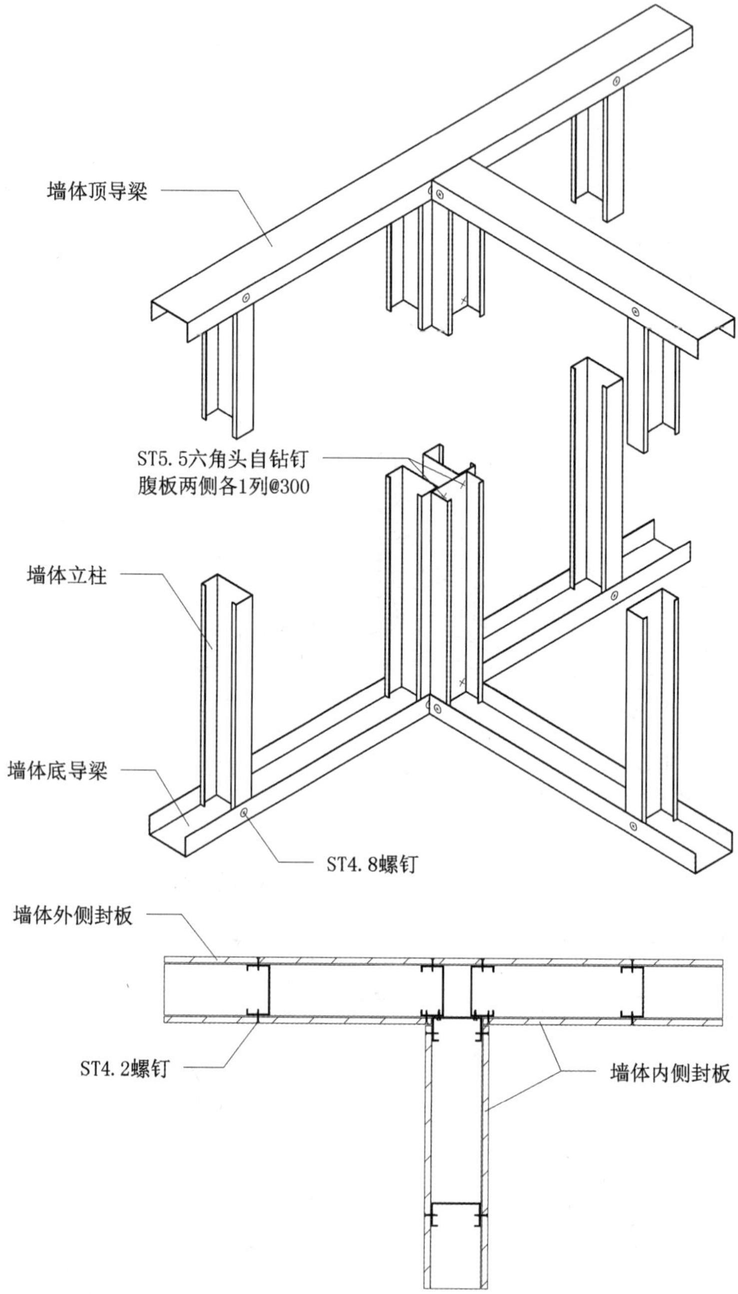

注：螺钉不方便连接时可采用相应连接件替代连接。

墙体 T 形连接二

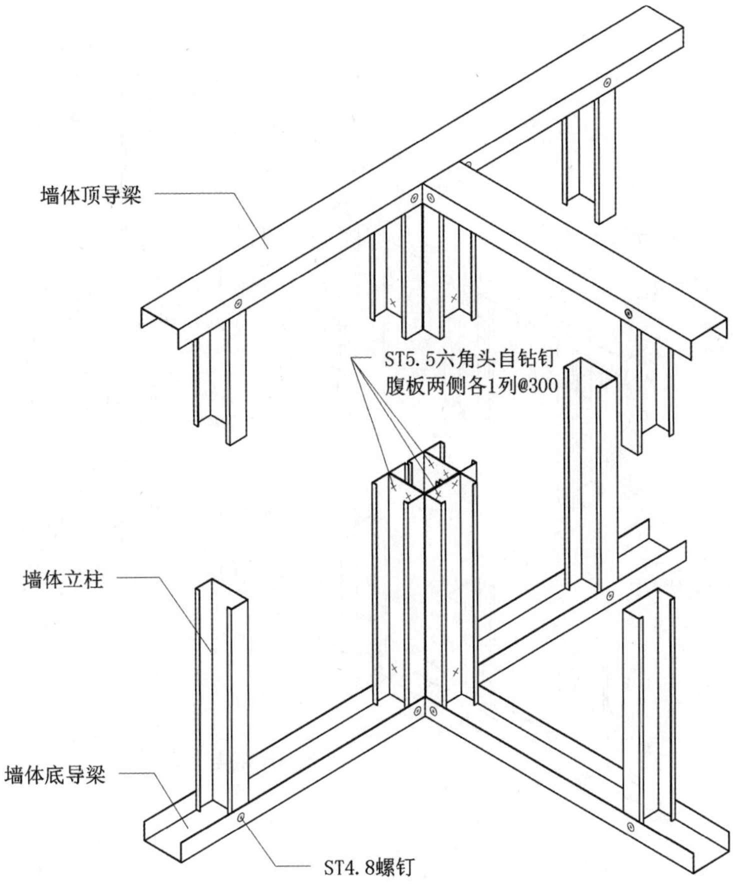

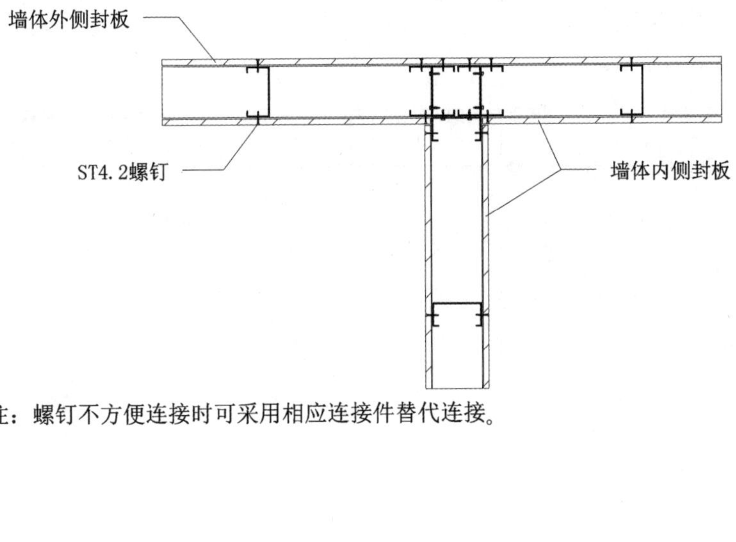

注：螺钉不方便连接时可采用相应连接件替代连接。

墙体一字形连接

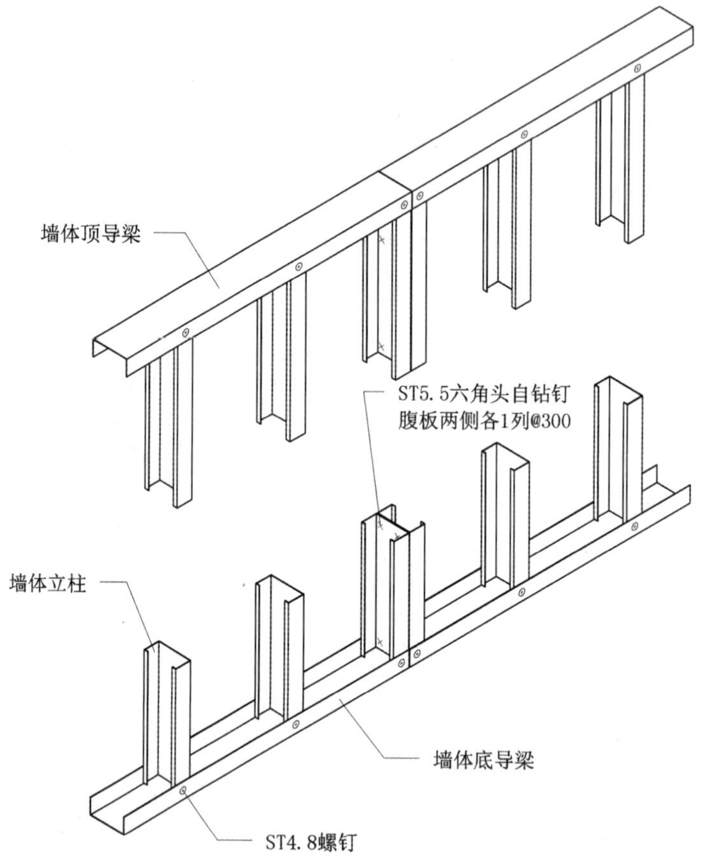
墙体顶导梁
ST5.5六角头自钻钉
腹板两侧各1列@300
墙体立柱
墙体底导梁
ST4.8螺钉

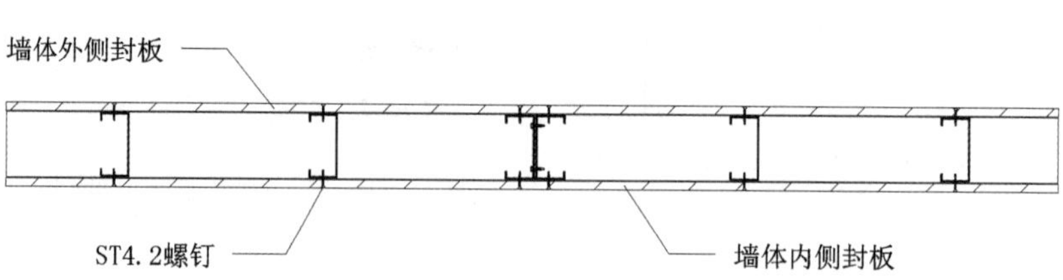
墙体外侧封板
ST4.2螺钉
墙体内侧封板

三面墙体连接一（转角十一字形连接）

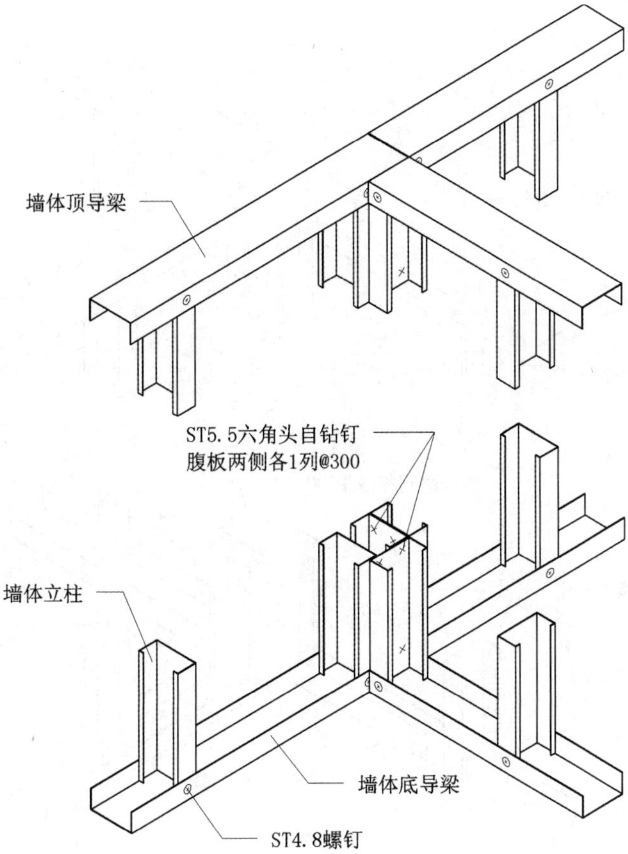

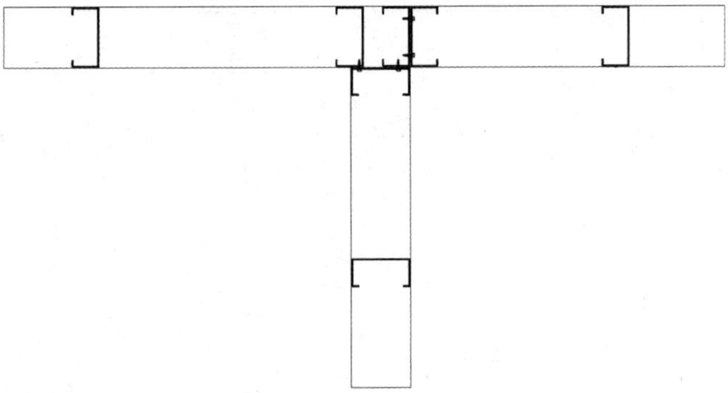

注：螺钉不方便连接时可采用相应连接件替代连接。

三面墙体连接二(一字形+T 形连接)

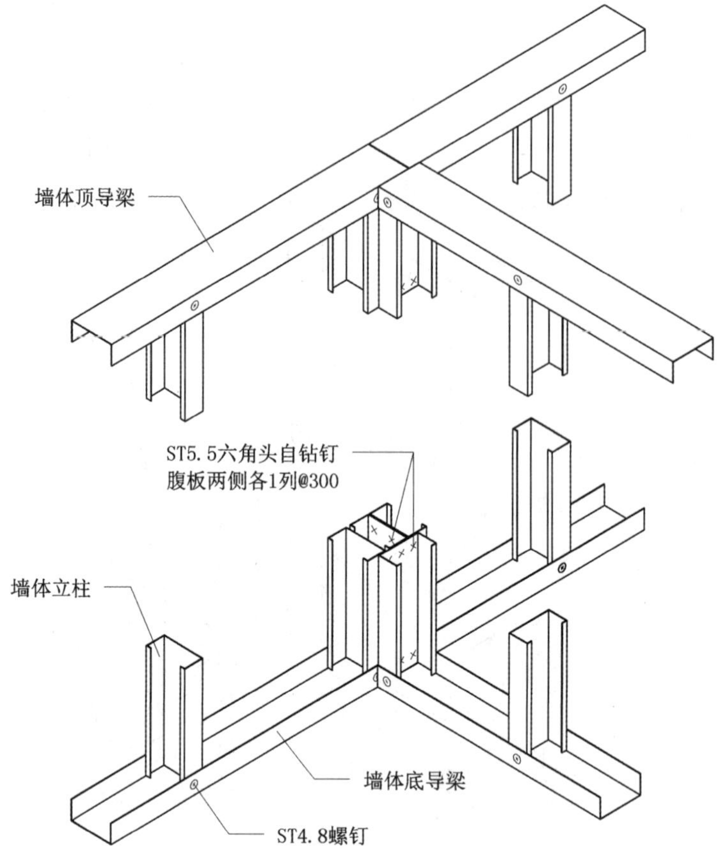

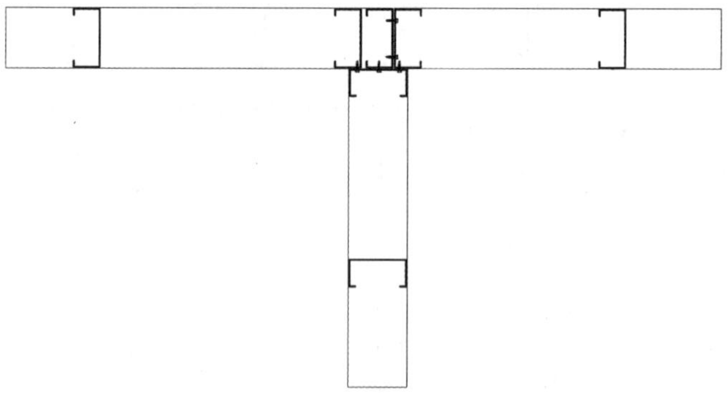

注：螺钉不方便连接时可采用相应连接件替代连接。

三面墙体连接三(二个转角连接)

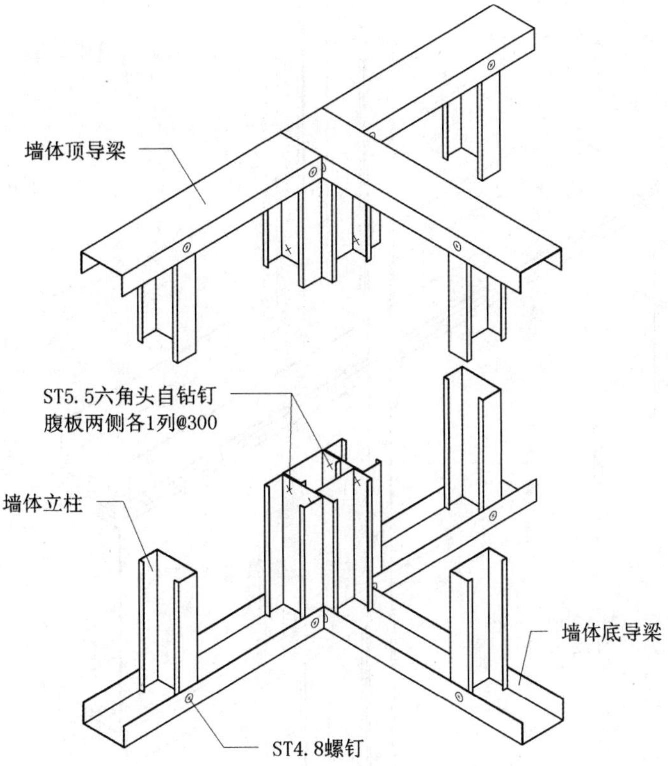

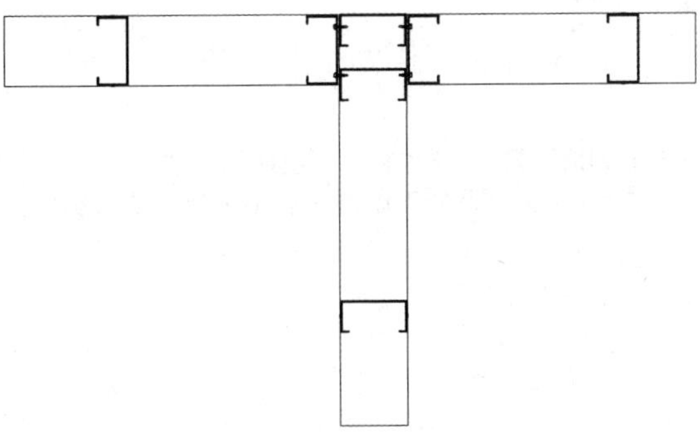

注：螺钉不方便连接时可采用相应连接件替代连接。

上下层墙体连接一

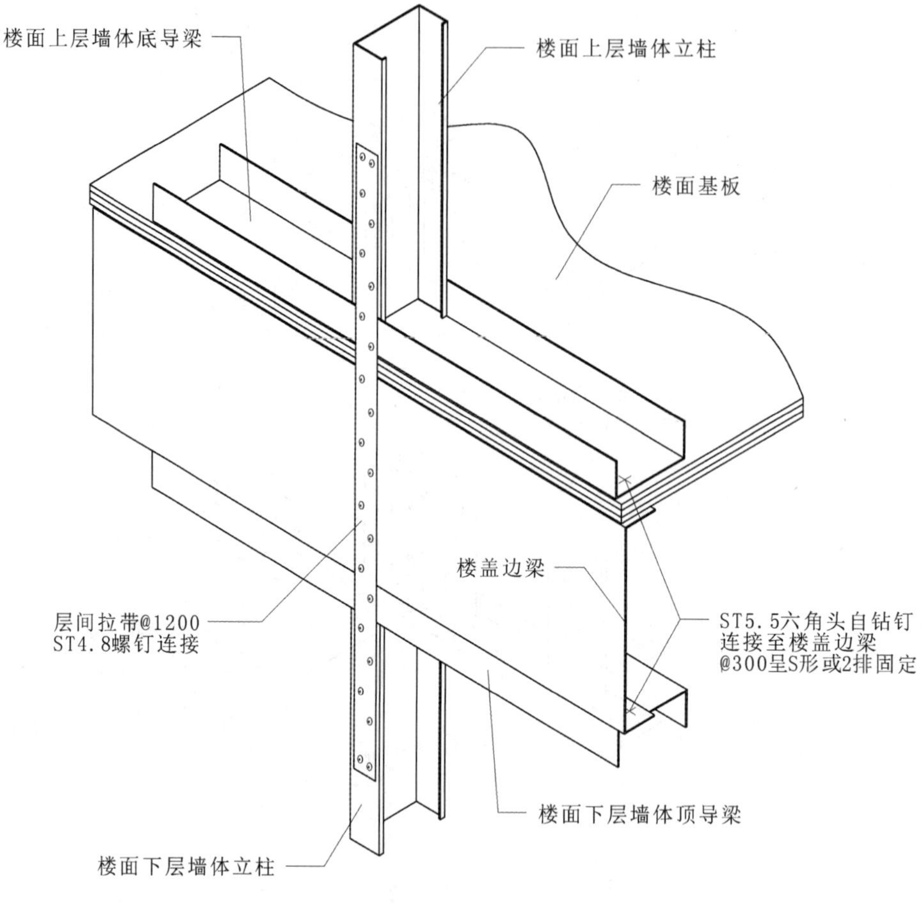

注：1.层间拉带两端超出楼盖边梁连接上下层墙体立柱的尺寸不宜小于250 mm。
2.层间拉带与上下墙立柱及楼盖边梁各不宜少于6个ST4.8螺钉固定。

上下层墙体连接二

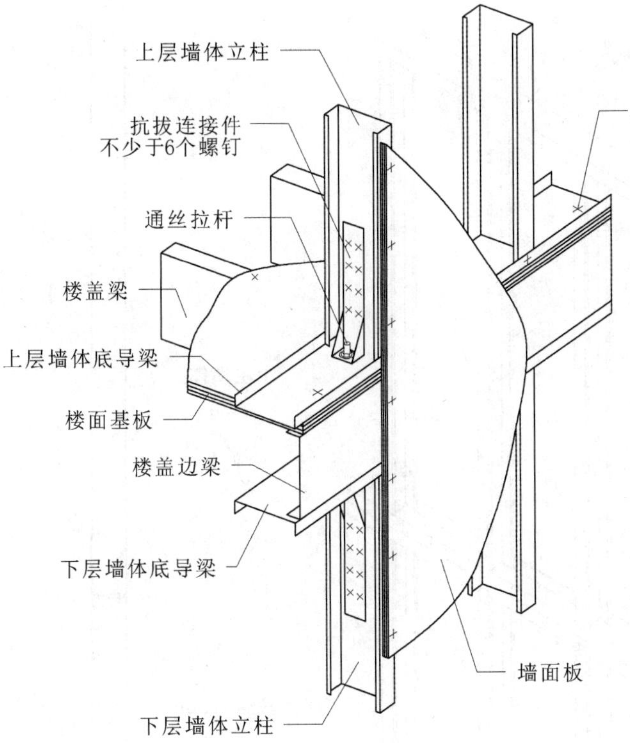

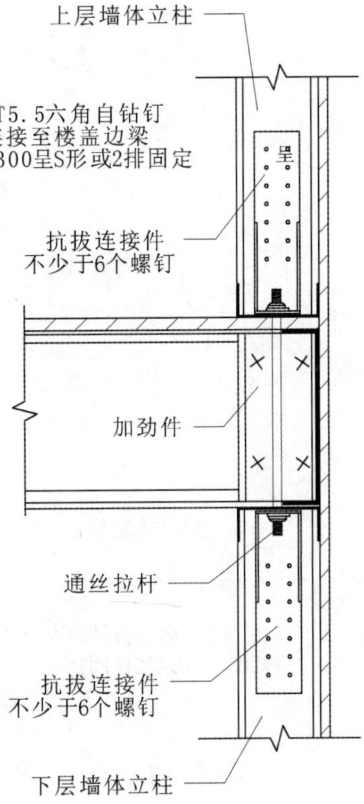

注：1. 墙面板的上下拼接缝位置不得在上下层墙体与楼盖梁的连接位置范围内。
2. 连接上下层抗拔连接件的通丝拉杆规格不宜小于M16，安装完成螺纹露出不应少于5圈。
3. 上层墙体的底导梁和下层墙体的顶导梁应与楼盖边梁或楼盖梁用ST5.5六角头自钻钉@300呈S形或2排连接；上下层内墙连接同此法。

上下层墙体连接三

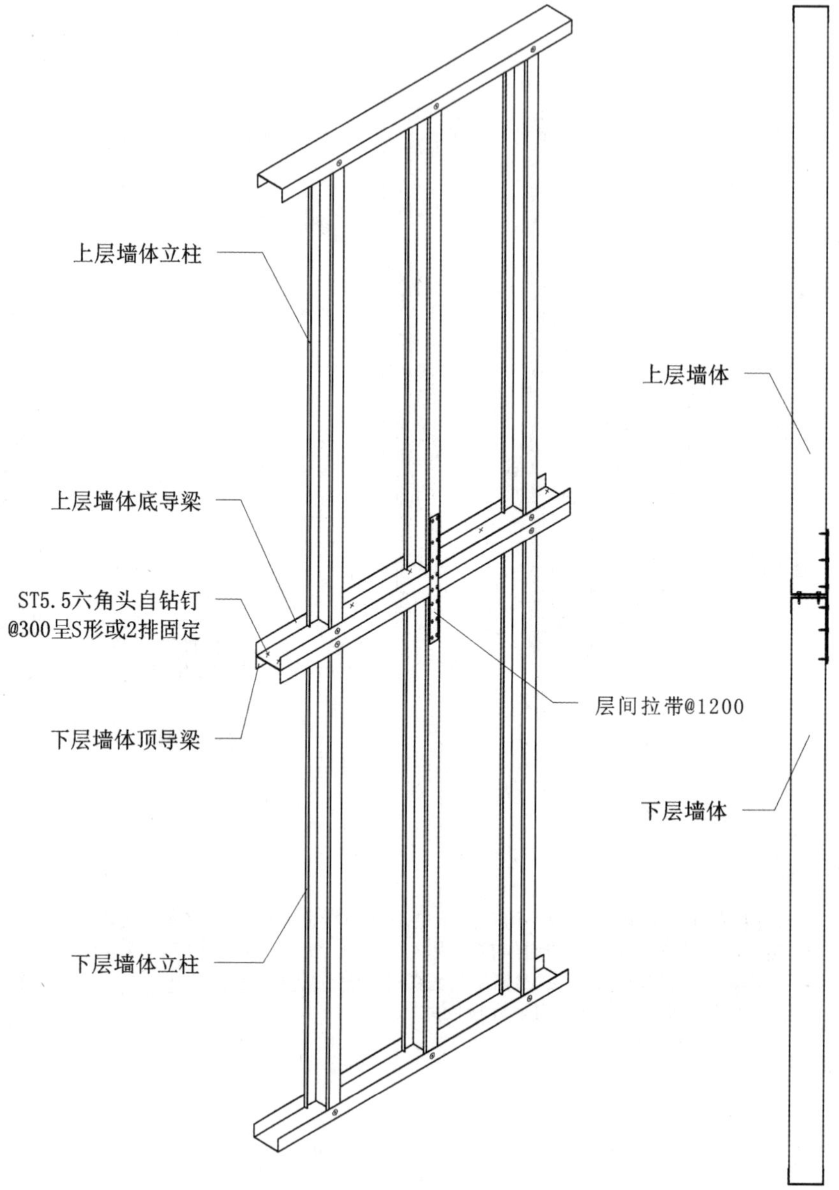
上层墙体立柱
上层墙体底导梁
ST5.5六角头自钻钉
@300呈S形或2排固定
下层墙体顶导梁
下层墙体立柱
层间拉带@1200
上层墙体
下层墙体

非承重墙体平行于楼盖梁的连接

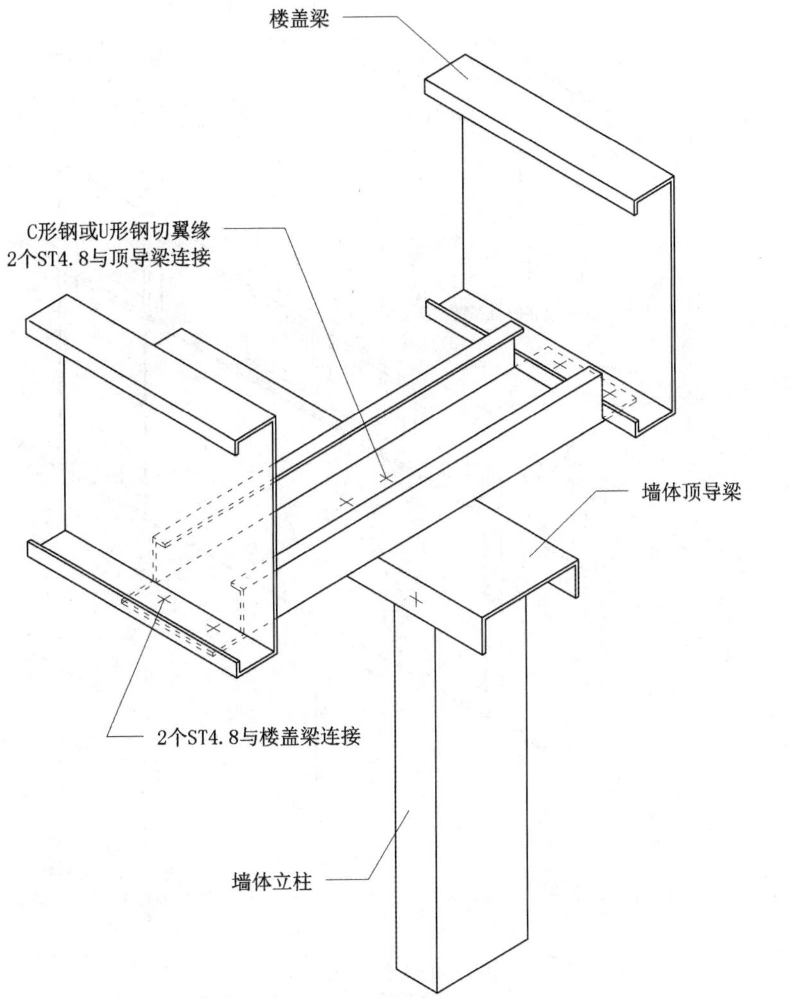

注：非承重墙设计时宜比承重墙低13 mm起，具体计算确定。

墙面板与墙架的连接

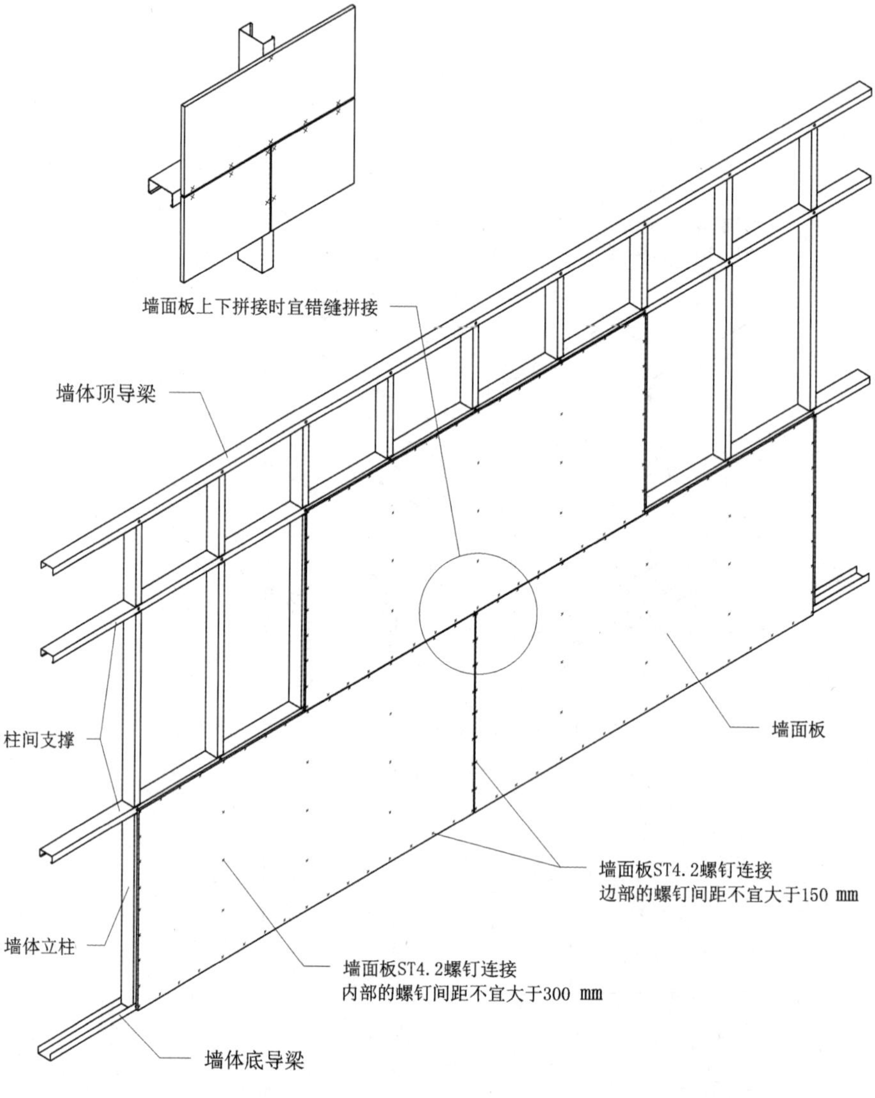

注：1. 墙面板安装的接缝宽度为5 mm，允许偏差±2 mm。
2. 螺钉距墙面板边缘距离不小于8 mm。

墙面板水平接缝加强连接

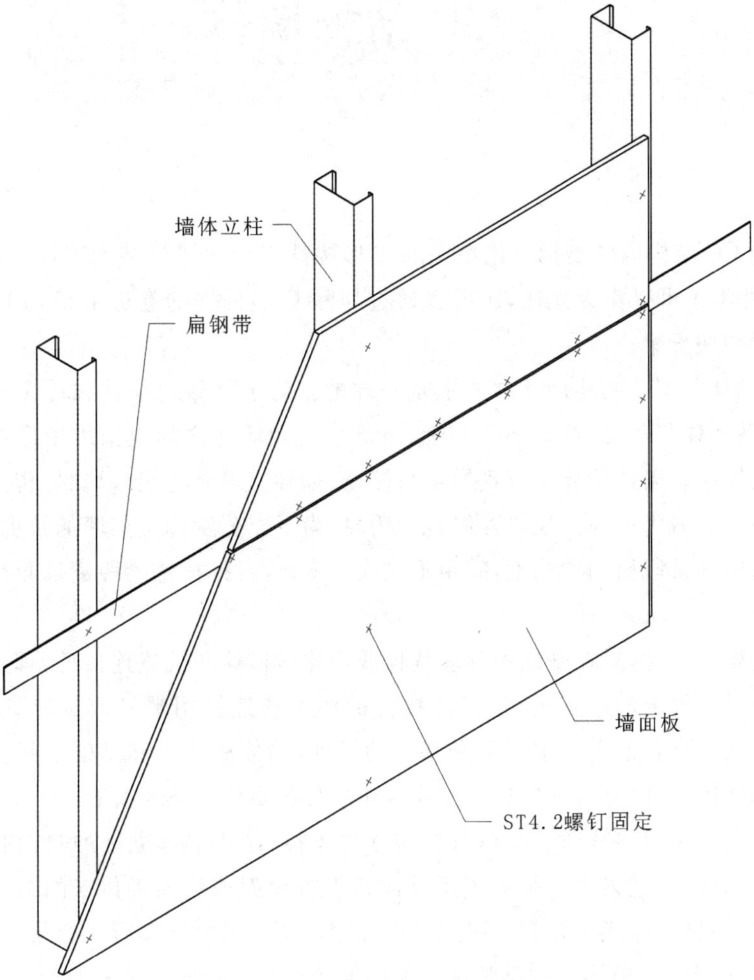

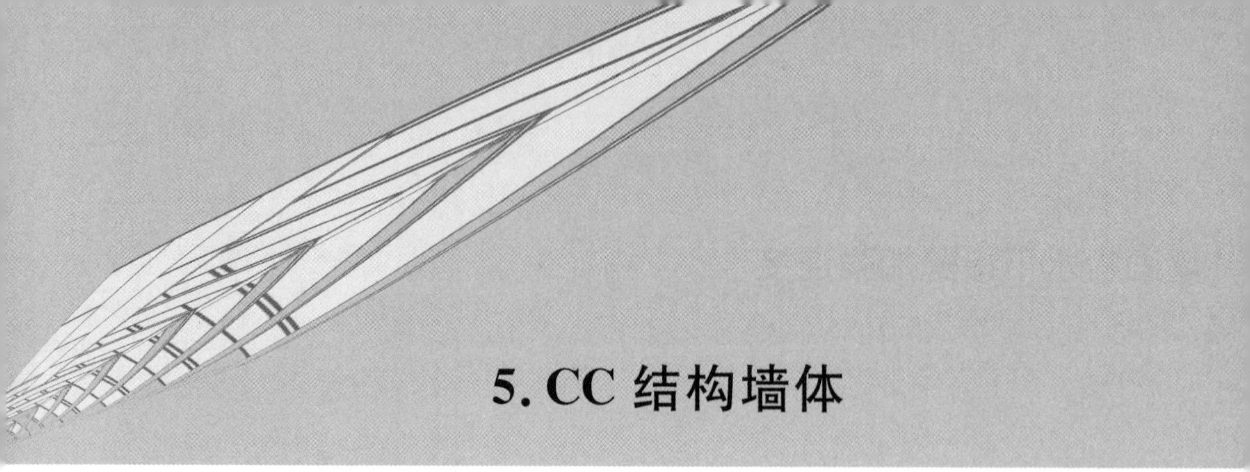

5. CC 结构墙体

本章中的CC结构墙体是指只用单一的C形构件组合而成的结构墙体。在CC结构墙体中，C形构件不仅可以作为立柱，还可以通过切除C形构件的卷边来替代U形构件作为墙架的顶导梁与底导梁。

CC结构墙体与CU结构墙体本质上是一样的。为了可靠地承受和传递水平剪力及竖向抗拔力，抗剪墙体与基础，抗剪墙体与上、下部楼盖及墙体之间应采用条形连接件或抗拔件和抗拔锚栓连接。墙体顶导梁或底导梁与楼盖、基础应可靠连接，以确保传递上部结构传下来的水平力。抗剪墙体与抗拔锚栓组合使用时，为了充分发挥抗剪墙的抗剪效应，抗拔锚栓宜布置在墙体导梁截面的中线上，间距不宜大于6 m，且抗拔锚栓距离墙角或墙端部的最大距离不宜大于300 mm。

墙体与基础连接时，宜在基础中预埋锚栓或用化学锚铨和抗拔连接件，埋在基础中的锚栓深度应具有设计要求的抗拔力，抗拔连接件的厚度和连接用螺钉数量应满足设计要求。为了杜绝墙体底导梁长期受到水浸泡和基础的锈蚀，墙体底导梁和基础之间应设置符合设计要求厚度的防腐防潮垫层，其每边宽度应大于底导梁宽度5 mm以上。

承重墙体内沿竖向连续通长应设置柱间水平支撑，减小墙体立柱的自由长度。承重墙体门、窗洞口上方设置过梁主要是为了承受洞口上方屋架或楼面梁传来的荷载。承重墙体门、窗洞口上方的过梁样式主要有实腹式过梁和钢桁架式过梁。实腹式过梁常用箱形、工字形和L形等截面形式。桁架式过梁常用普通桁架式和组合桁架式等桁架形式。

在施工阶段，当墙体未连接成整体建筑前，应对墙体骨架设置临时支撑。墙面板与墙体立柱通过螺钉连成整体。设置钢拉带交叉支撑时，两个交叉钢带拉条可布置在墙体立柱的同一侧，也可分别布置在墙体立柱的两侧。

CC构件组成的墙体与基础连接的方式主要有底导梁＋基础连接垫块结构、底导梁＋木地梁垫块结构、底导梁＋抗拔件连接结构、底导梁＋预埋钢拉带连接结构等。

CC结构墙体的门窗上方过梁形式主要有箱形过梁、工字形过梁、L形过梁、倒Y形桁架过梁、普通形桁架过梁等。

CC构件组成的墙体柱间水平支撑结构主要形式有柱间横撑对穿支撑结构、C形卷边＋腹板切除对穿支撑结构、C形卷边＋翼缘切除与立柱侧向安装结构、斜撑（K撑）立柱结构、扁钢带剪力支撑结构、墙体双立柱支撑结构等。

CC 构件组成的墙体转角连接结构主要形式有 3C 型钢转角连接结构、4C 型钢转角连接结构、2C 型钢＋钢板折件转角连接结构、2C 型钢一字形连接结构、上下层墙体拉带连接结构、上下层墙体抗拔件连接结构、上下层墙体桁架连接结构等。

本章主要通过图例介绍 CC 结构墙体的构造、CC 墙体与基础的连接方法、CC 墙体的柱间支撑、CC 墙体的门窗过梁样式、墙体间的连接、墙面板的连接等内容。

CC 结构墙体构造示意

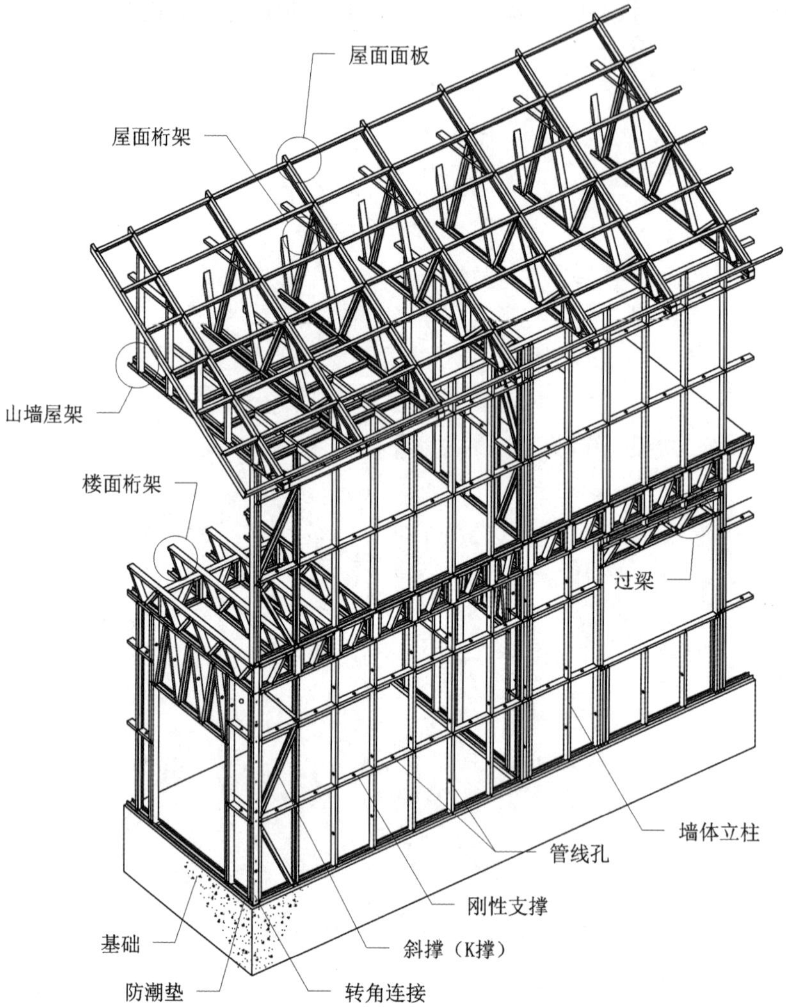
屋面面板
屋面桁架
山墙屋架
楼面桁架
过梁
墙体立柱
管线孔
刚性支撑
斜撑（K撑）
基础
防潮垫
转角连接

CC 组合墙体构造一

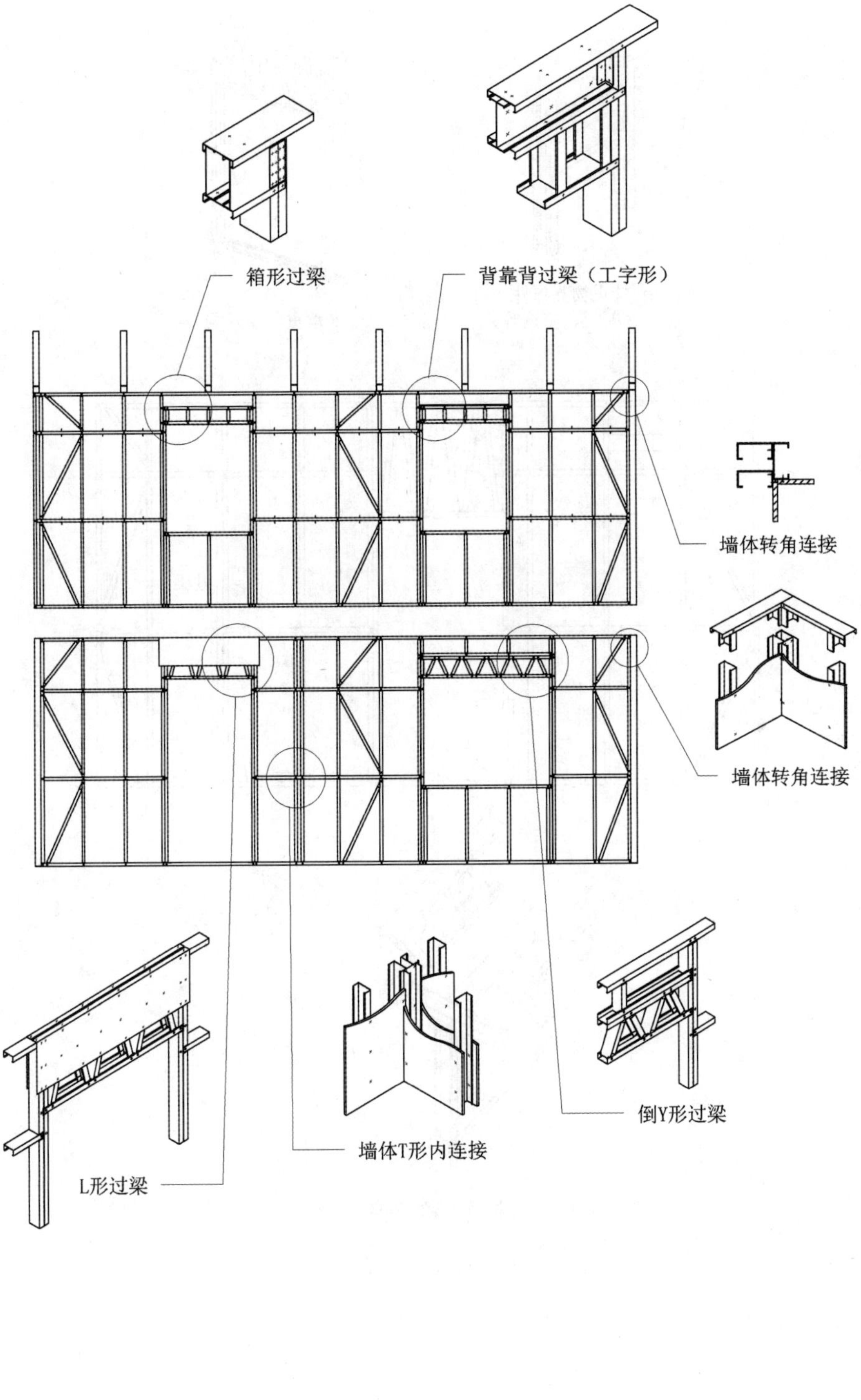
箱形过梁
背靠背过梁（工字形）
墙体转角连接
墙体转角连接
倒Y形过梁
墙体T形内连接
L形过梁

CC 组合墙体构造二

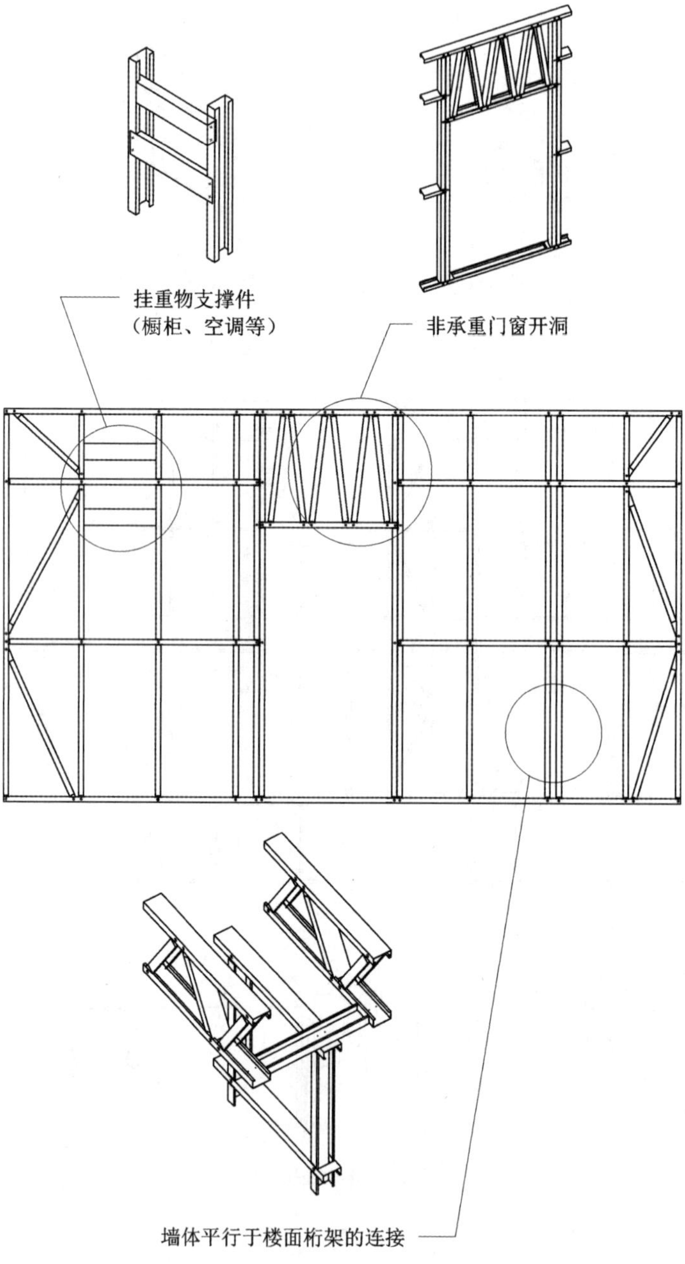
挂重物支撑件
（橱柜、空调等）
非承重门窗开洞
墙体平行于楼面桁架的连接

墙体与基础连接一

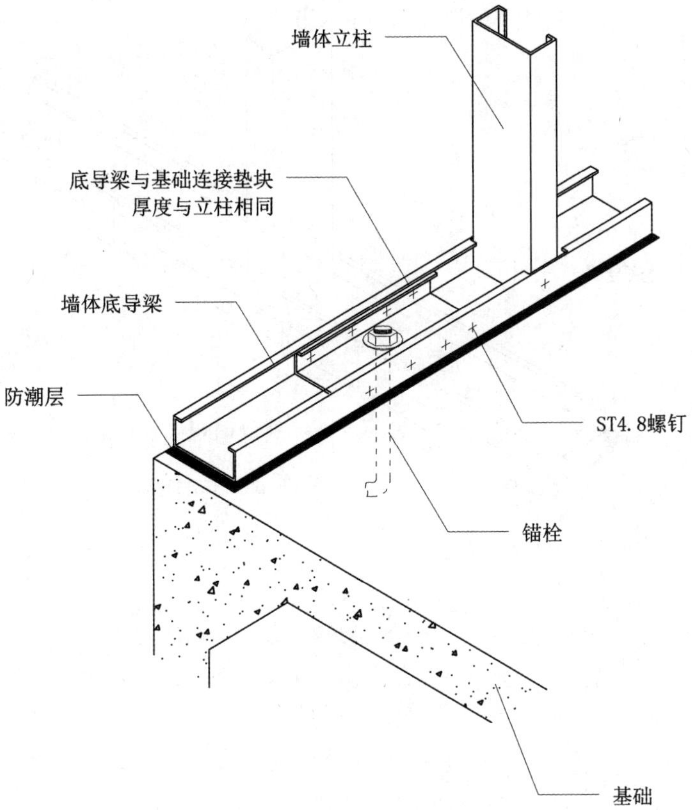
墙体立柱
底导梁与基础连接垫块
厚度与立柱相同
墙体底导梁
防潮层
ST4.8螺钉
锚栓
基础

墙体与基础连接二

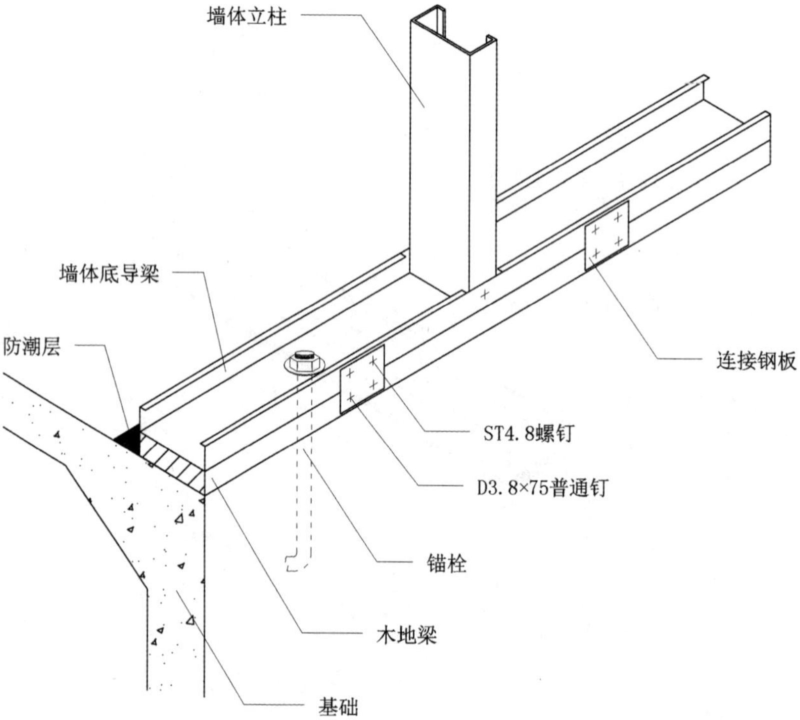
墙体立柱
墙体底导梁
防潮层
连接钢板
ST4.8螺钉
D3.8×75普通钉
锚栓
木地梁
基础

墙体与基础连接三

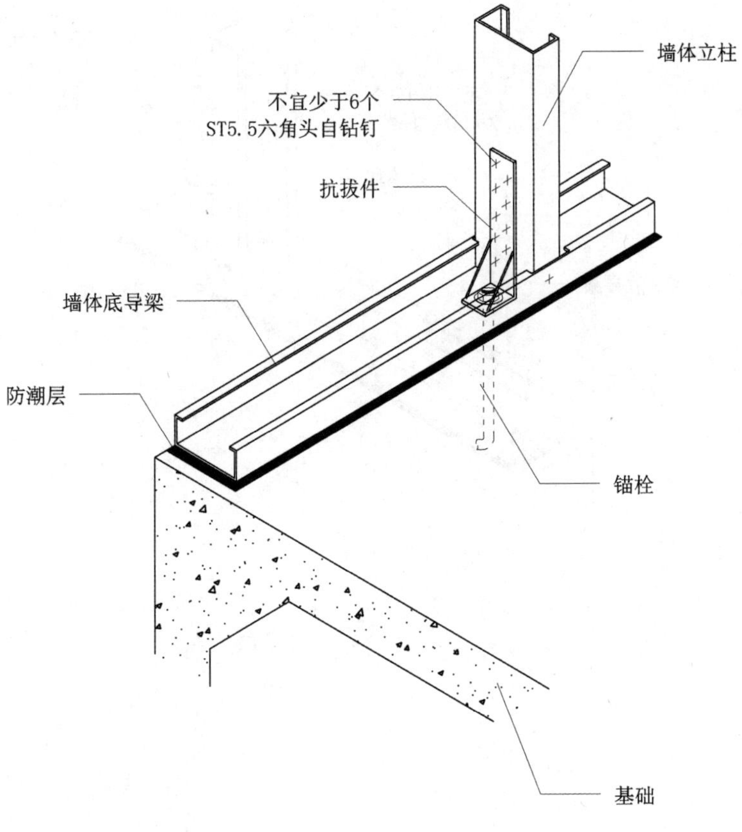
墙体立柱
不宜少于6个
ST5.5六角头自钻钉
抗拔件
墙体底导梁
防潮层
锚栓
基础

墙体与基础连接四

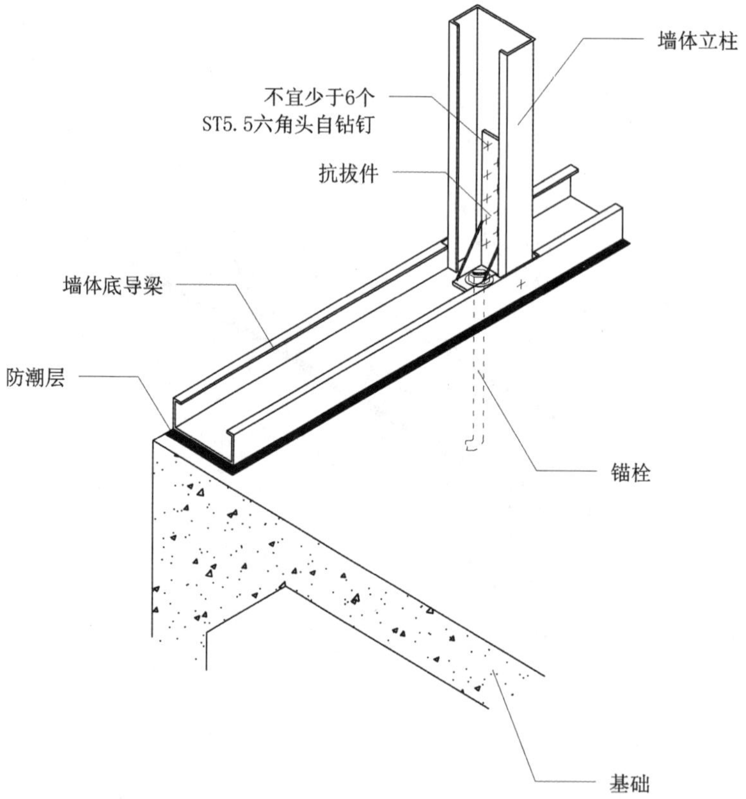
墙体立柱
不宜少于6个
ST5.5六角头自钻钉
抗拔件
墙体底导梁
防潮层
锚栓
基础

墙体与基础连接五

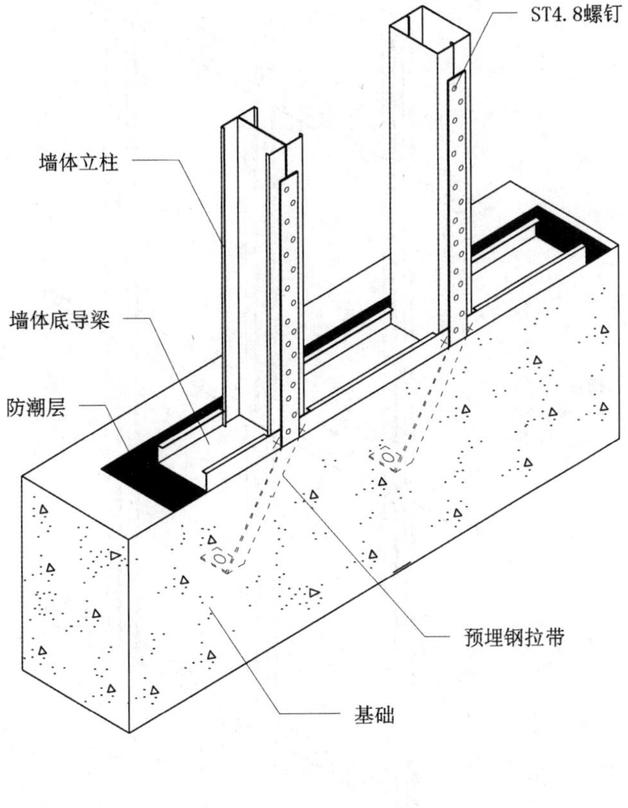
ST4. 8螺钉
墙体立柱
墙体底导梁
防潮层
预埋钢拉带
基础

墙体柱间支撑一

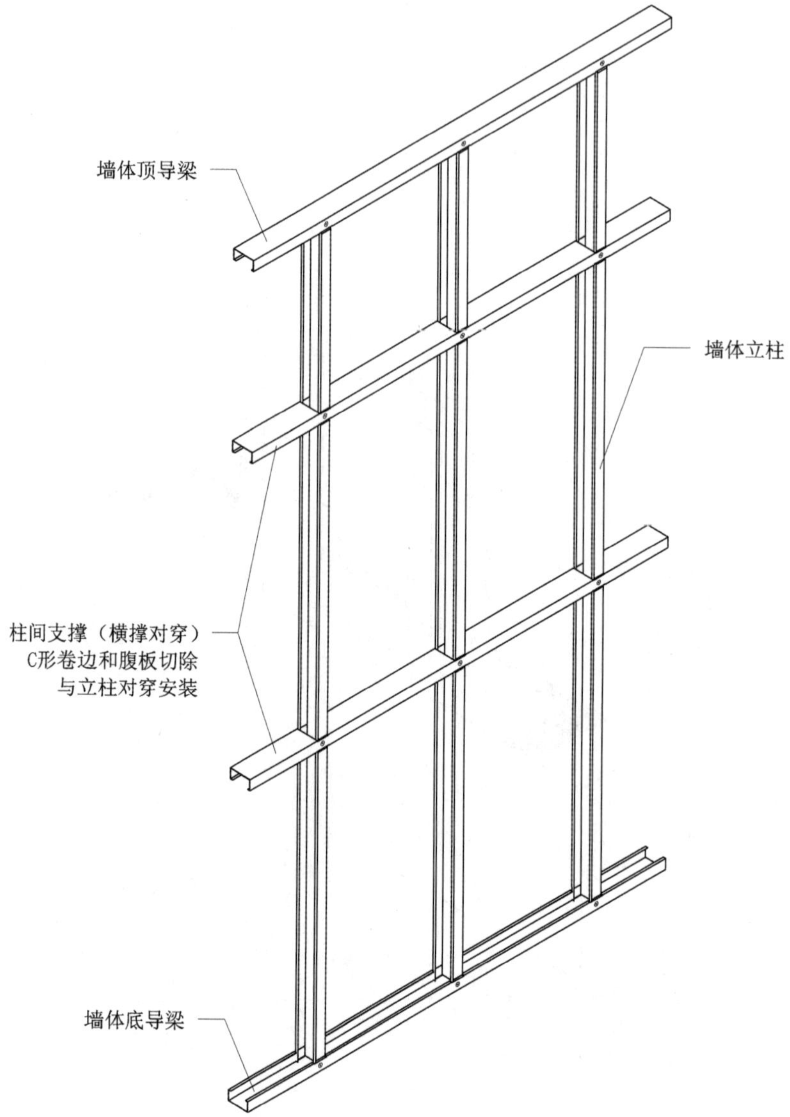
墙体顶导梁
墙体立柱
柱间支撑（横撑对穿）
C形卷边和腹板切除
与立柱对穿安装
墙体底导梁

墙体柱间支撑二

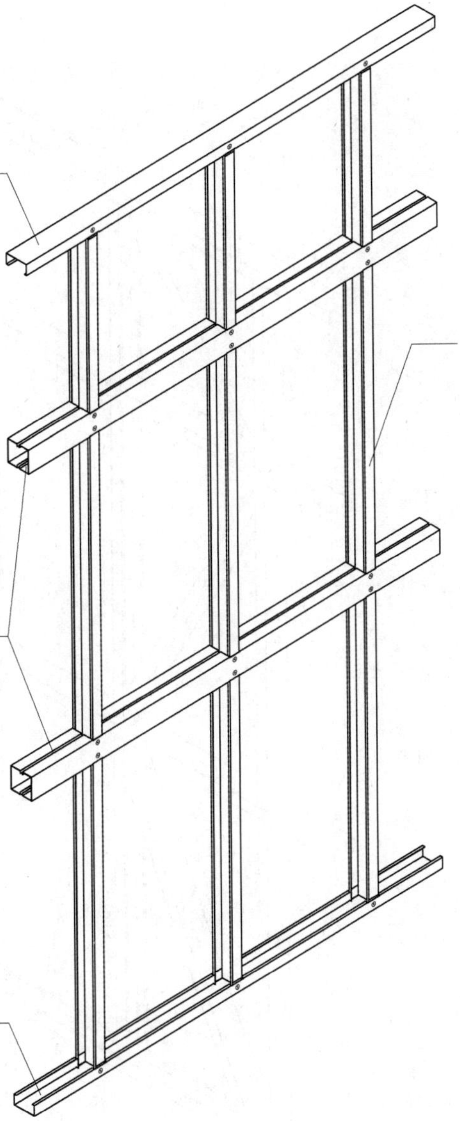
墙体顶导梁
墙体立柱
柱间支撑（横撑竖装）
C形卷边与翼缘切除
与立柱侧向安装
墙体底导梁

墙体剪力支撑一

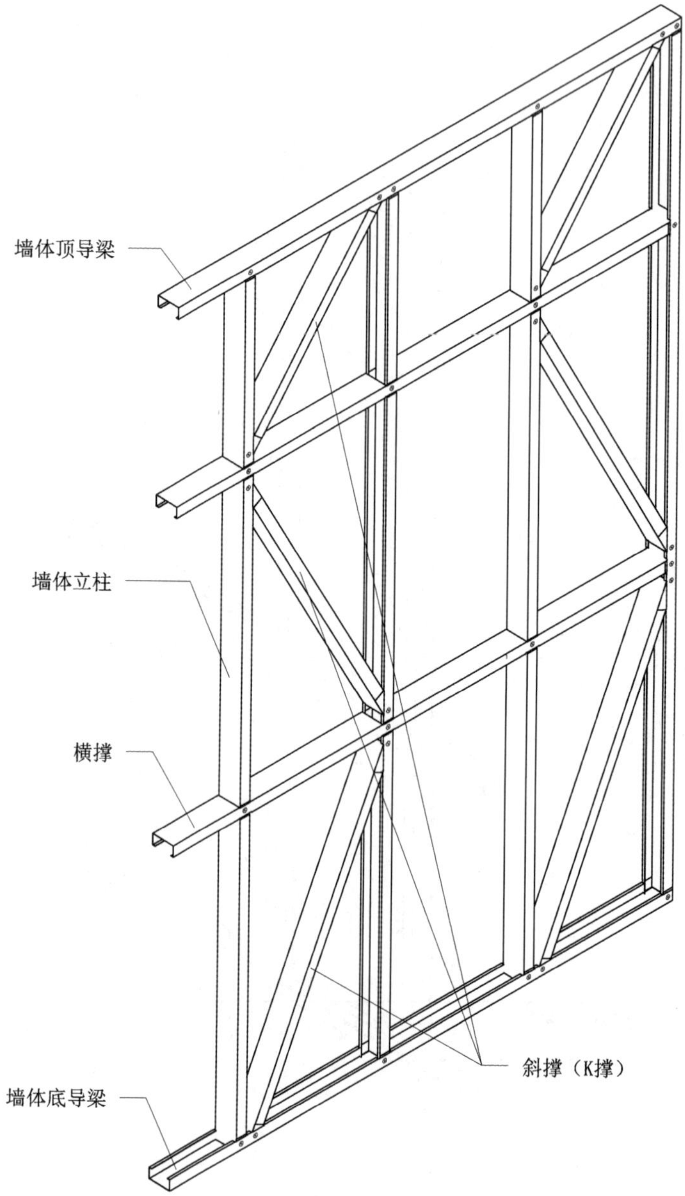
墙体顶导梁
墙体立柱
横撑
墙体底导梁
斜撑（K撑）

墙体剪力支撑二

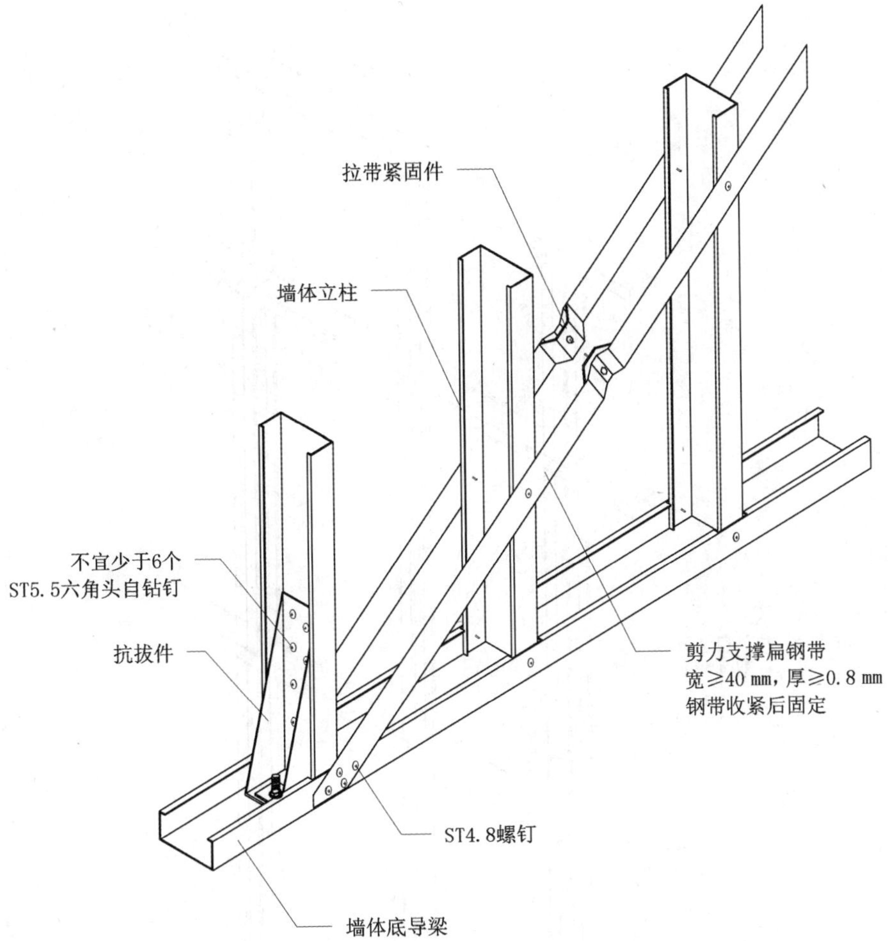
拉带紧固件
墙体立柱
不宜少于6个
ST5. 5六角头自钻钉
抗拔件
剪力支撑扁钢带
宽≥40 mm，厚≥0. 8 mm
钢带收紧后固定
ST4. 8螺钉
墙体底导梁

双立柱墙体

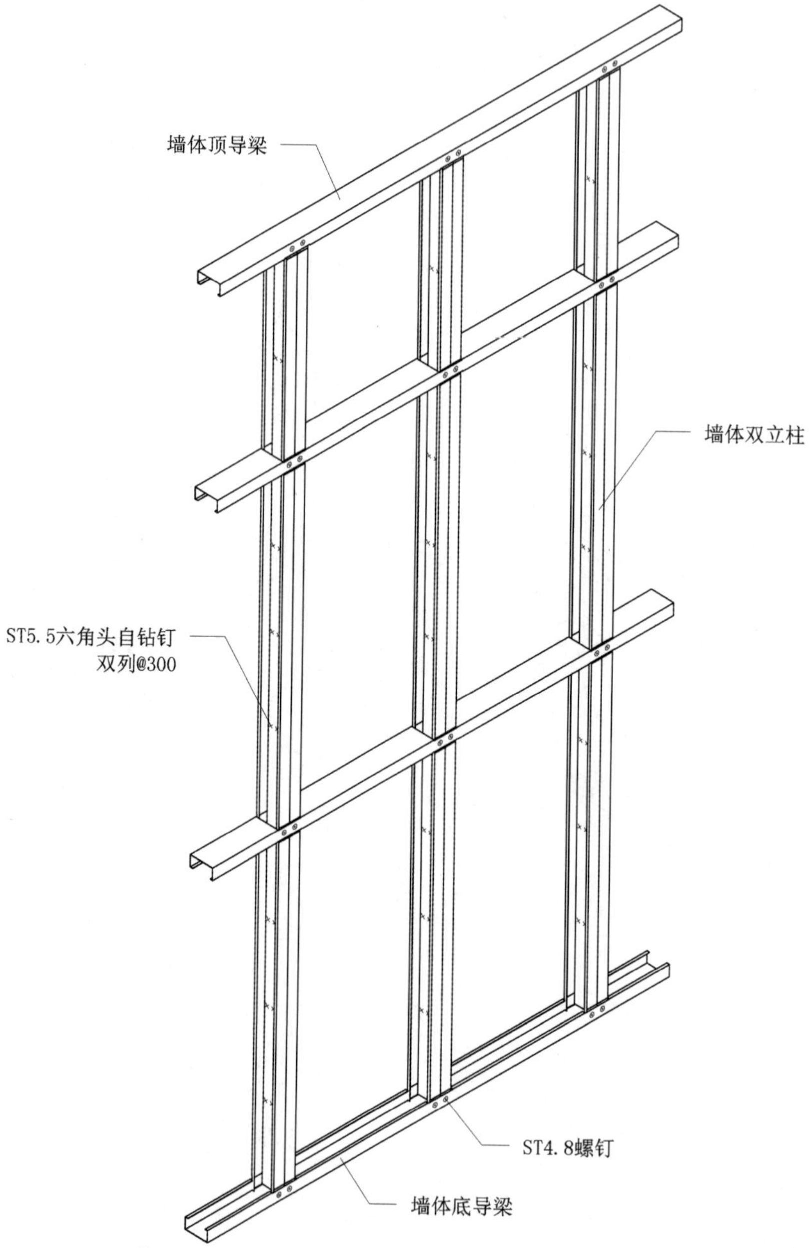
墙体顶导梁
墙体双立柱
ST5.5六角头自钻钉
双列@300
ST4.8螺钉
墙体底导梁

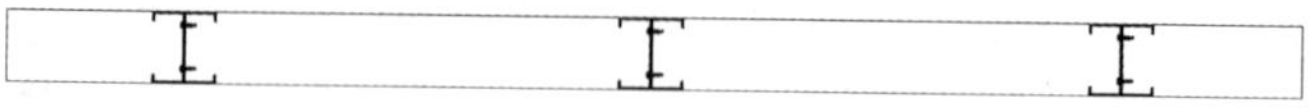

承重墙门窗箱形过梁

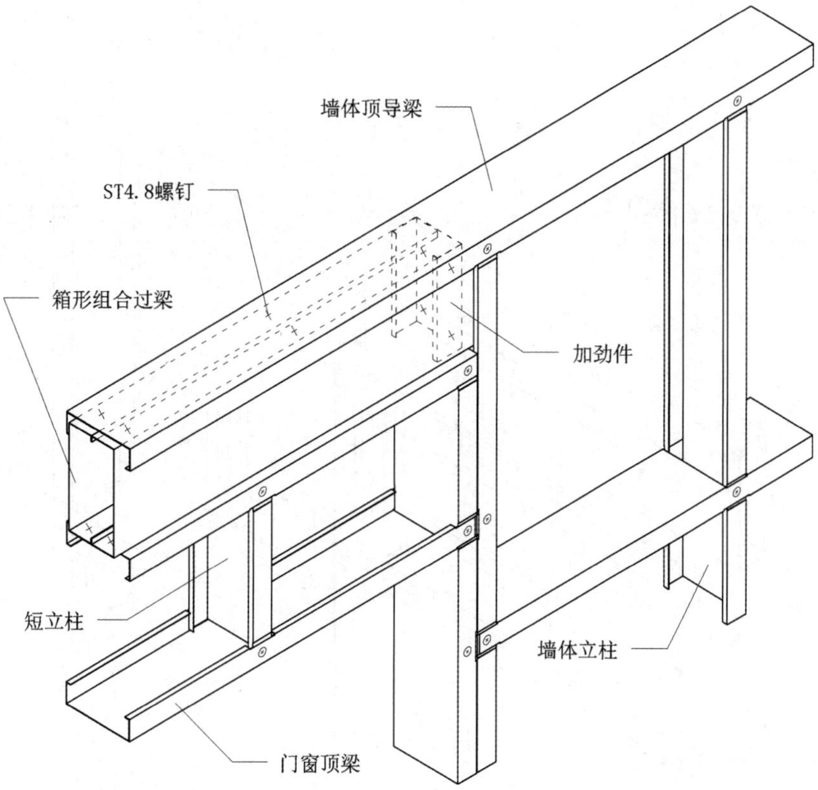
墙体顶导梁
ST4. 8螺钉
箱形组合过梁
加劲件
短立柱
墙体立柱
门窗顶梁

承重墙门窗工字形过梁

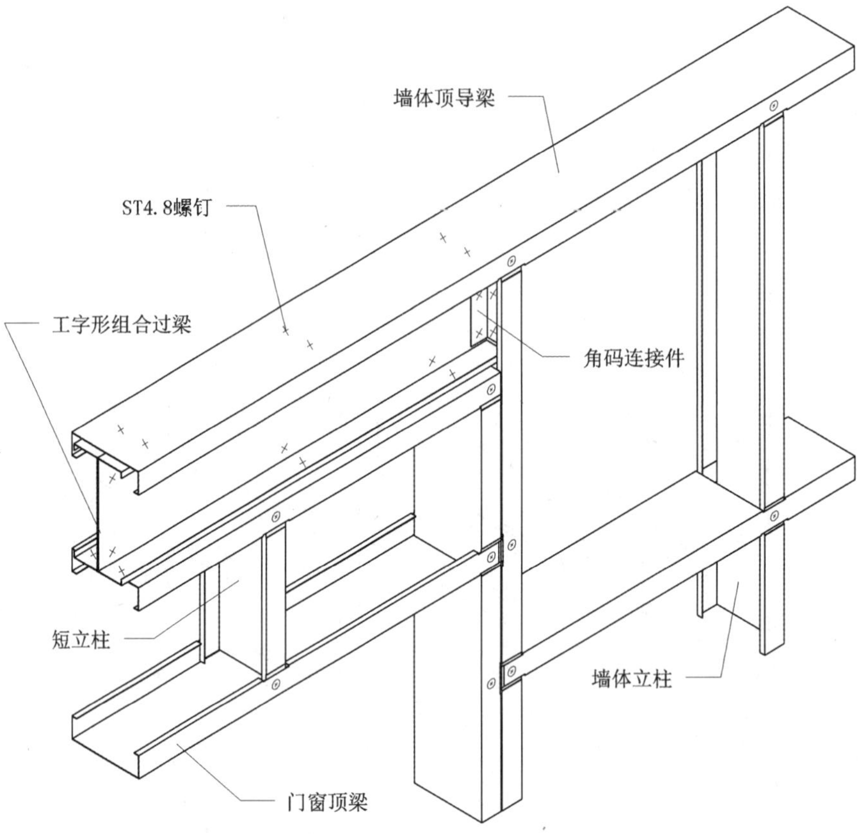
墙体顶导梁
ST4.8螺钉
工字形组合过梁
角码连接件
短立柱
墙体立柱
门窗顶梁

承重墙门窗倒 Y 形过梁

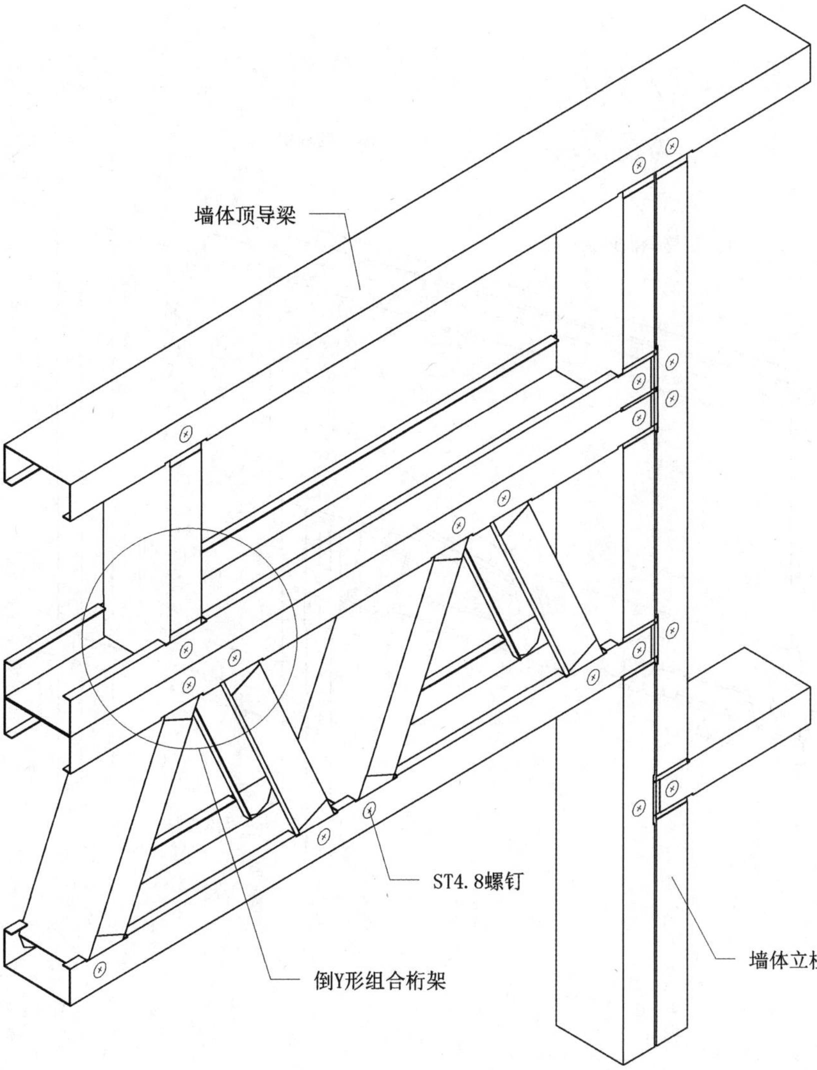
墙体顶导梁
ST4. 8螺钉
墙体立柱
倒Y形组合桁架

承重墙门窗倒 L 形钢板过梁

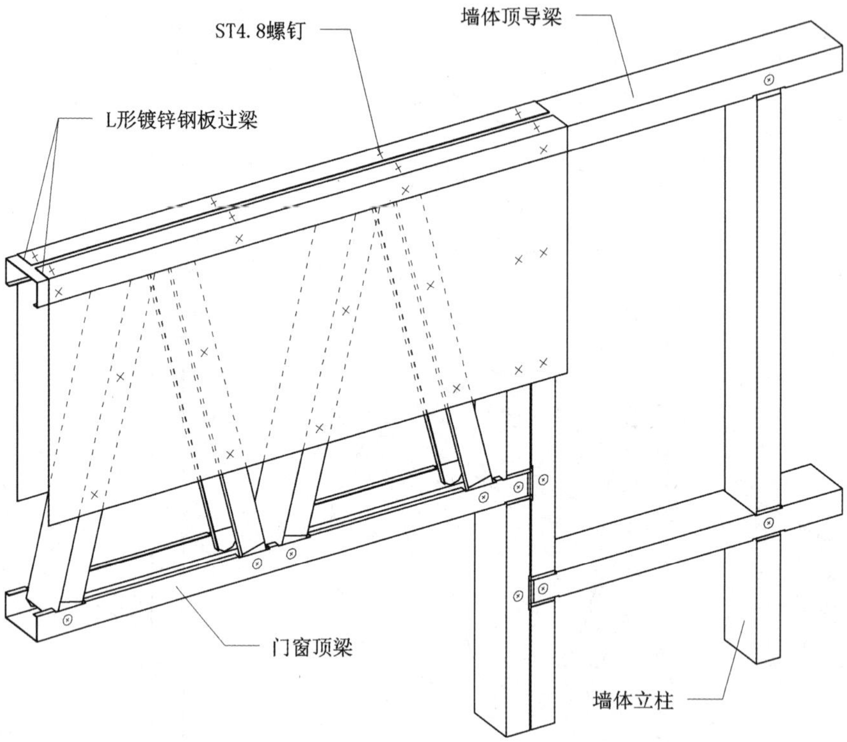

非承重墙门窗过梁

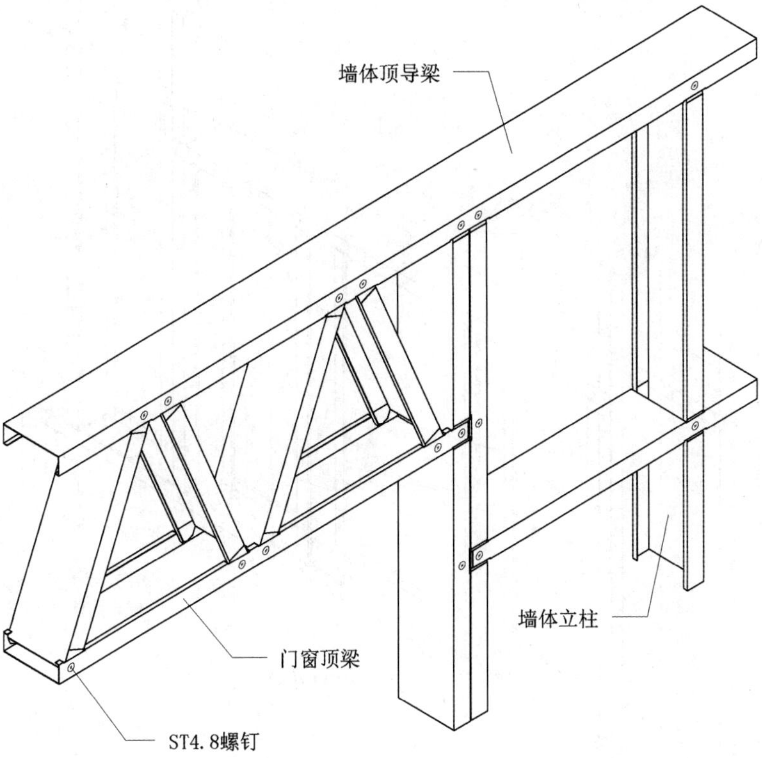

窗台

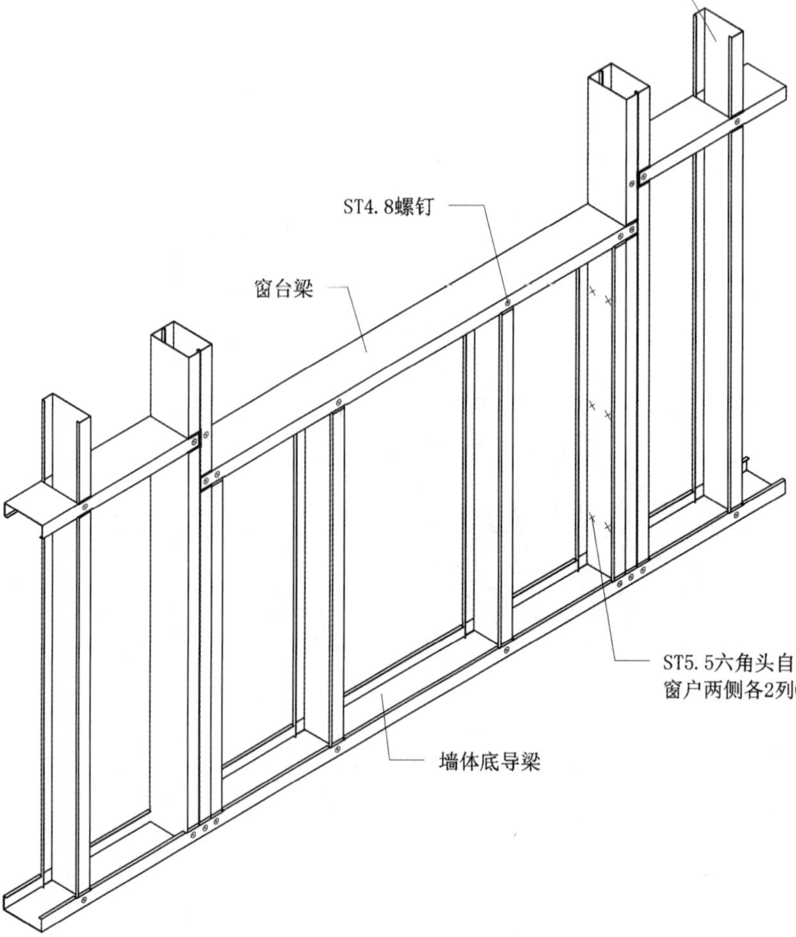
墙体立柱
ST4.8螺钉
窗台梁
ST5.5六角头自钻钉
窗户两侧各2列@300
墙体底导梁

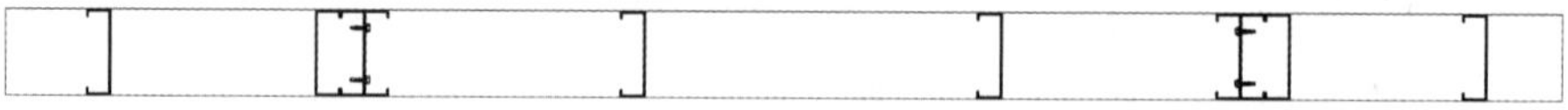

橱柜、空调等支撑

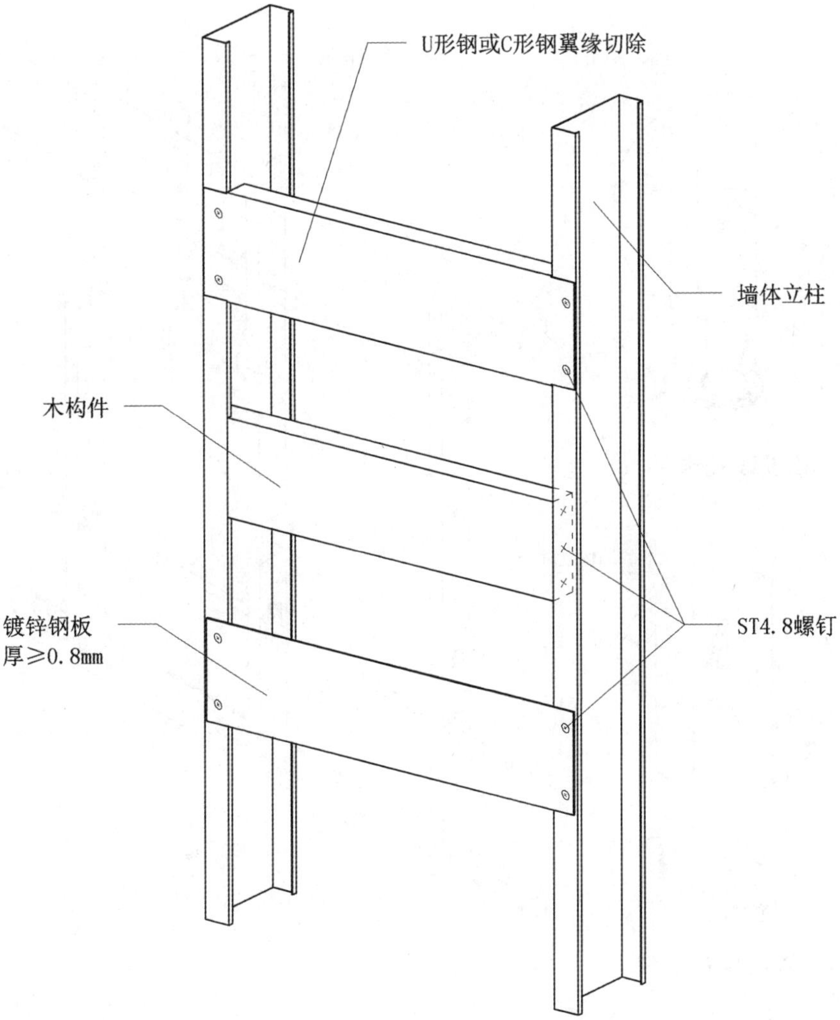

注：橱柜、空调等设备安装时应设置相应的缓冲减震垫,减少噪声及震动传输。

穿墙管道

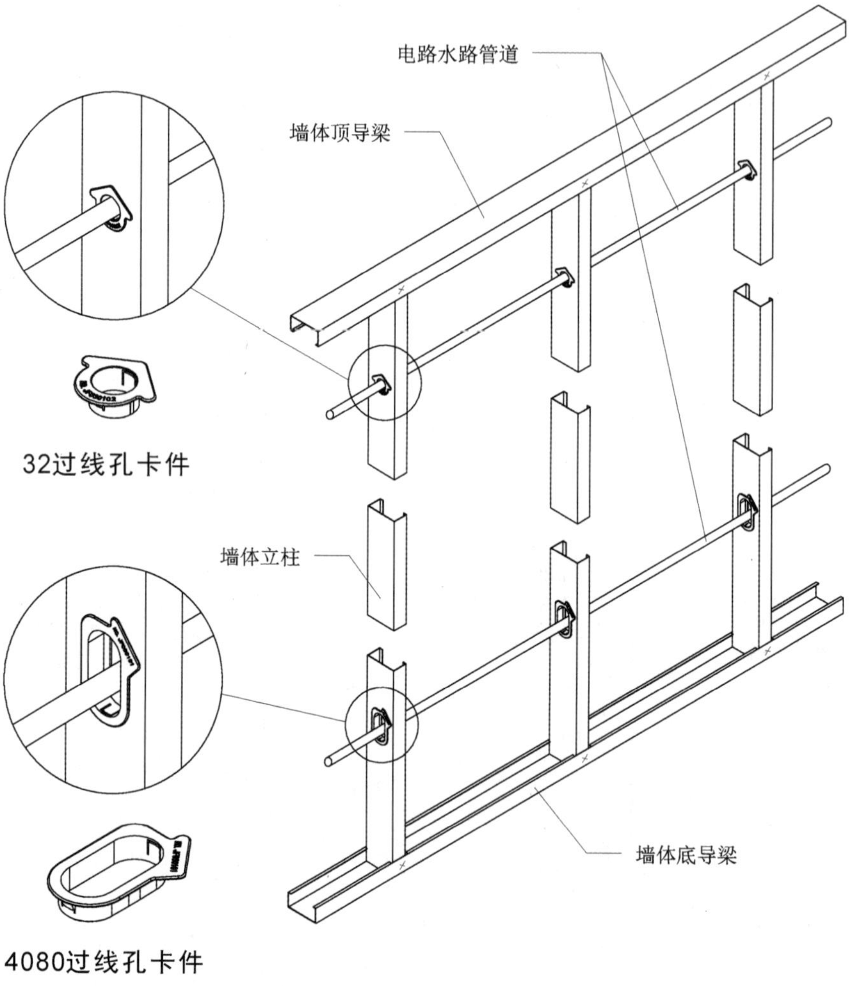

注：水路管线穿过构件孔洞前，应在构件孔洞处布置管套或其他保护措施，并将管线固定牢靠，防止由于水锤效应导致管路与构件切口不停摩擦而造成破损、漏水等。电路未有线管保护时同样需要在构件孔洞处布置相应的保护措施，防止电线破损造成的漏电、短路等危害。

墙体转角连接一

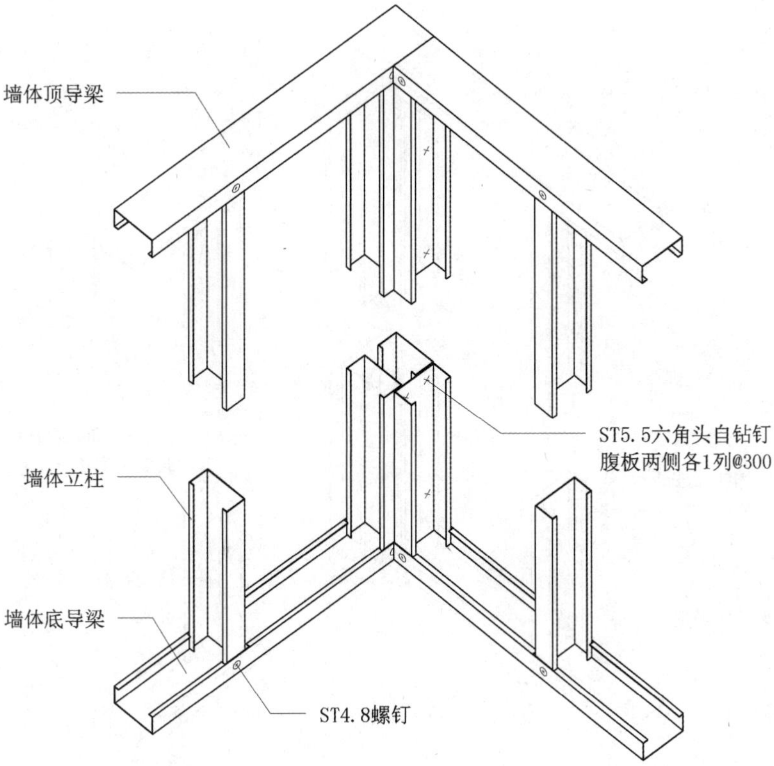

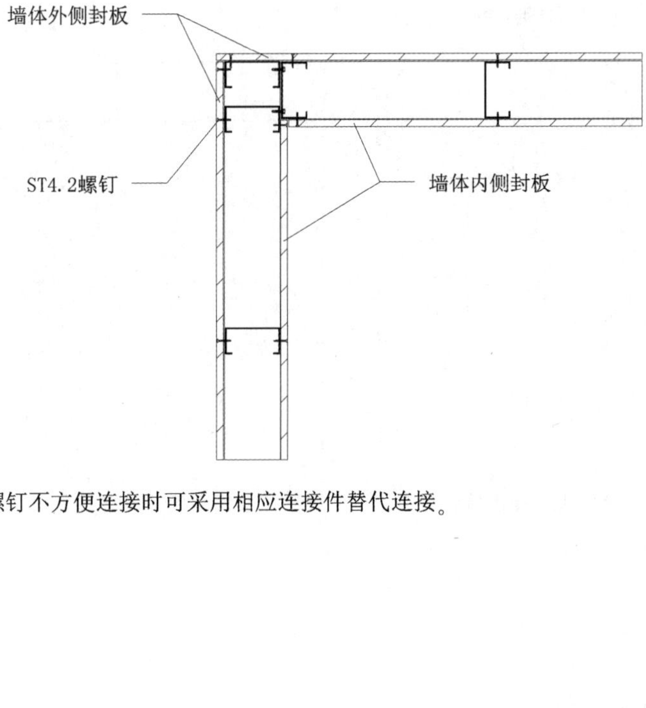

注：螺钉不方便连接时可采用相应连接件替代连接。

墙体转角连接二

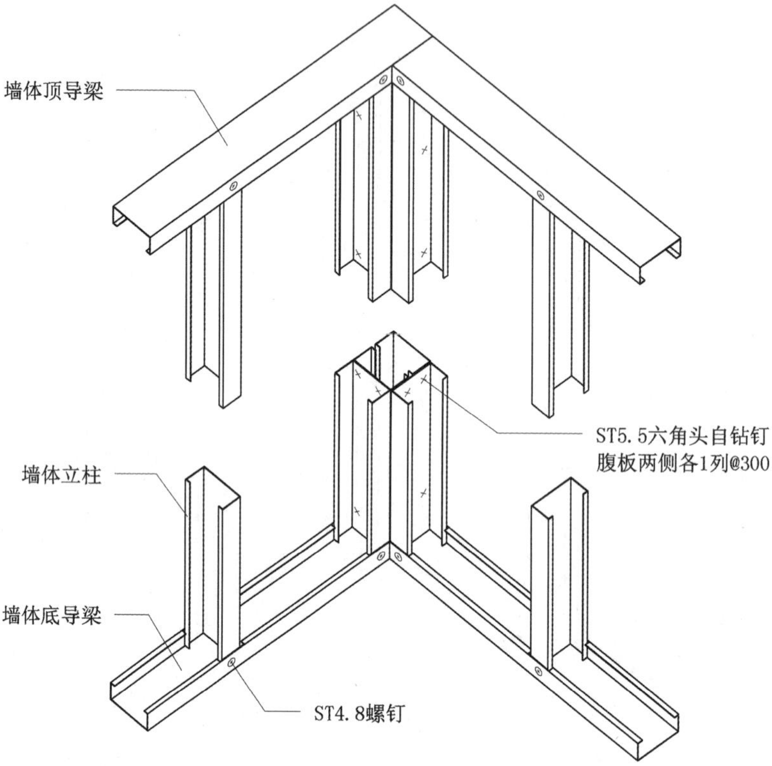

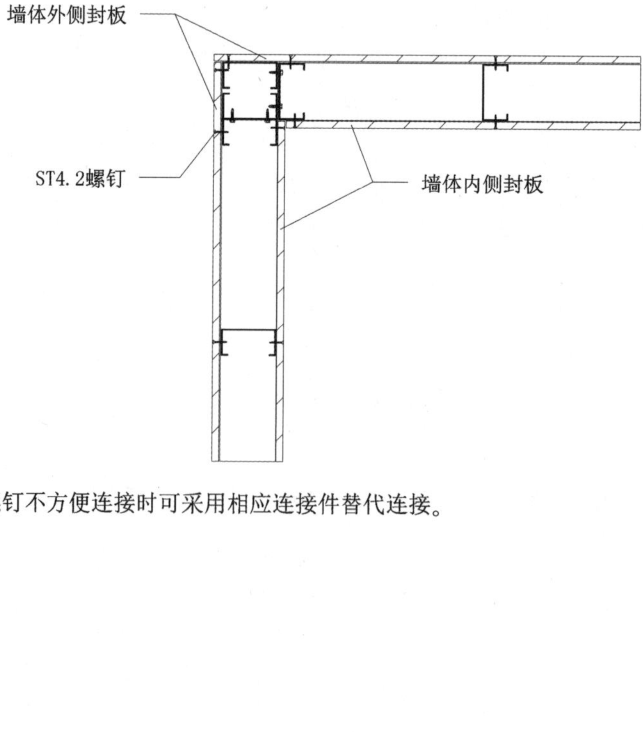

注：螺钉不方便连接时可采用相应连接件替代连接。

墙体转角连接三

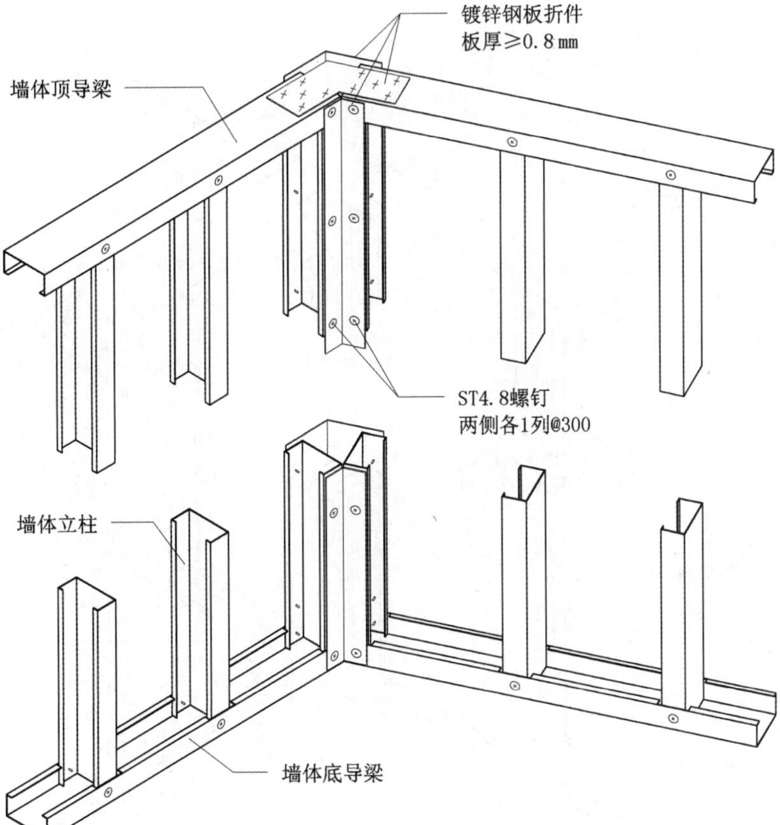

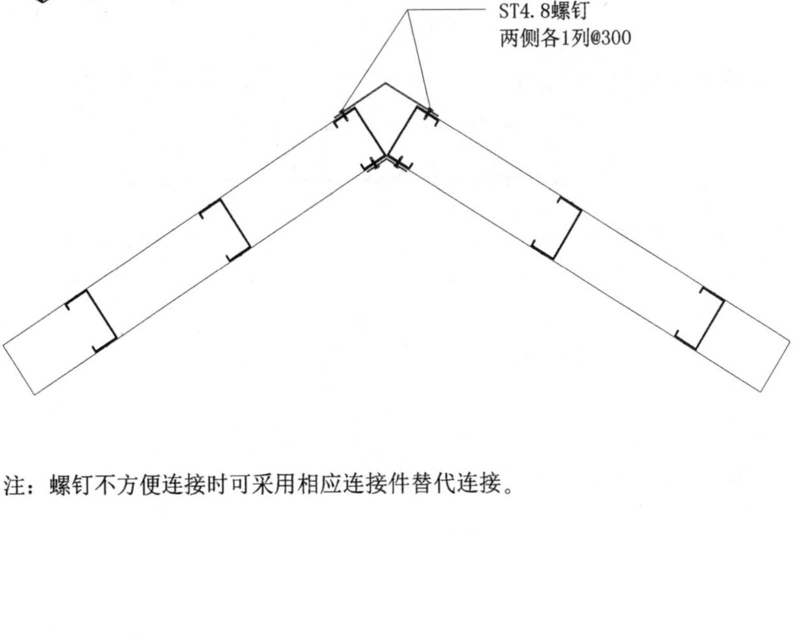

注：螺钉不方便连接时可采用相应连接件替代连接。

墙体 T 形连接一

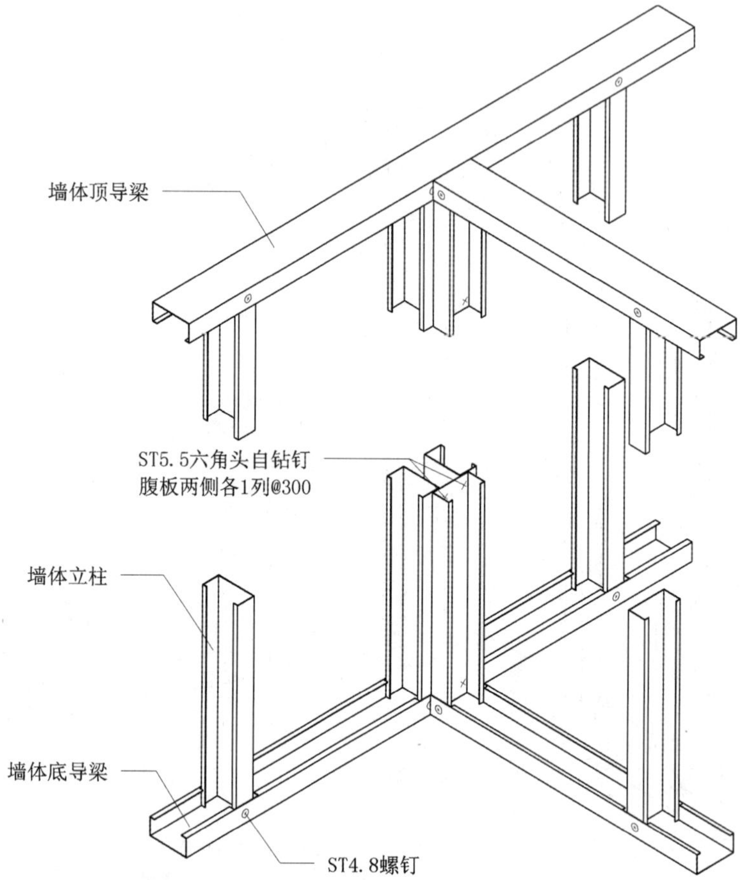

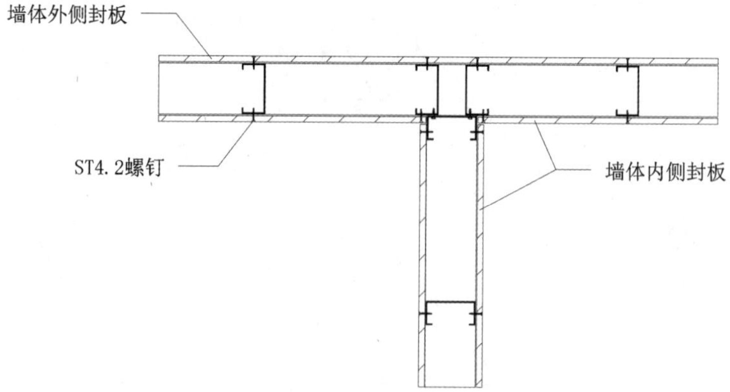

注：螺钉不方便连接时可采用相应连接件替代连接。

墙体 T 形连接二

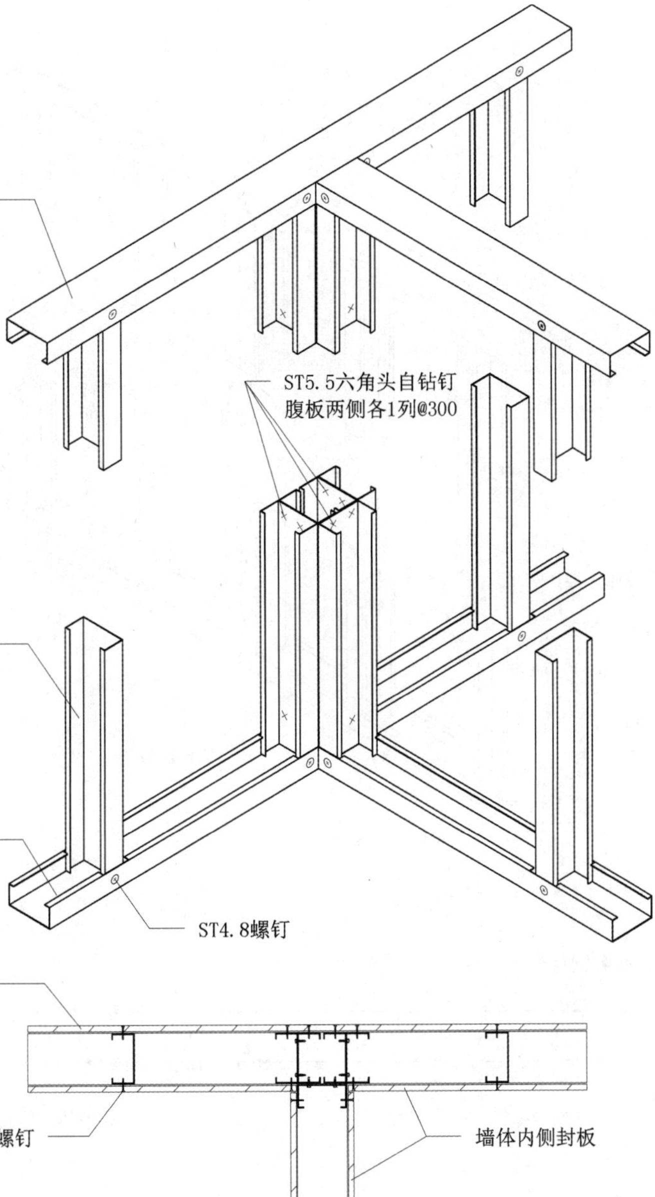

注：螺钉不方便连接时可采用相应连接件替代连接。

墙体一字形连接

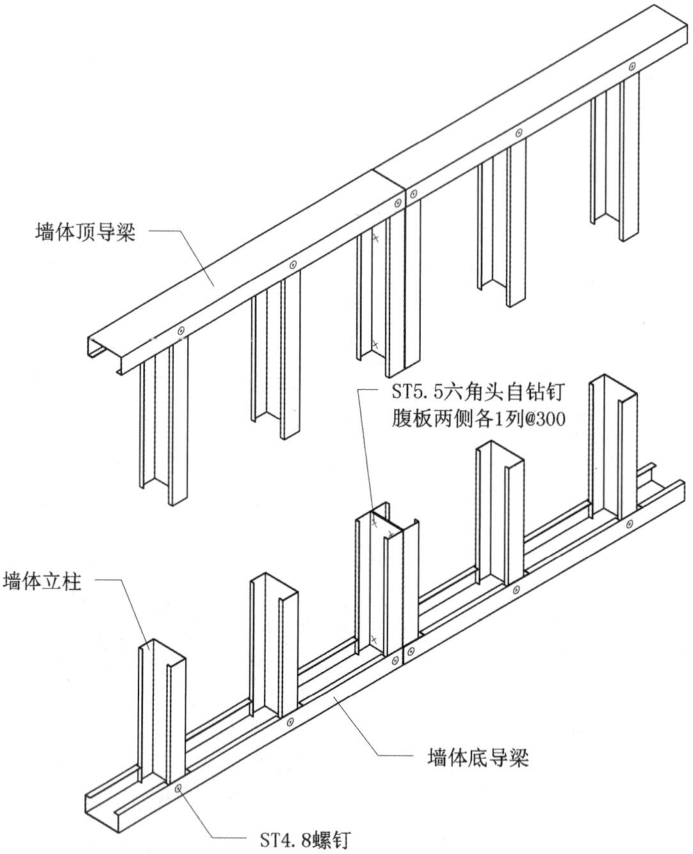
墙体顶导梁
ST5.5六角头自钻钉
腹板两侧各1列@300
墙体立柱
墙体底导梁
ST4.8螺钉

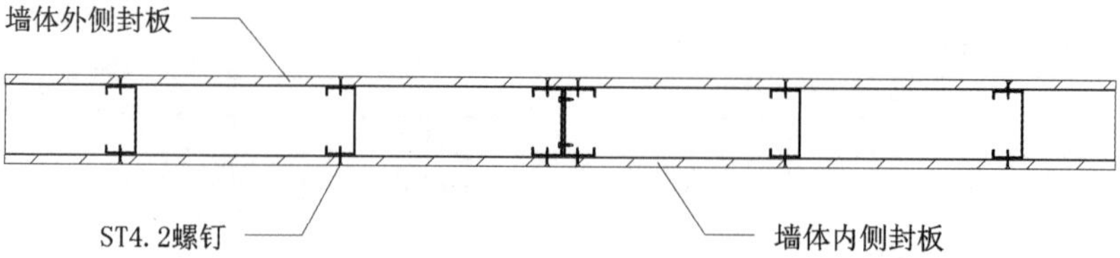
墙体外侧封板
ST4.2螺钉
墙体内侧封板

三面墙体连接一(转角十一字形连接)

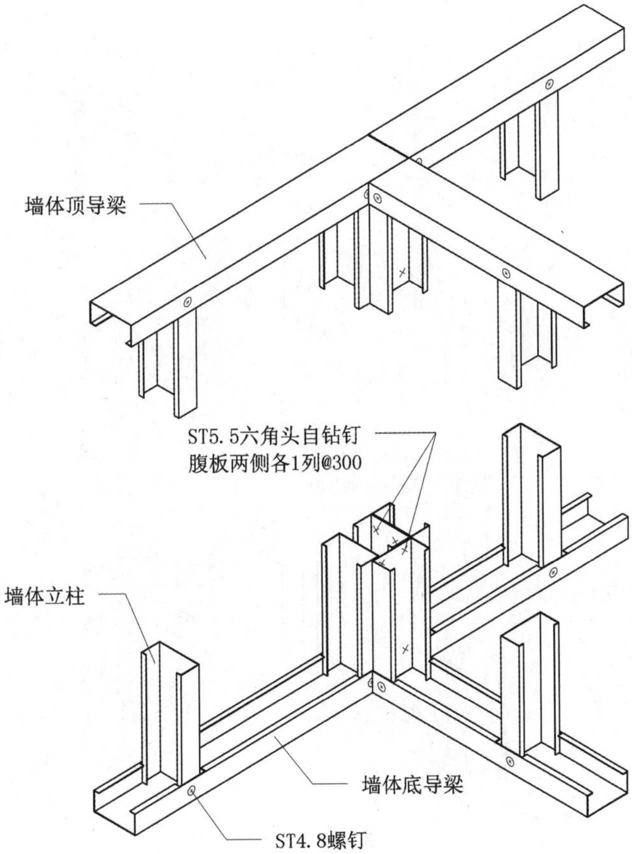

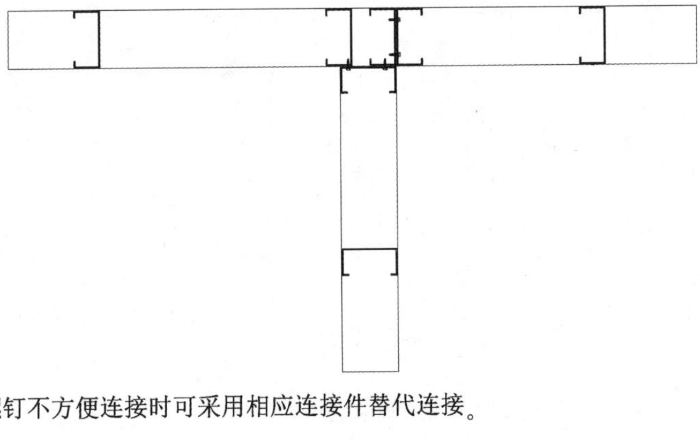

注：螺钉不方便连接时可采用相应连接件替代连接。

三面墙体连接二(一字形+T 形连接)

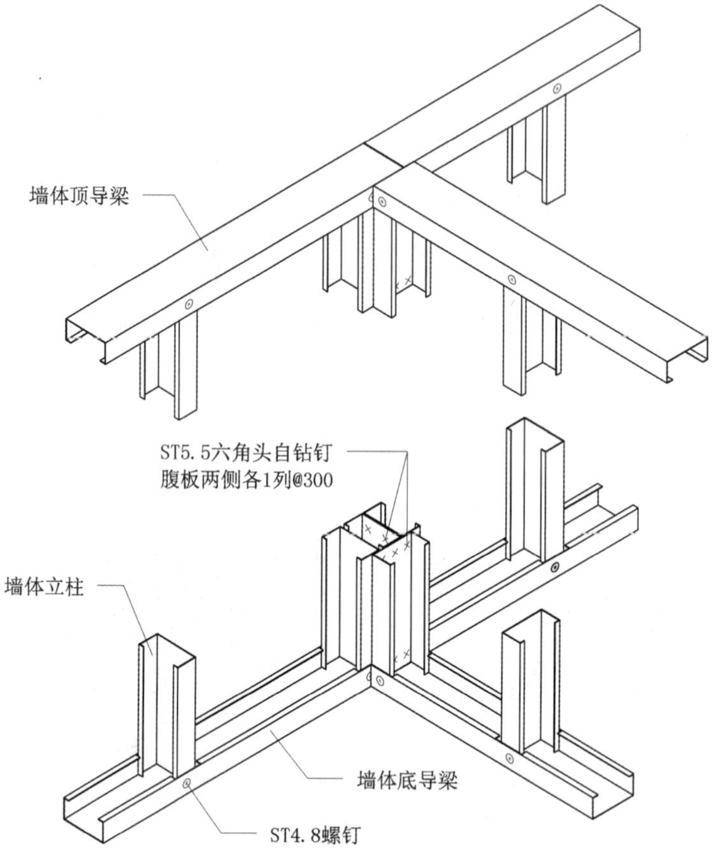

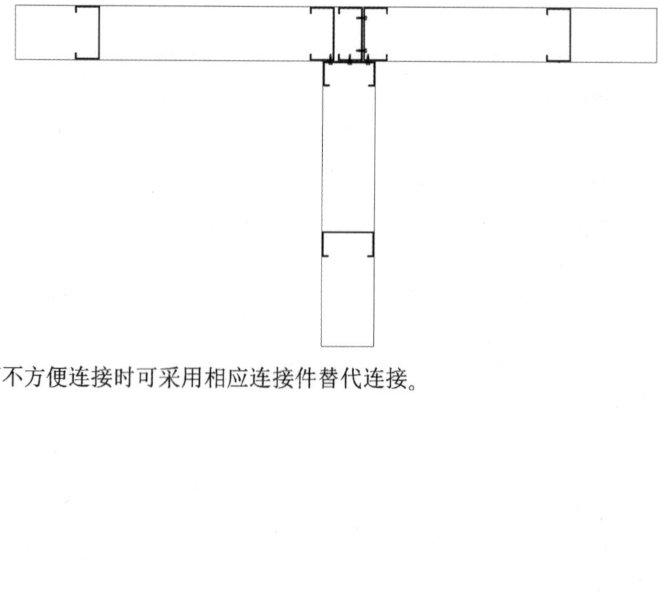

注：螺钉不方便连接时可采用相应连接件替代连接。

三面墙体连接三(二个转角连接)

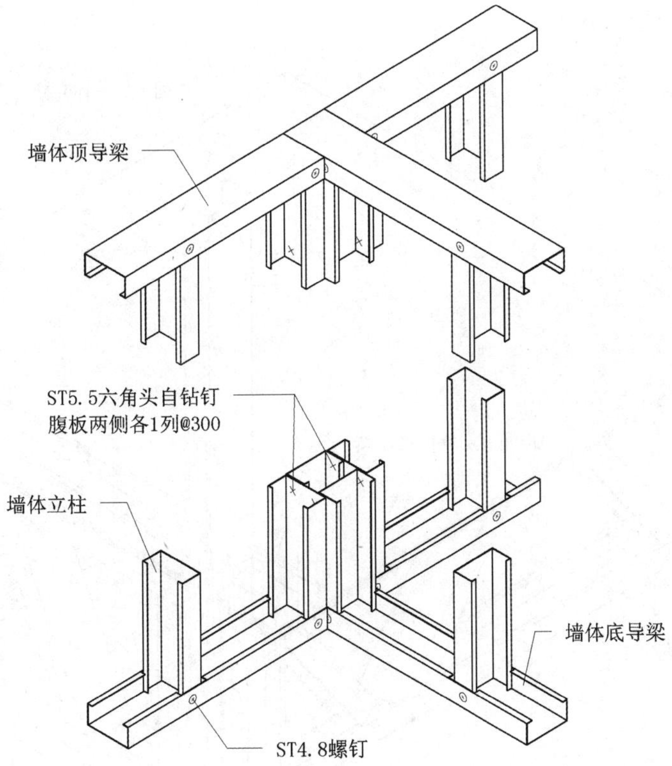

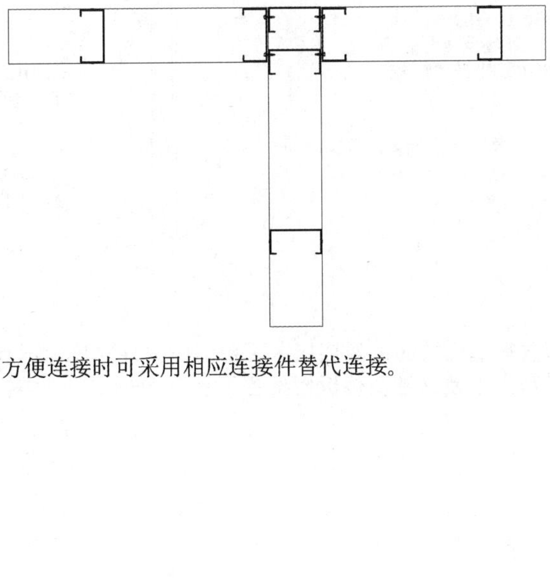

注：螺钉不方便连接时可采用相应连接件替代连接。

上下层墙体连接一

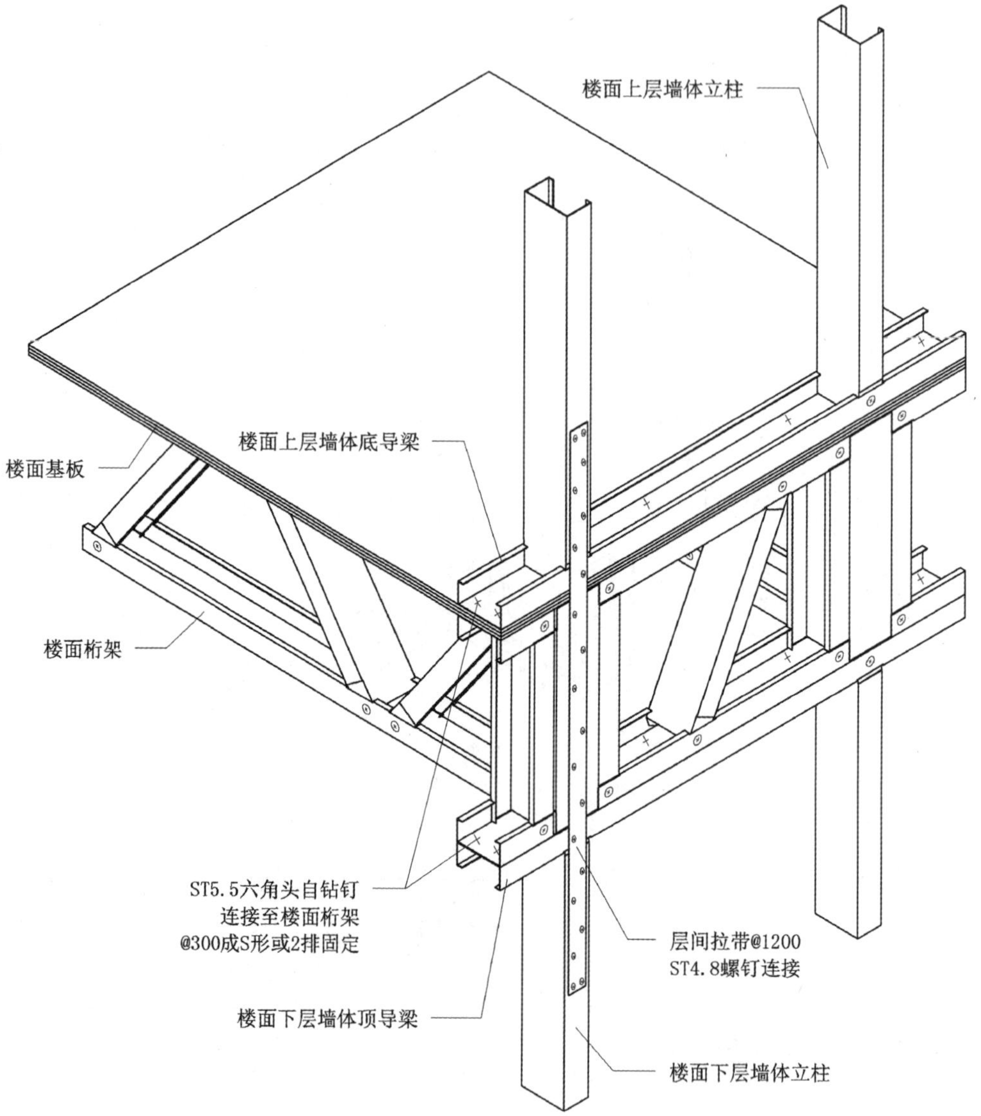

注：1.层间拉带两端超出楼面桁架连接上下层墙体立柱的尺寸不宜小于250 mm。
2.层间拉带与上下墙立柱及楼板桁架各不宜少于6个ST4.8螺钉固定。

上下层墙体连接二

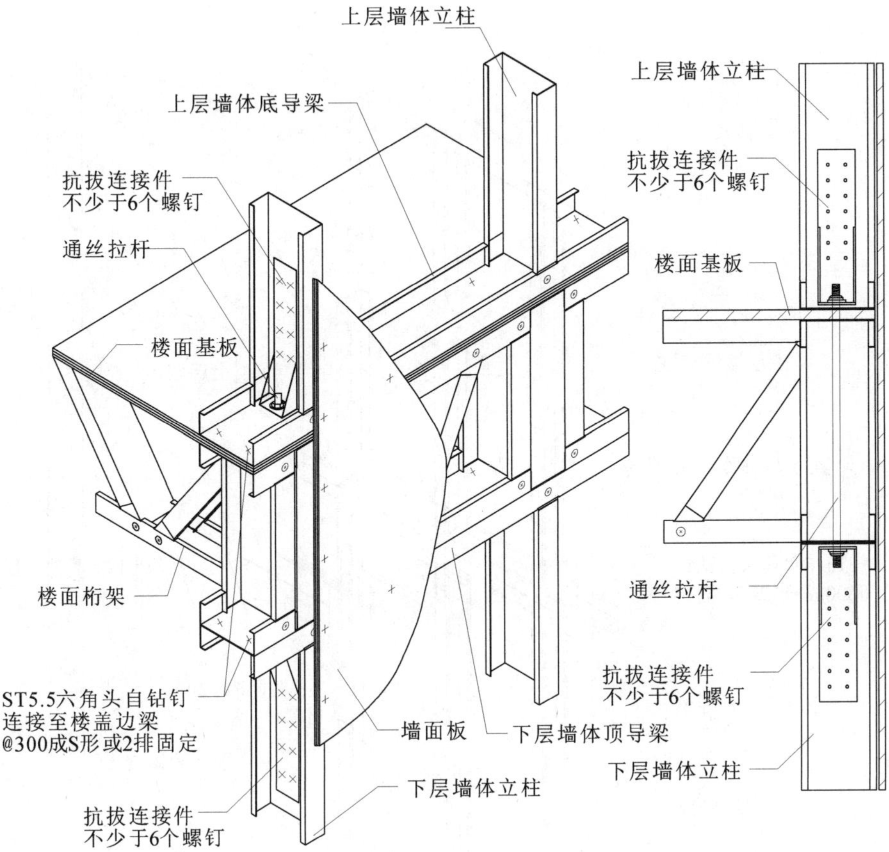

注：1. 墙面板的上下拼接缝位置不得在上下层墙体与楼面桁架的连接位置范围内。
2. 连接上下层抗拔连接件的通丝拉杆规格不宜小于M16，安装完成螺纹露出不应少于5圈。
3. 上层墙体的底导梁和下层墙体的顶导梁应与楼面桁架用ST5. 5六角头自钻钉@300成S形或2排连接;上下层内墙连接同此法。

上下层墙体连接三

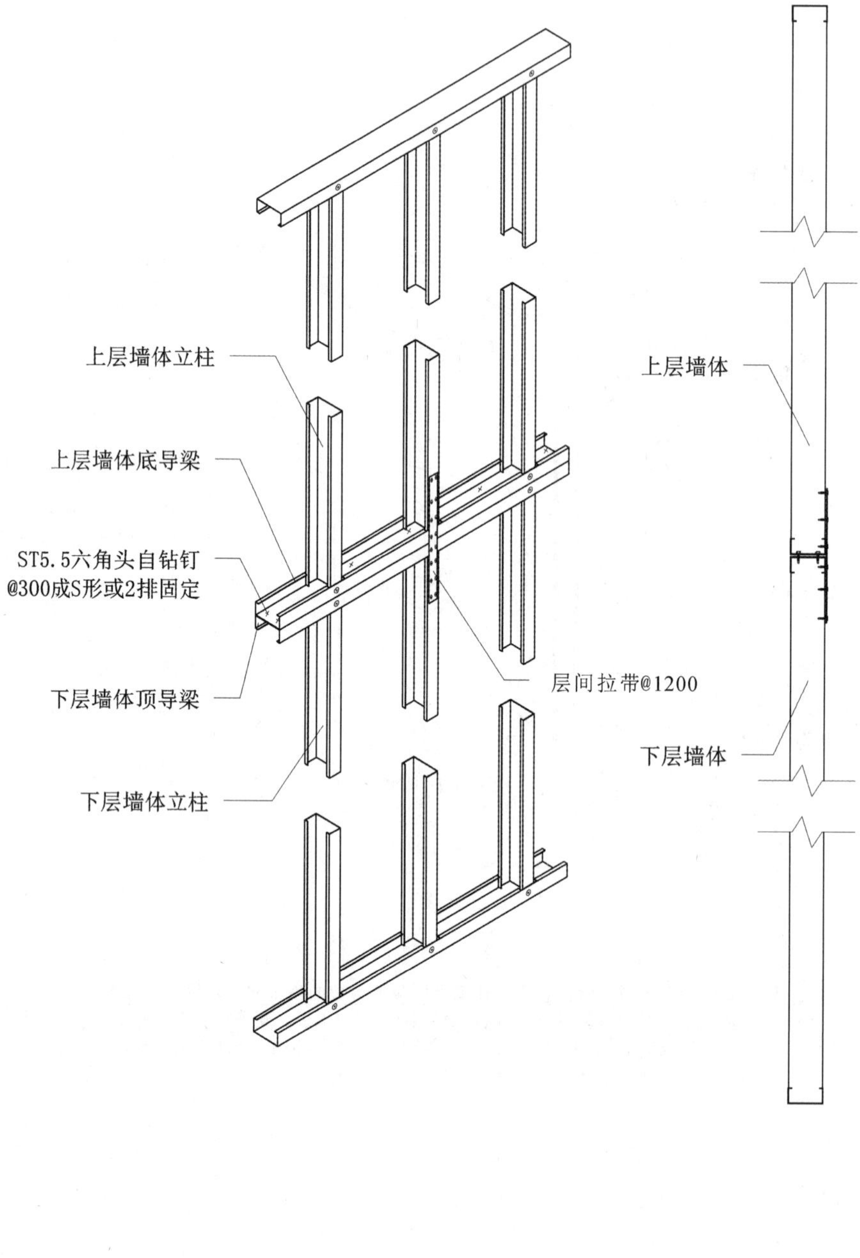
上层墙体立柱
上层墙体底导梁
ST5.5六角头自钻钉
@300成S形或2排固定
下层墙体顶导梁
下层墙体立柱
层间拉带@1200
上层墙体
下层墙体

非承重墙体平行于楼面桁架的连接

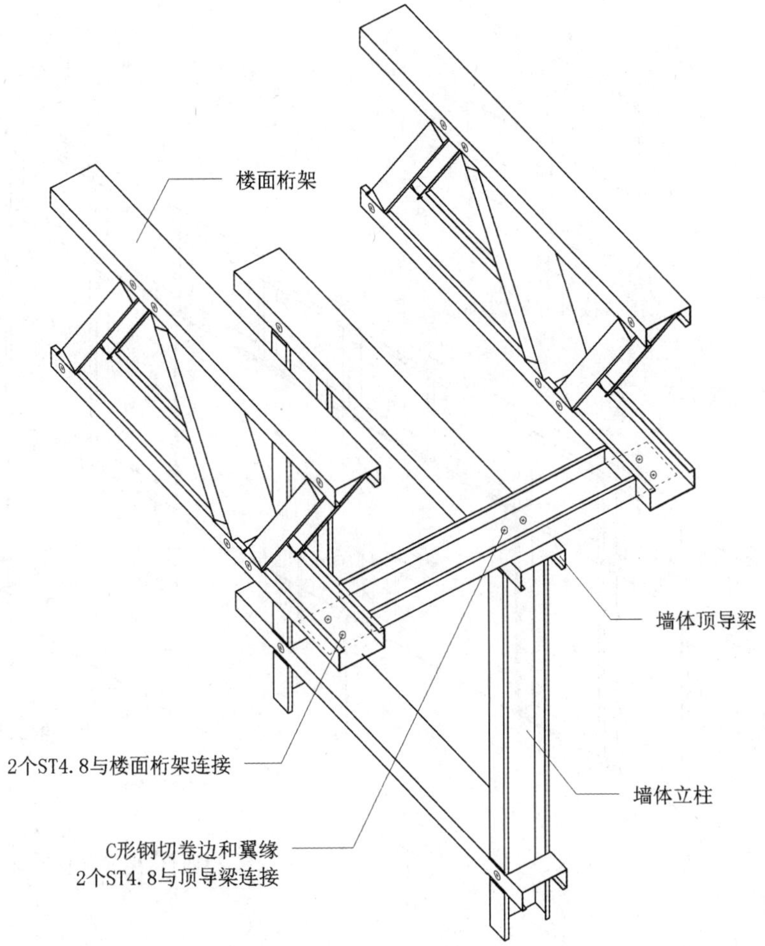

注：非承重墙设计时宜比承重墙低13 mm起，具体计算确定。

墙面板与墙架的连接

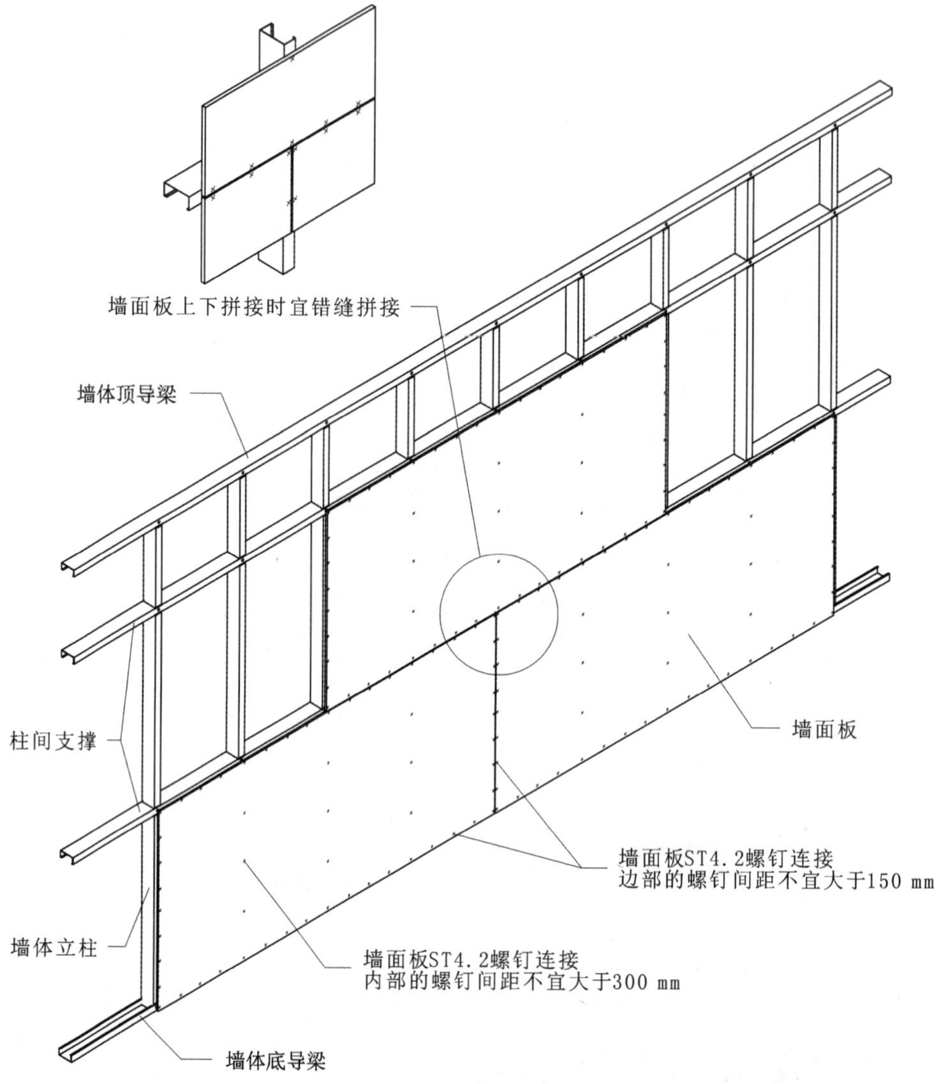

注：1.墙面板安装的接缝宽度为5 mm，允许偏差±2 mm。
2.螺钉距墙面板边缘距离不小于8 mm。

墙面板水平接缝加强连接

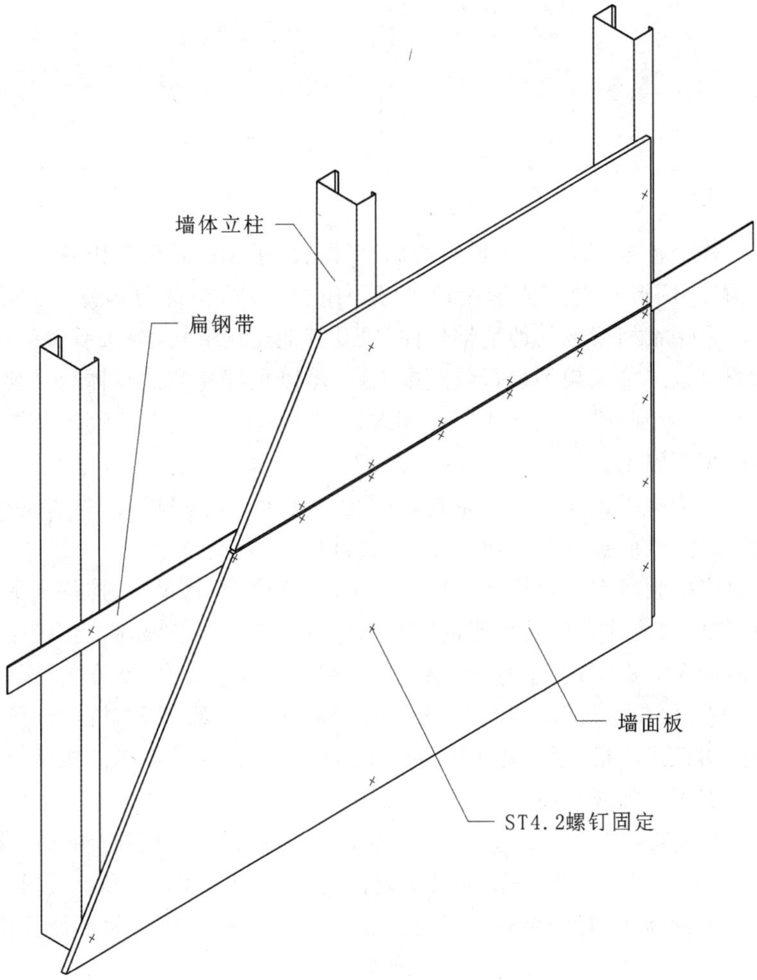

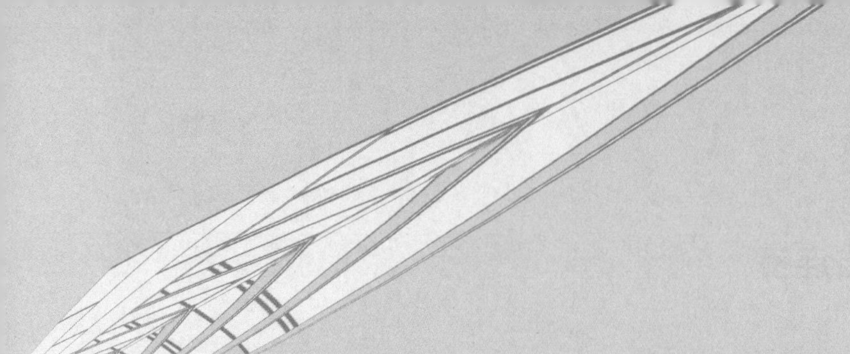

6. CU 结构楼盖

薄壁型钢结构楼盖由楼面梁、楼面结构板、支撑、拉条和加劲件等组成的，楼面梁一般由冷弯薄壁槽形构件(U 形)、卷边槽形构件(C 形)组合而成，构件与构件之间用螺钉可靠连接。楼面梁也可采用钢桁架或其他型钢构件，以及其他连接形式，并按有关的现行国家标准设计。楼盖系统可以在施工现场进行装配施工，也可以根据建筑的具体设计要求，将大型的模块分解为一些中小型的模块先在工厂车间装配平台上组装完成并验收合格后，再运到施工现场进行整体装配施工。

本章中的 CU 结构楼盖是指以 C 形构件作为楼面梁，U 形构件作为边梁配合相应的腹板加劲件、刚性撑杆、楼面板等组合而成的楼盖结构。

楼盖装配前应检验所有型钢构件部件的质量、垂直度、形状尺寸、构件变形、镀层脱落等指标，各个型钢部件均检验合格后才能进行现场整体楼盖装配。整体楼盖装配施工完成后，尚应再检验整体楼盖的稳定性、垂直度、结构板平整度、形状尺寸、楼盖梁与基础、楼盖梁与墙顶导梁、楼盖梁与楼盖悬挑等的连接。整体楼盖中的各个部件之间宜采用连接件＋刚性支撑件＋加劲件的方式连接，紧固各个部件的螺钉应穿透所有被连接的构件钢板，且应在连接钢板外露出不少于 3 圈螺纹的长度。

一层底楼盖与基础连接时，在基础上应设置防腐防潮垫层，防腐防潮垫层每边宽度应大于底导梁宽度 5 mm 以上。一层底楼盖梁安装在基础上，楼盖的 U 形边梁通过连接角钢和锚栓与基础可靠连接，同时起到楼盖与基础定位的作用。有些结构为了加强楼盖的防腐防潮功能，在基础与楼盖之间可以设计一个木地梁。

在上下层楼之间安装楼盖时，楼盖宜设置在下层墙体与上层墙体之间。楼盖通过抗拔连接件和通丝拉杆或条形拉带分别与上下层墙体可靠连接。楼盖边梁与下层墙体顶导梁和上层墙体底导梁用螺钉可靠连接，同时起到定位楼盖位置的作用。

楼面板安装在楼盖梁上，楼面板应沿较长方向与楼盖梁垂直方向安装，一块楼面板宜跨 3 根或以上楼盖梁，这样设计可以增强楼盖的稳定性。楼盖铺板的接缝处应增加螺钉的密度，连接边部铺板的螺钉间距不应大于 150 mm。连接楼面板与楼盖梁的螺钉其头部宜沉入板内 0.5～1.0 mm，螺钉周边板材不应有破损。

楼面板有多种形式，可以是结构用定向刨花板，也可以铺设密肋压型钢板或是其他结构板材。楼面板上浇注薄层混凝土，铺设木地板、地板砖、装饰石材等。各种水电管线可以暗敷在楼盖铺板内，不占用层高净空。保温、隔热、隔音材料宜安装在楼面板下的夹层中。

在薄壁型钢结构建筑中如果有悬挑梁时，应将楼盖悬挑梁、楼盖梁、楼盖铺板刚性连接，确保悬挑部分的稳定性。楼盖悬挑长度不宜过大，悬挑梁在支承处布置刚性撑杆，刚性撑杆与结构面板连接，确保悬挑楼盖部分的水平作用力可以方便地传递到楼盖其他部分，进而传递到下层墙体，同时限制了悬挑梁在支座处的转动，增强了楼面梁的整体稳定性和楼面系统的整体性。

楼盖梁支承在承重墙体上时，支承长度不应小于 40 mm。对于连续楼盖梁(多跨梁)，在中间支撑处应沿墙体长度方向设置相应的加劲件和刚性撑杆，并用螺钉可靠连接。

楼盖梁的跨度超过 3.6 m 时，应在其跨中下翼缘垂直于梁的方向设置通长钢带支撑和刚性撑杆。刚性撑杆沿钢带方向均匀布置，间距不宜大于 3.0 m，且应在钢带两端设置。

本章主要通过图例介绍 CU 结构楼盖的构造、刚性支撑样式、楼盖与基础的连接、楼盖与墙体的连接、楼面铺板等内容。

CU 结构楼盖构造示意

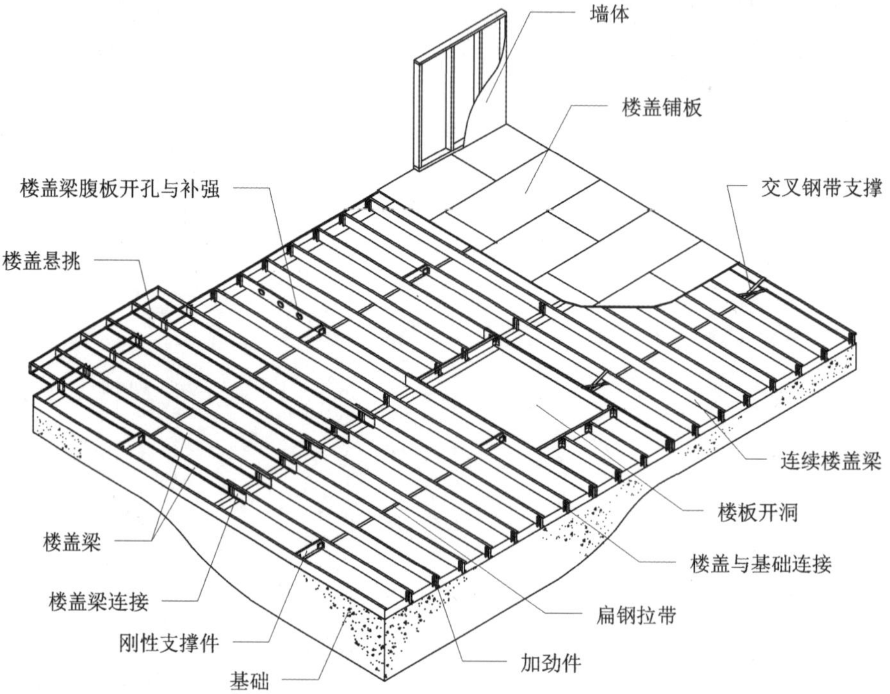
墙体
楼盖铺板
楼盖梁腹板开孔与补强
交叉钢带支撑
楼盖悬挑
连续楼盖梁
楼板开洞
楼盖与基础连接
楼盖梁
楼盖梁连接
扁钢拉带
刚性支撑件
加劲件
基础

腹板加劲件

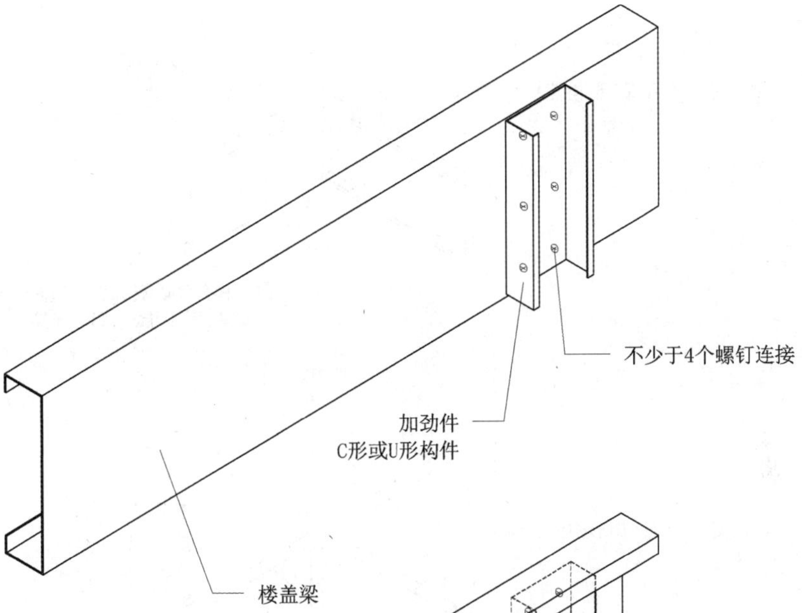

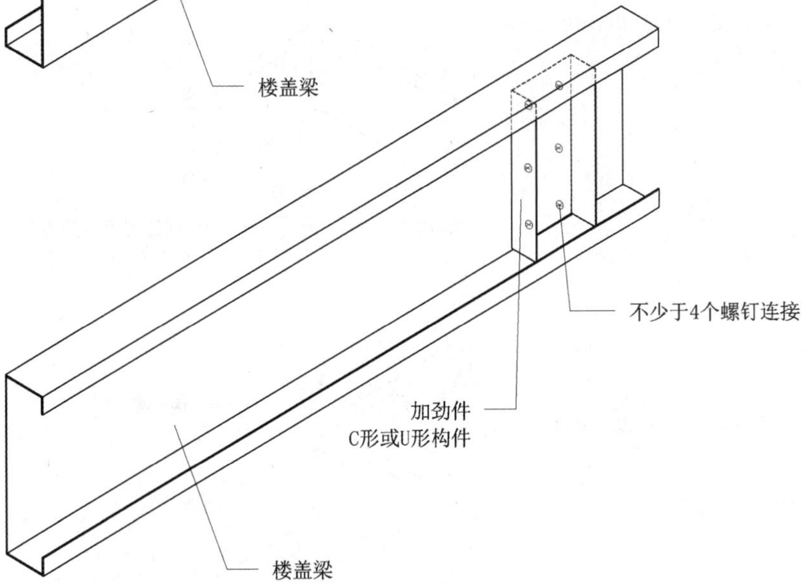

注：1. 在构件支座和集中荷载作用处，承受此力的构件腹板应设置加劲件。
2. 腹板加劲件可采用厚度不小于1.0 mm的C形或U形构件。
3. 腹板加劲件高度可比被加劲构件腹板减少5～10 mm。

刚性支撑连接

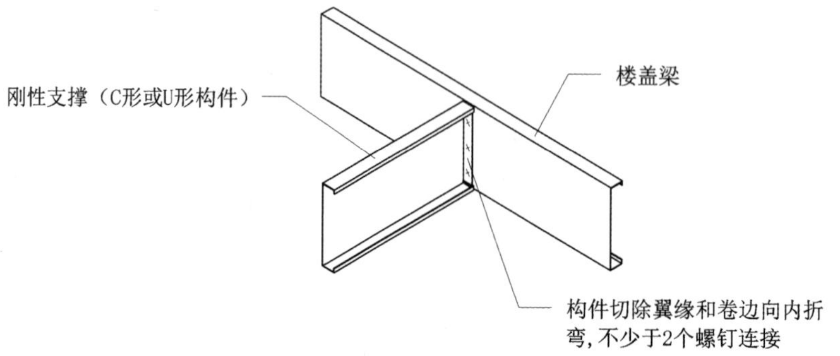
刚性支撑（C形或U形构件）
楼盖梁
构件切除翼缘和卷边向内折弯，不少于2个螺钉连接

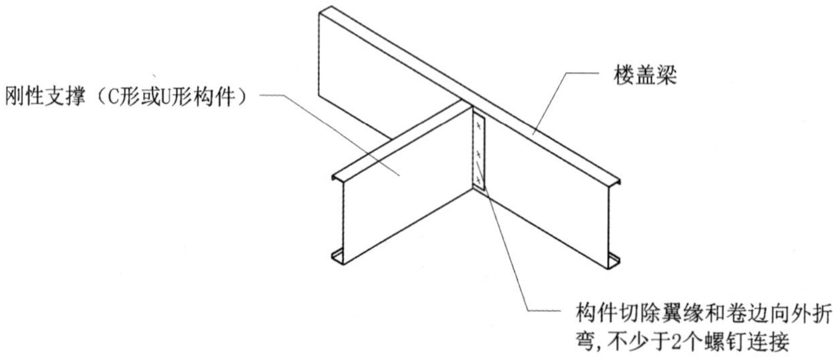
刚性支撑（C形或U形构件）
楼盖梁
构件切除翼缘和卷边向外折弯，不少于2个螺钉连接

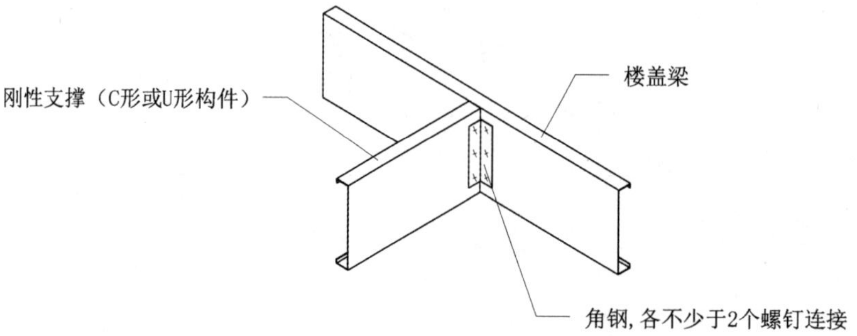
刚性支撑（C形或U形构件）
楼盖梁
角钢，各不少于2个螺钉连接

刚性支撑一

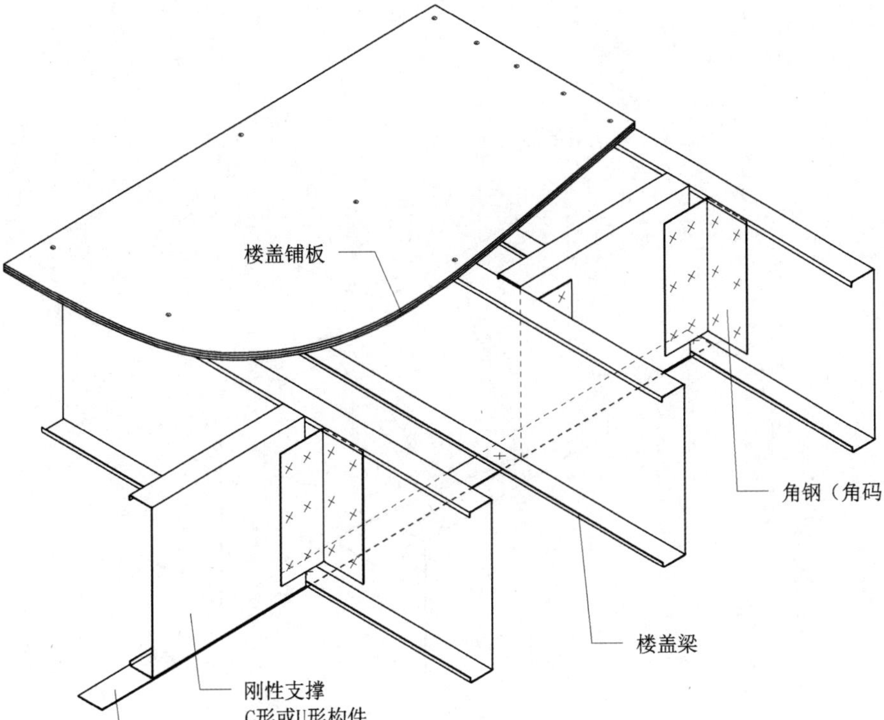

注：当楼面梁跨度超过3.6 m时，应设置通长钢带支撑和刚性支撑。

刚性支撑二

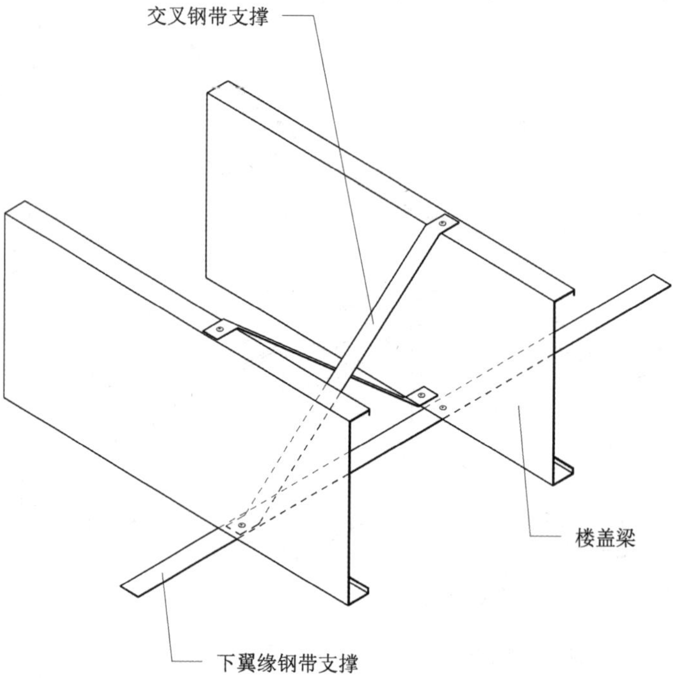

刚性支撑三

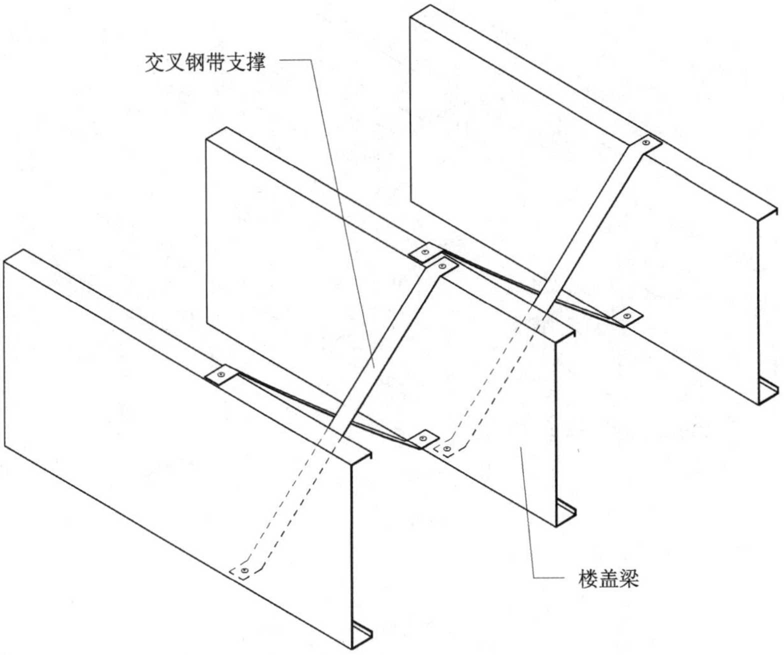

楼板开洞

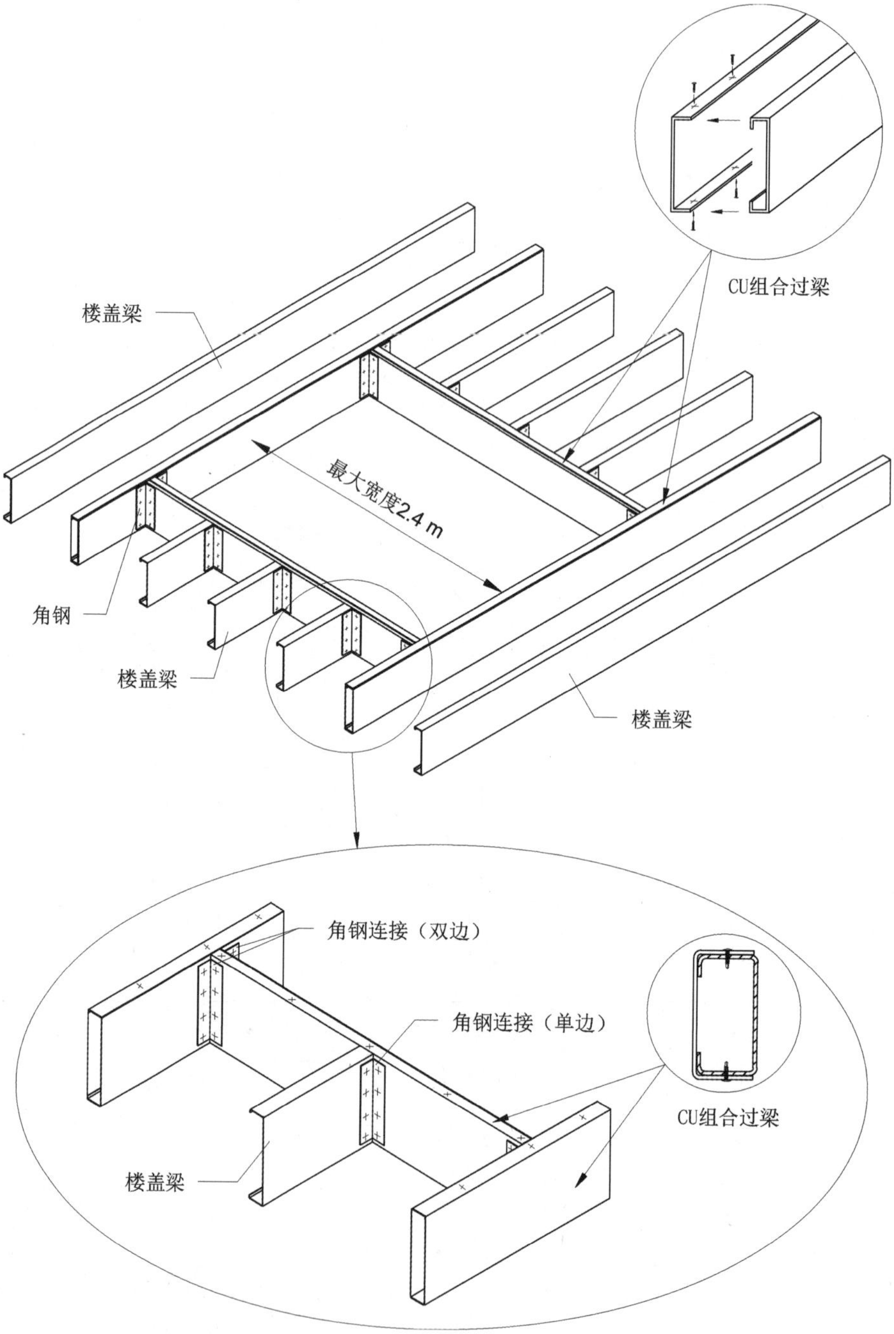
CU组合过梁
楼盖梁
最大宽度2.4 m
角钢
楼盖梁
楼盖梁
角钢连接（双边）
角钢连接（单边）
CU组合过梁
楼盖梁

楼盖梁背对背加强

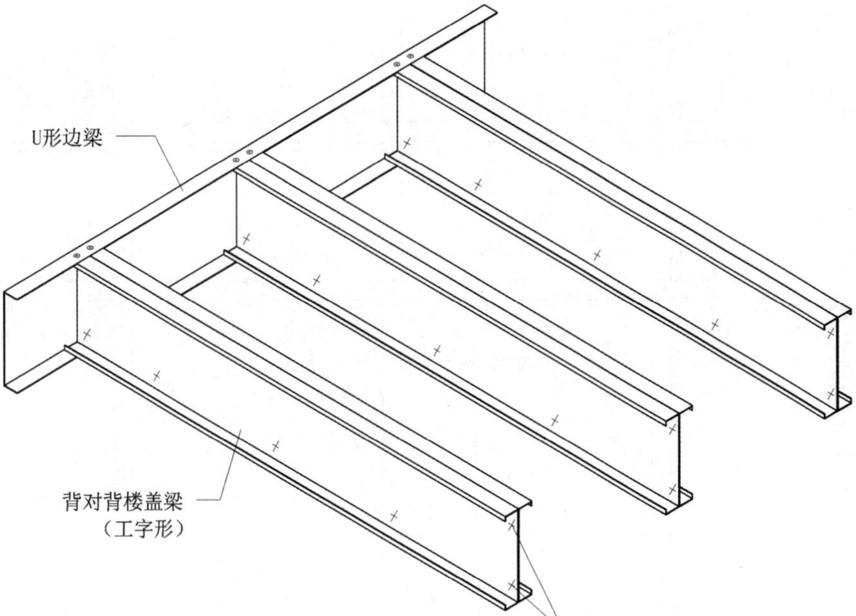
U形边梁
背对背楼盖梁
（工字形）
ST5.5六角头自钻钉
上下各1行@300

楼盖梁与上下层墙体立柱轴线偏差

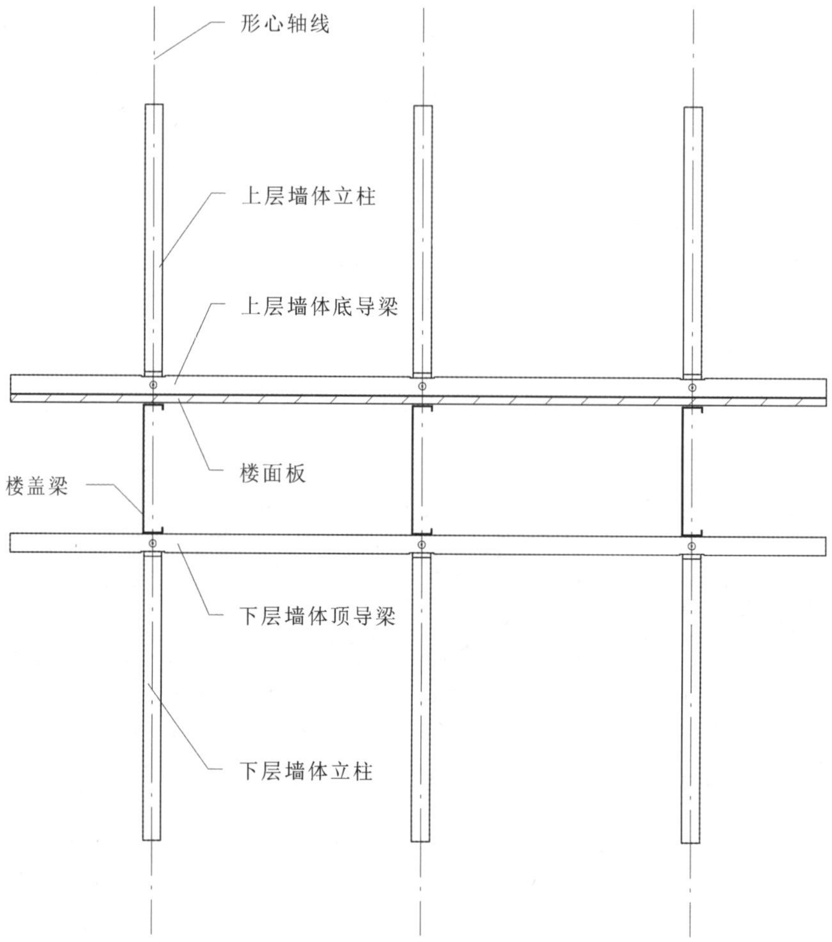

注：1. 低层冷弯薄壁型钢房屋上下层墙体立柱及楼盖梁的轴线偏差不宜超过20 mm。
2. 多层冷弯薄壁型钢房屋上下层墙体立柱及楼盖梁的轴线偏差不应超过3 mm。

楼盖与基础连接一

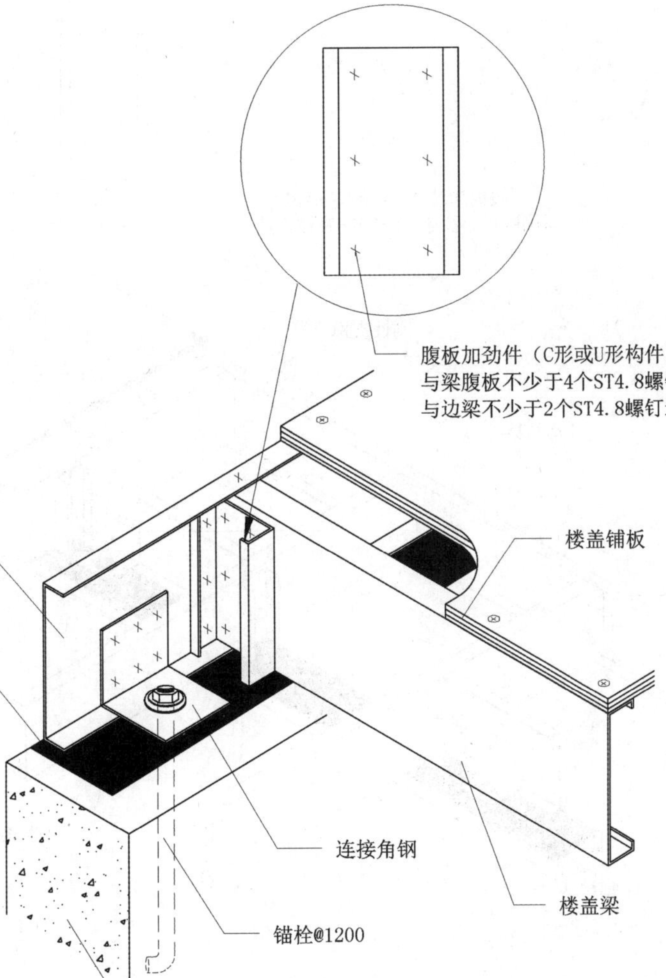

注：U形边梁与角钢应至少用4个螺钉连接。

楼盖与基础连接二

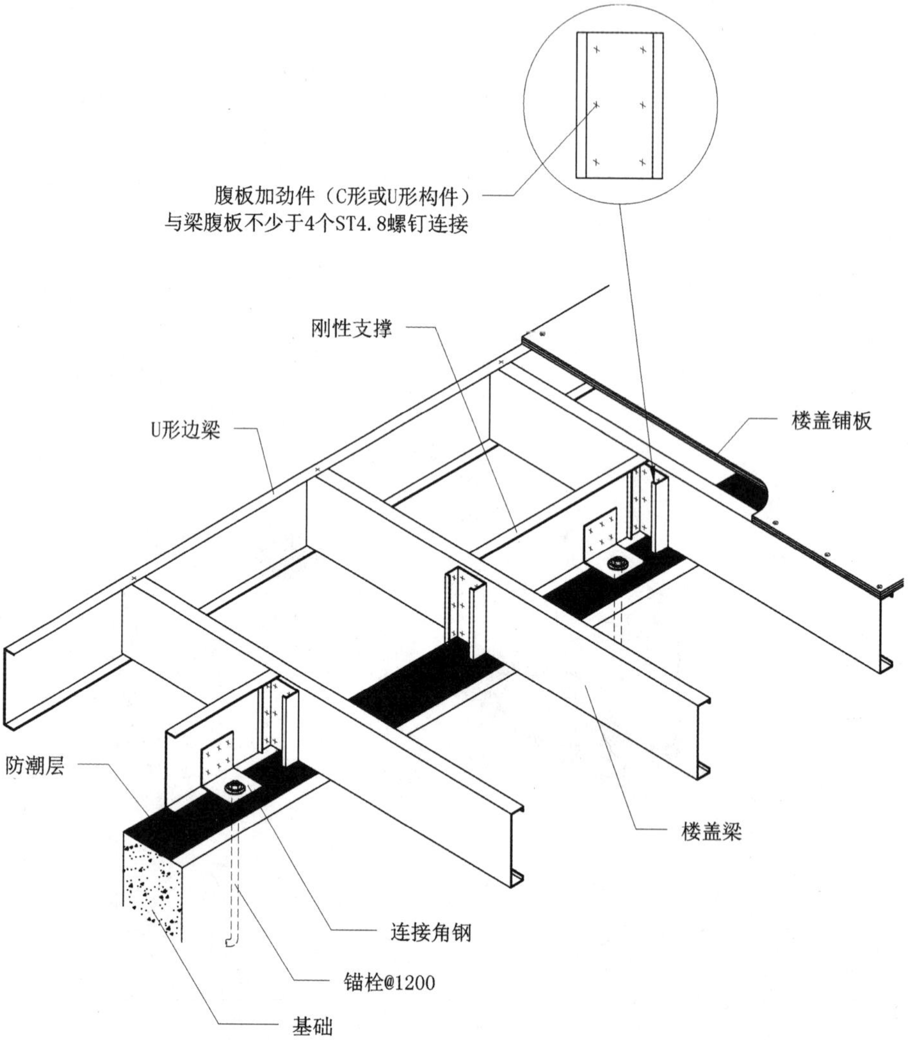

注：1. 刚性支撑与角钢应至少用4个螺钉连接。
2. 刚性支撑端部与楼盖梁应至少用2个螺钉连接。

楼盖与基础连接三

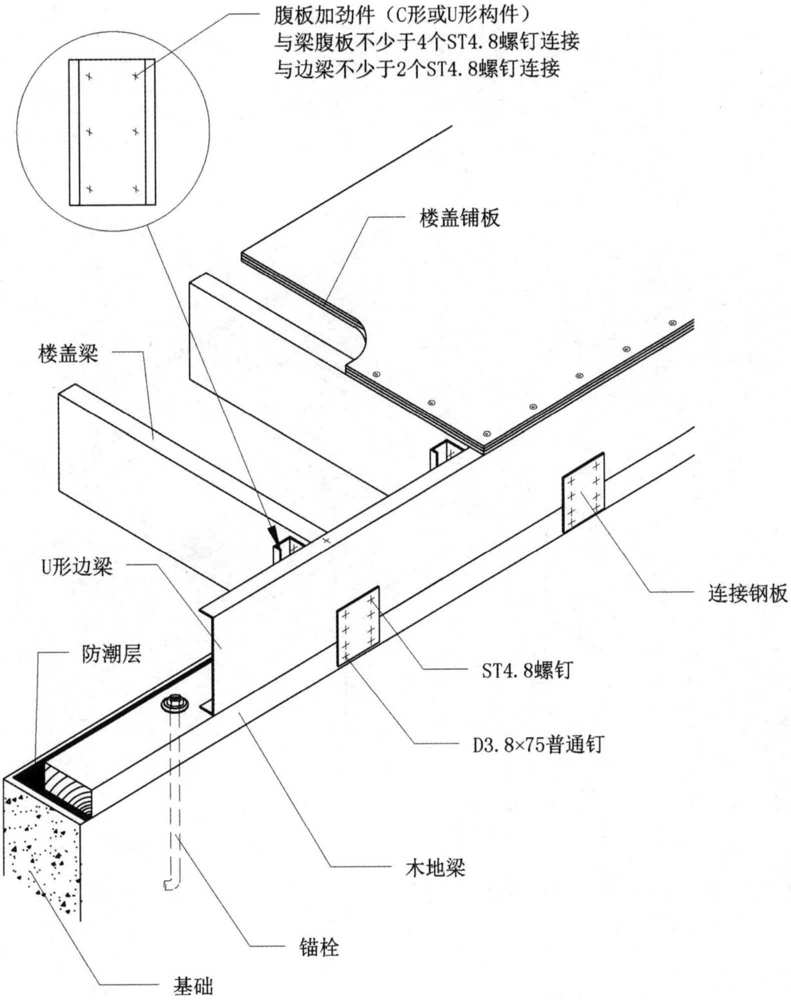
腹板加劲件（C形或U形构件）
与梁腹板不少于4个ST4.8螺钉连接
与边梁不少于2个ST4.8螺钉连接
楼盖铺板
楼盖梁
U形边梁
连接钢板
防潮层
ST4.8螺钉
D3.8×75普通钉
木地梁
锚栓
基础

楼盖与基础连接四

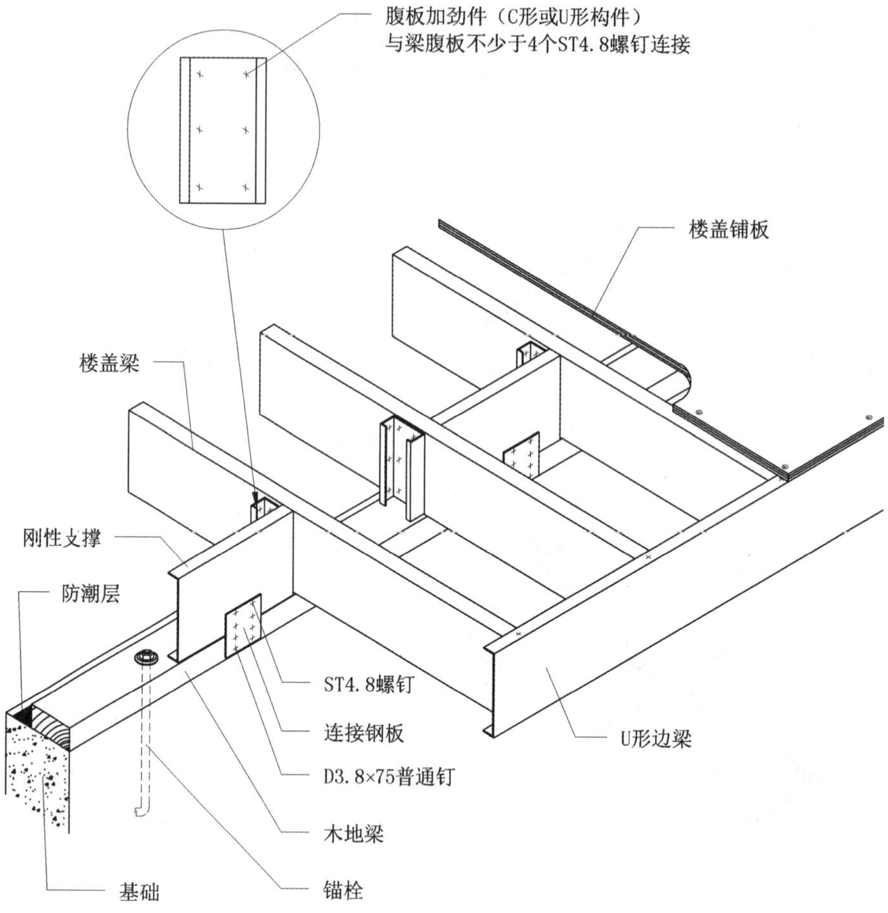
腹板加劲件（C形或U形构件）
与梁腹板不少于4个ST4.8螺钉连接
楼盖铺板
楼盖梁
刚性支撑
防潮层
ST4.8螺钉
连接钢板
D3.8×75普通钉
木地梁
锚栓
基础
U形边梁

楼盖梁与承重墙连接一

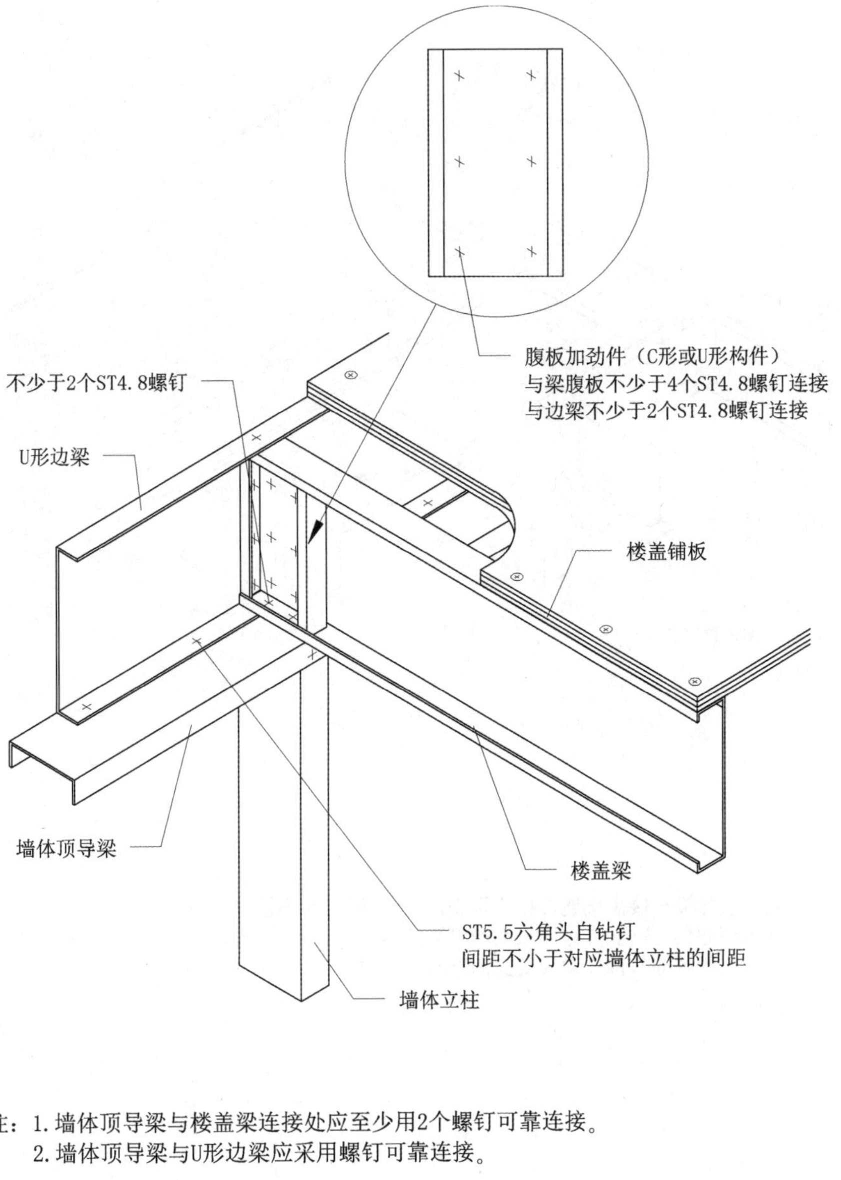

注：1. 墙体顶导梁与楼盖梁连接处应至少用2个螺钉可靠连接。
2. 墙体顶导梁与U形边梁应采用螺钉可靠连接。

楼盖梁与承重墙连接二

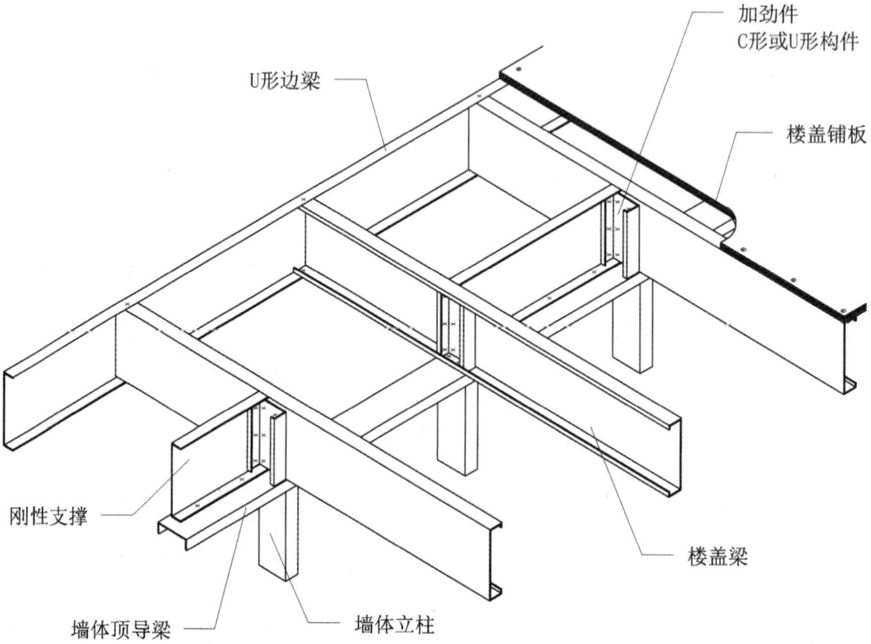

注：1. 墙体顶导梁与楼盖梁连接处应至少用2个螺钉可靠连接。
2. 墙体顶导梁与刚性支撑应采用螺钉可靠连接。
3. 刚性支撑端部与楼盖梁应至少用2个螺钉连接。

楼盖梁与承重墙连接三

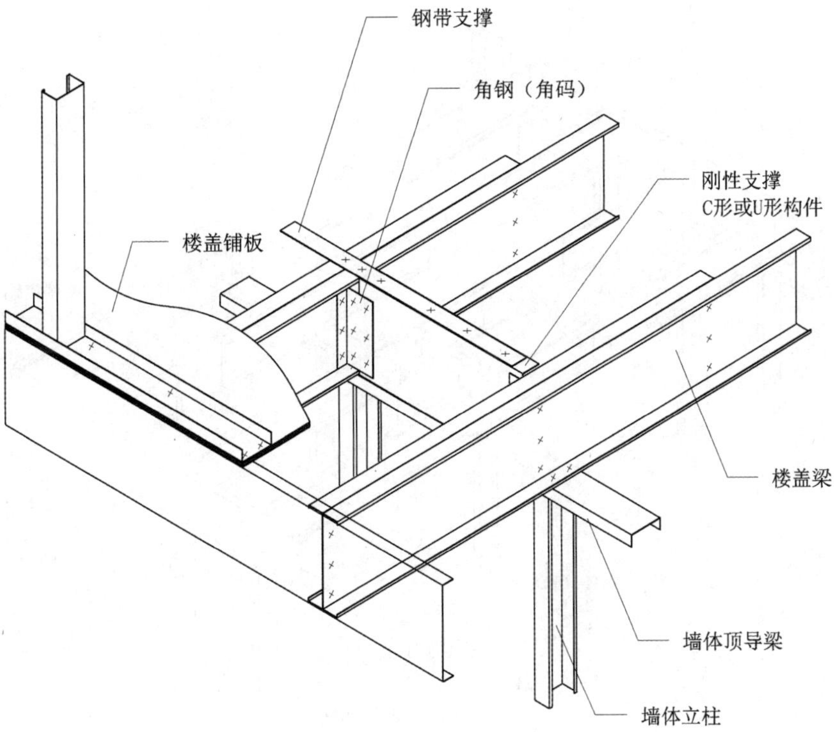

注：1. 楼盖梁与墙体顶导梁连接处应至少用2个螺钉可靠连接。
2. 当悬挑楼盖末端支承上部承重墙体时，楼面梁悬挑长度不宜超过跨度的1/3。悬挑部份宜采用拼合工字形截面构件，且拼合构件向内延伸不应小于悬挑长度的2倍。

楼盖梁与承重墙连接四

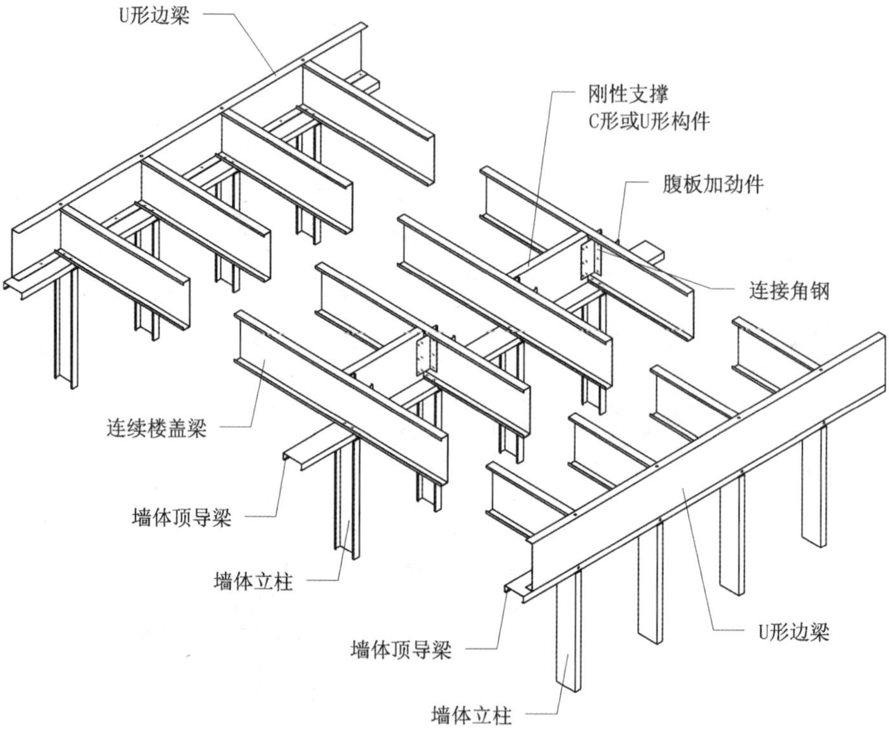

注：1. 连续楼盖梁中间支座处应沿支座长度方向设置刚性支撑。
2. 墙体顶导梁与U形边梁应采用螺钉可靠连接。
3. 墙体顶导梁与楼盖梁连接处应至少用2个螺钉可靠连接。
4. 墙体顶导梁与刚性支撑应采用螺钉可靠连接。
5. 刚性支撑端部与楼盖梁应至少用2个螺钉连接。

楼盖梁与承重墙连接五

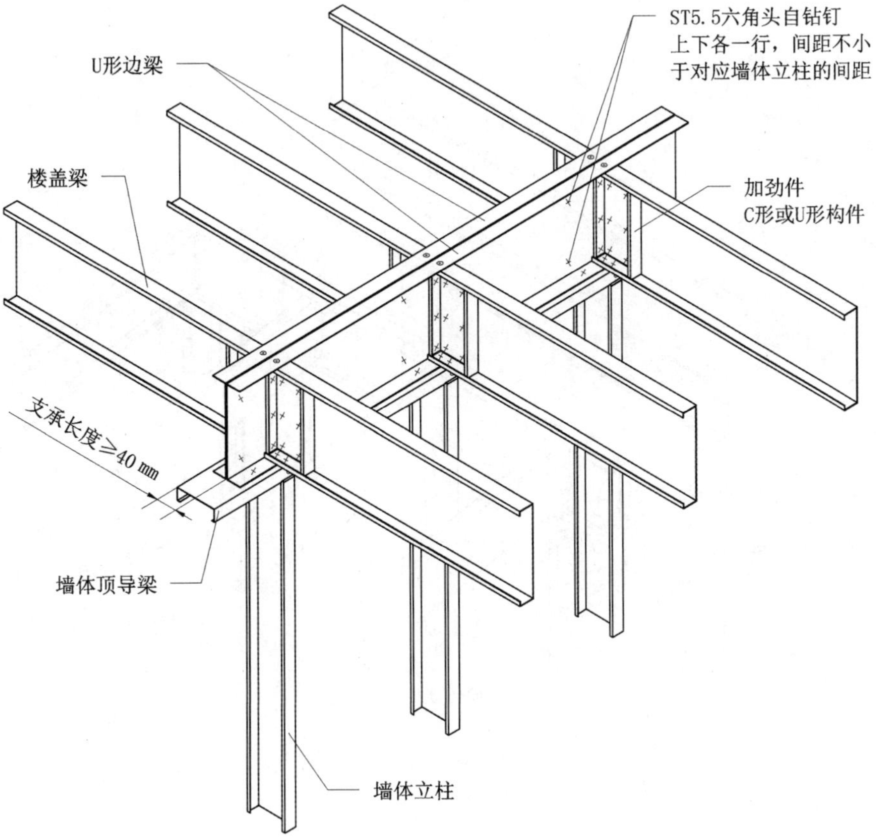

注：1. 楼盖梁支承在承重墙体上的支承长度不应小于40 mm。
2. 墙体顶导梁与U形边梁应采用螺钉可靠连接。
3. 墙体顶导梁与楼盖梁连接处应至少用2个螺钉可靠连接。
4. 墙体顶导梁与刚性支撑应采用螺钉可靠连接。
5. 刚性支撑端部与楼盖梁应至少用2个螺钉连接。

楼盖梁与承重墙连接六

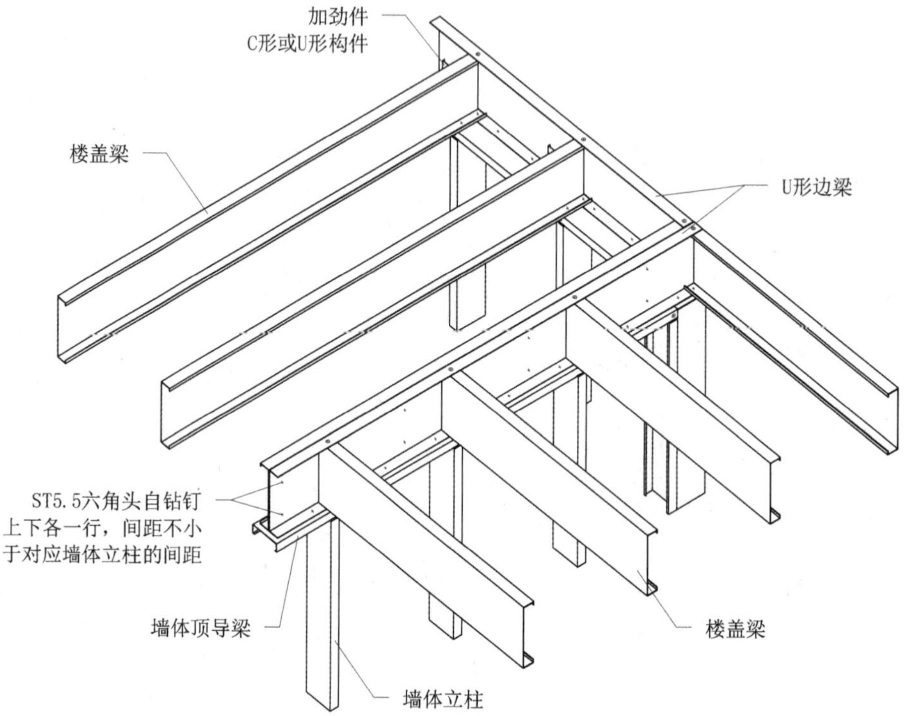

注：1.楼盖梁支承在承重墙体上的支承长度不应小于40 mm。
2.墙体顶导梁与U形边梁应采用螺钉可靠连接。
3.墙体顶导梁与楼盖梁连接处应至少用2个螺钉可靠连接。
4.墙体顶导梁与刚性支撑应采用螺钉可靠连接。
5.刚性支撑端部与楼盖梁应至少用2个螺钉连接。

楼盖梁穿管线

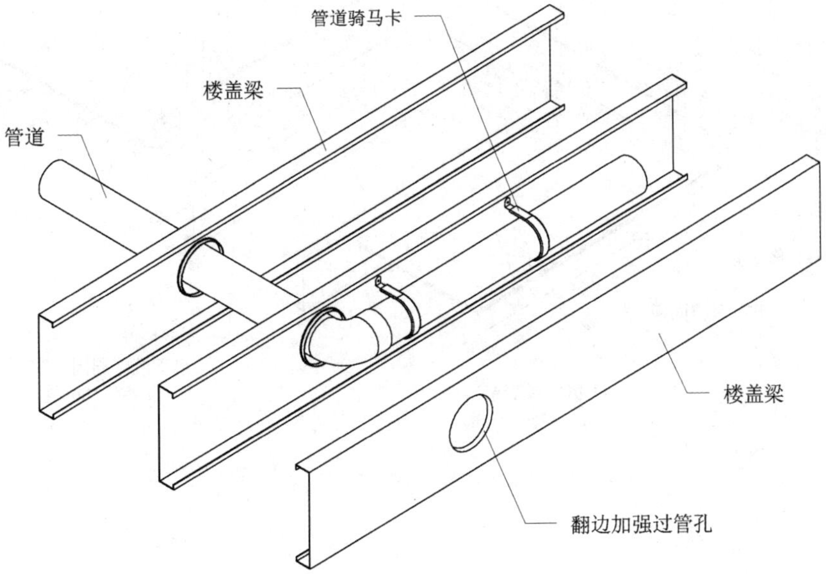
管道骑马卡
楼盖梁
管道
楼盖梁
翻边加强过管孔

湿区下沉连接

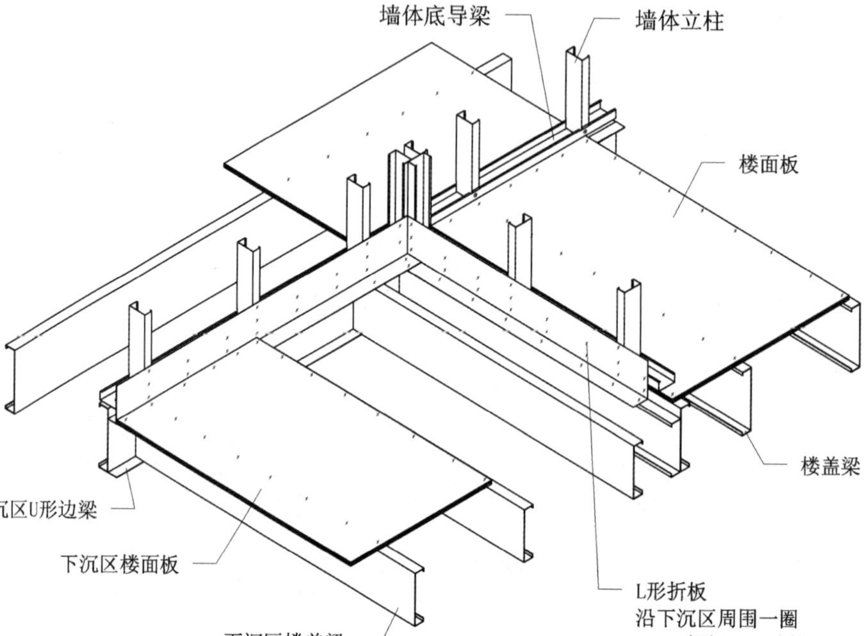

注：所有湿区下沉连接同此法。

楼面铺板

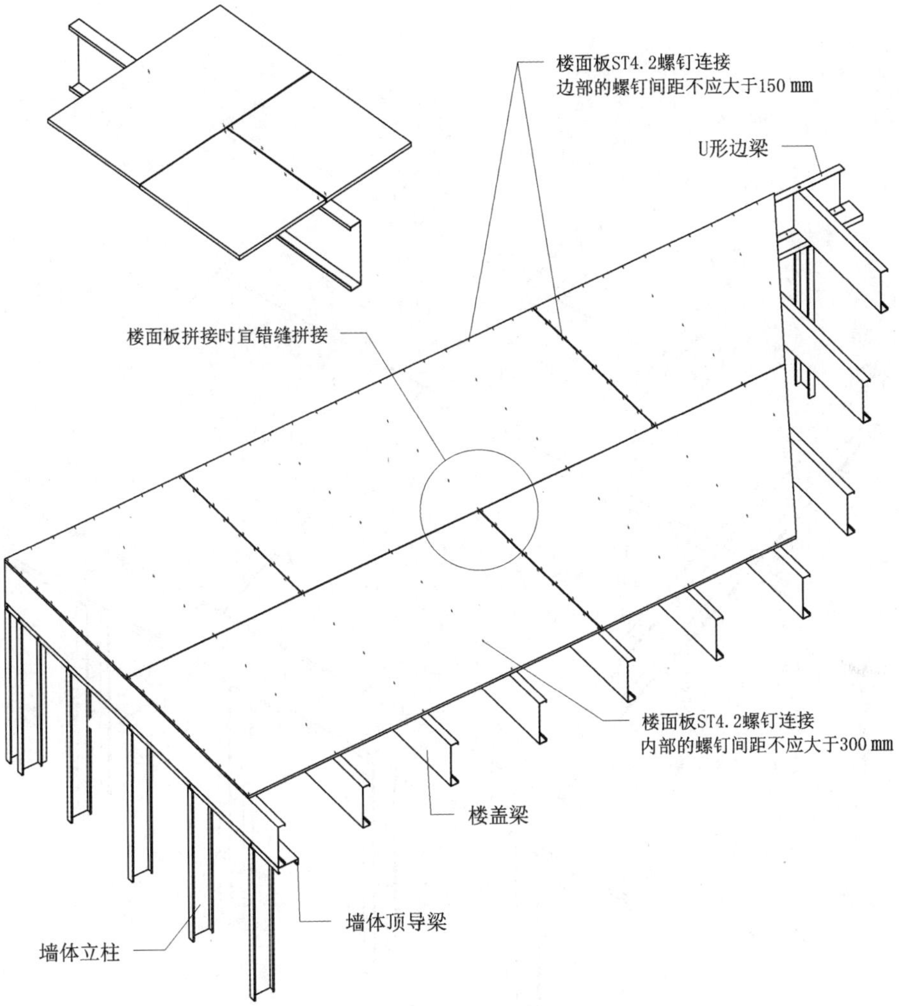

注：1. 楼面板安装的接缝宽度为4 mm，允许偏差±2 mm，螺钉孔边距不应小于12 mm。
2. 楼面板安装至少应在3榀楼盖梁上，板中间至少有1榀楼盖梁支承。

楼面板接缝加强连接

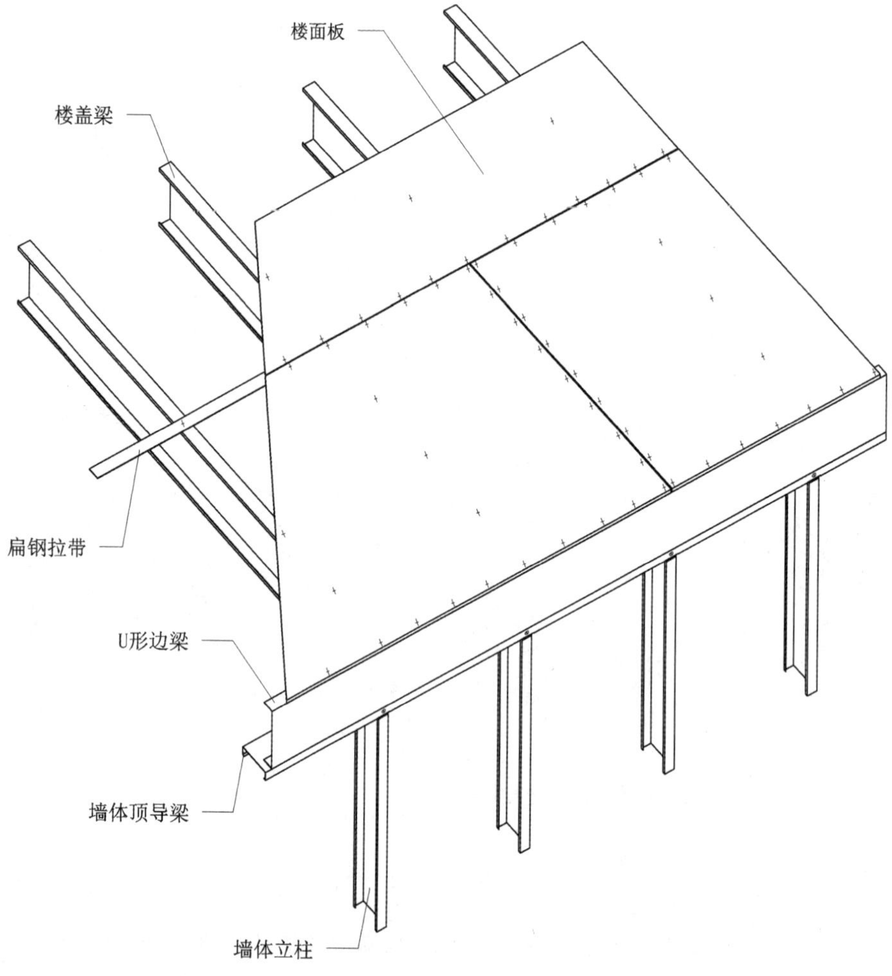
楼面板
楼盖梁
扁钢拉带
U形边梁
墙体顶导梁
墙体立柱

7. CC 桁架结构楼盖

薄壁型钢结构中的桁架楼盖具有设计规范化、用钢量少、受力体系简单、施工方便、建设速度快、适应跨度范围大等优点。但桁架跨中高度一般较大,增加了建筑的体型。由于桁架的侧向刚度小,所以需要设置支撑,把各榀桁架连成整体,使之具有空间刚度,以抵抗纵向侧力。冷弯薄壁型钢桁架楼盖采用了较小截面的C形构件,减少了建筑体型,充分发挥了桁架结构的优点。本章中的CC桁架结构楼盖是指以单一的C形截面构件组合成桁架形式的楼盖结构。

CC桁架结构楼盖与CU结构楼盖本质上是一样的。楼面板安装在桁架楼盖梁上。楼面板应沿较长方向与桁架楼盖梁垂直方向安装,一块楼面板宜跨3根或以上桁架楼盖梁,这样设计可以增强楼盖的稳定性。楼盖铺板的接缝处应增加螺钉的密度,连接边部铺板的螺钉间距不应大于150 mm。连接楼面板与楼盖梁的螺钉,其头部宜沉入板内0.5～1.0 mm,螺钉周边板材不应有破损。

楼面板同样有多种形式,可以是结构用定向刨花板,也可以铺设密肋压型钢板或是其他结构板材。楼面板上浇注薄层混凝土,铺设木地板、地板砖、装饰石材等。各种水电管线可以暗敷在楼盖铺板内,不占用层高净空。保温、隔热、隔音材料宜安装在楼面板下的夹层中。

桁架楼盖梁支承在承重墙体上时,支承长度不应小于40 mm。对于连续桁架楼盖梁(多跨梁),在桁架楼盖梁中间支撑处应有一根垂直腹杆与支承墙体对齐,且应沿墙体长度方向设置相应的刚性撑杆,并用螺钉可靠连接。

桁架楼盖梁的跨度超过3.6 m时,应在其跨中下翼缘垂直于梁的方向设置通长钢带支撑和刚性撑杆。刚性撑杆沿钢带方向均匀布置,间距不宜大于3.0 m,且应在钢带两端设置。

CC桁架结构楼盖刚性支撑主要有小桁架支撑CC桁架结构楼盖、交叉钢带支撑CC桁架结构楼盖。

CC桁架结构楼盖主要加强方式有CC螺钉加强桁架结构楼盖、CC节点钢板加强桁架结构楼盖、CC蒙皮加强桁架结构楼盖。

CC桁架结构楼盖的主要连接有桁架梁与承重墙的连接、桁架梁与柱的连接、桁架梁下沉式连接。

本章主要通过图例介绍CC桁架结构楼盖的构造、桁架梁的加强、桁架梁与墙体的连接、桁架楼盖的楼面铺板等内容。

CC 桁架结构楼盖构造示意

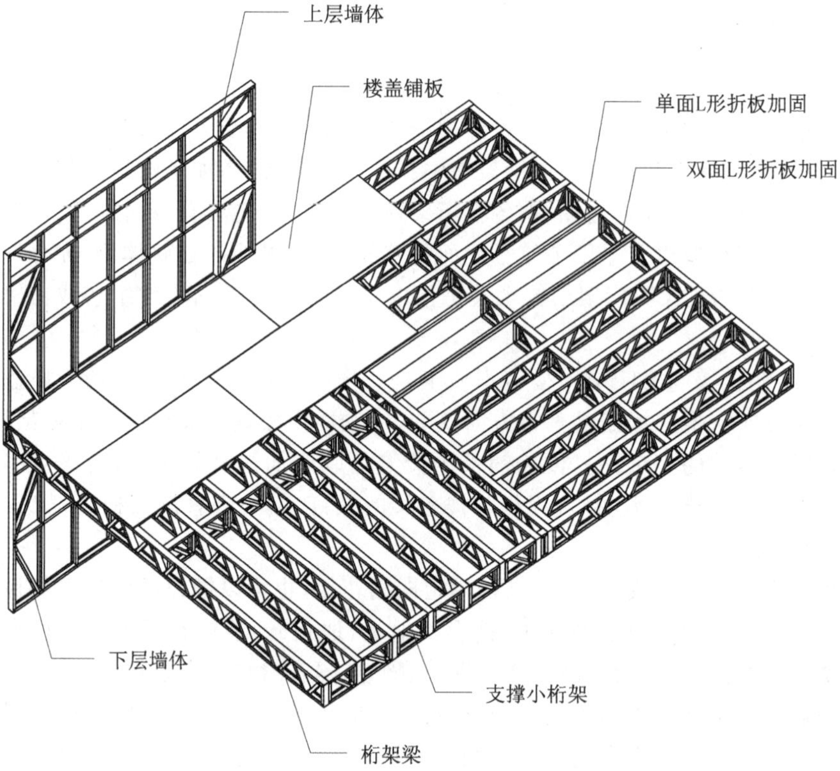

刚性支撑一

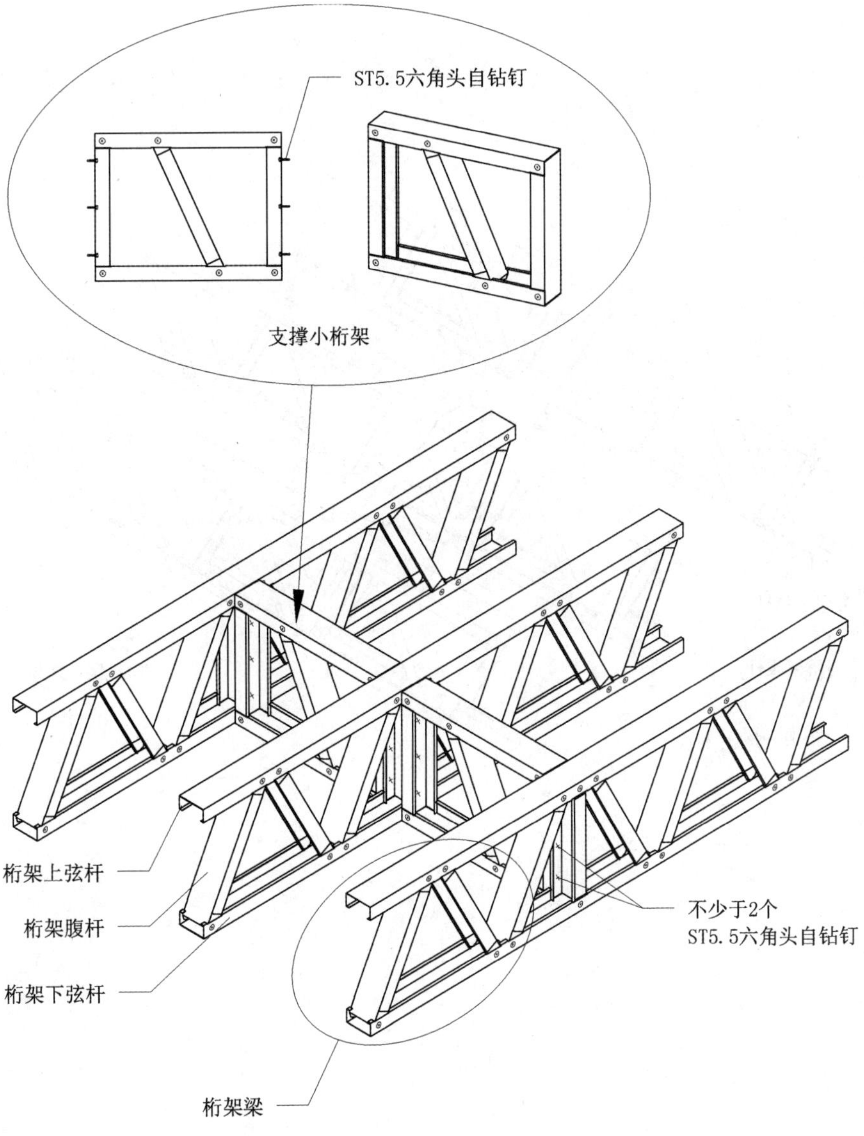

注：1. 当桁架梁跨度超过3.6 m时，应设置刚性支撑。
2. 螺钉不方便连接时可采用相应连接件替代连接。

刚性支撑二

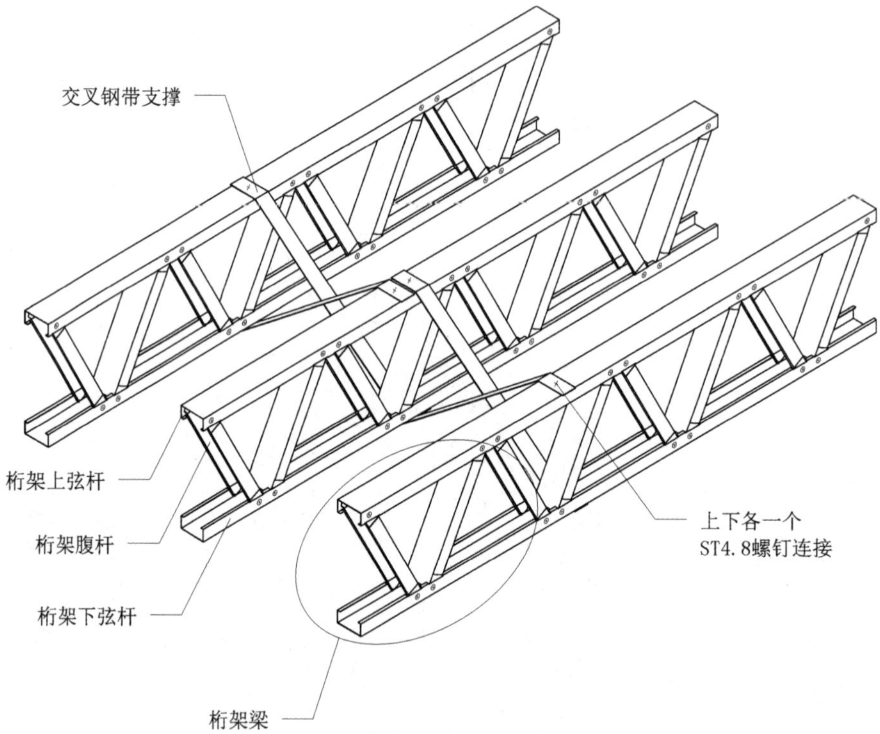
交叉钢带支撑
桁架上弦杆
桁架腹杆
桁架下弦杆
桁架梁
上下各一个
ST4.8螺钉连接

桁架梁加强一

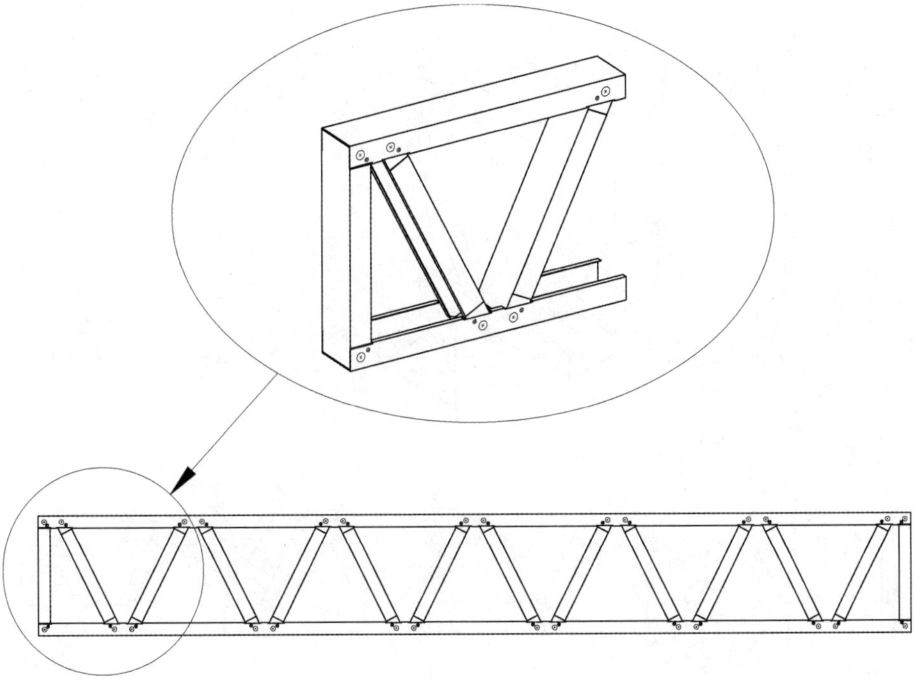

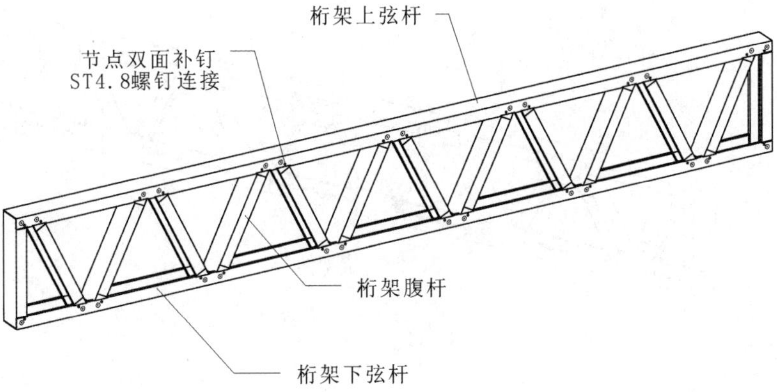
桁架上弦杆
节点双面补钉
ST4.8螺钉连接
桁架腹杆
桁架下弦杆

桁架梁加强二

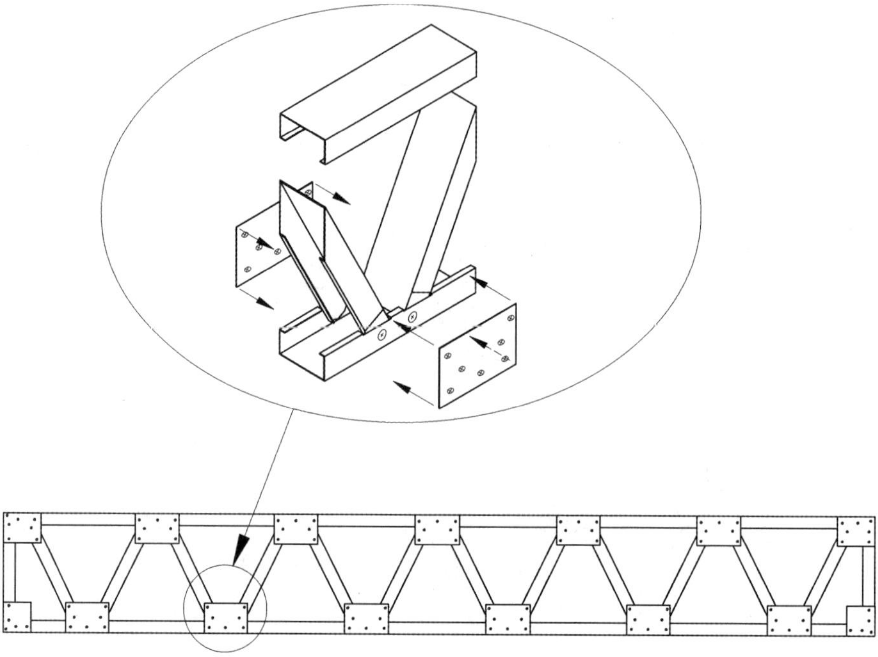

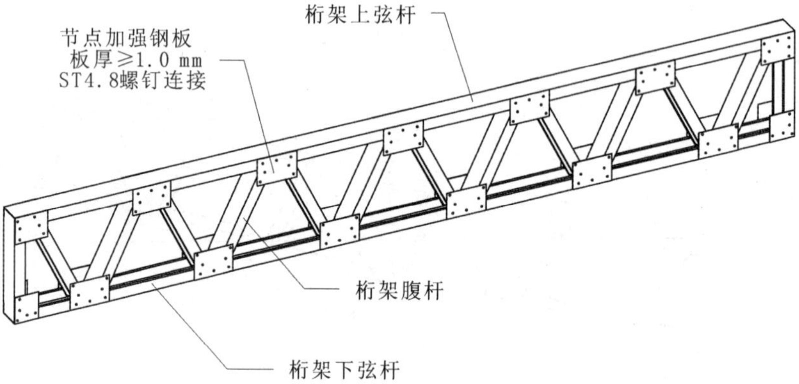
桁架上弦杆
节点加强钢板
板厚≥1.0 mm
ST4.8螺钉连接
桁架腹杆
桁架下弦杆

桁架梁加强三

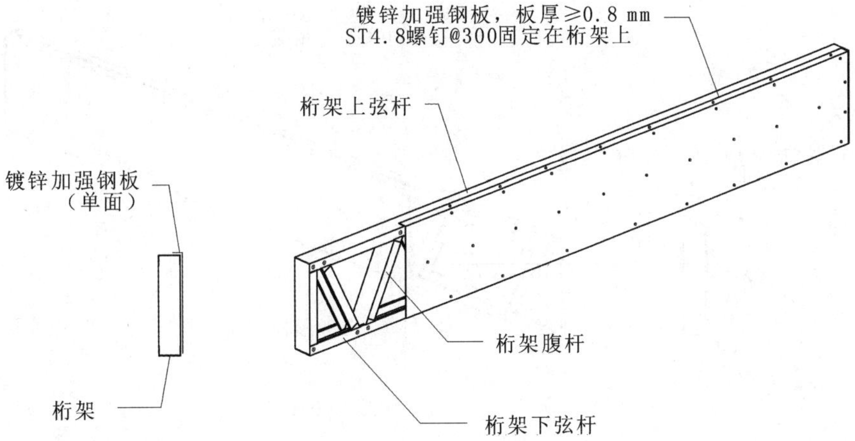
镀锌加强钢板，板厚≥0.8 mm
ST4.8螺钉@300固定在桁架上
桁架上弦杆
镀锌加强钢板
（单面）
桁架
桁架腹杆
桁架下弦杆

桁架梁加强四

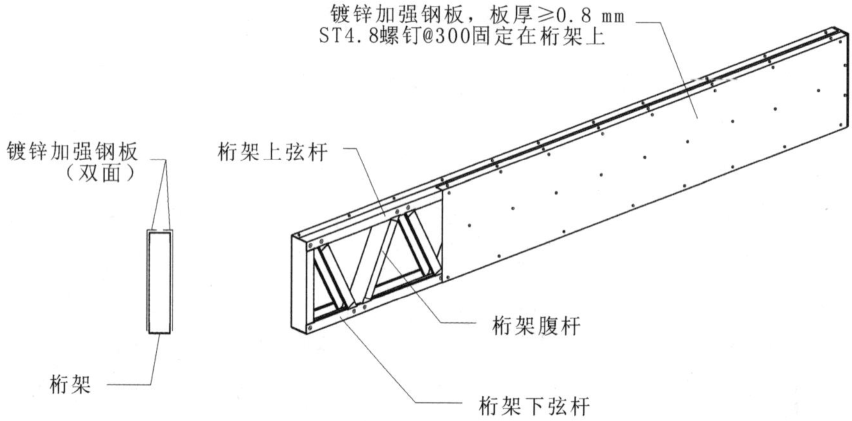
镀锌加强钢板，板厚≥0.8 mm
ST4.8螺钉@300固定在桁架上
镀锌加强钢板
（双面）
桁架上弦杆
桁架
桁架腹杆
桁架下弦杆

桁架梁与上下层墙体立柱轴线偏差

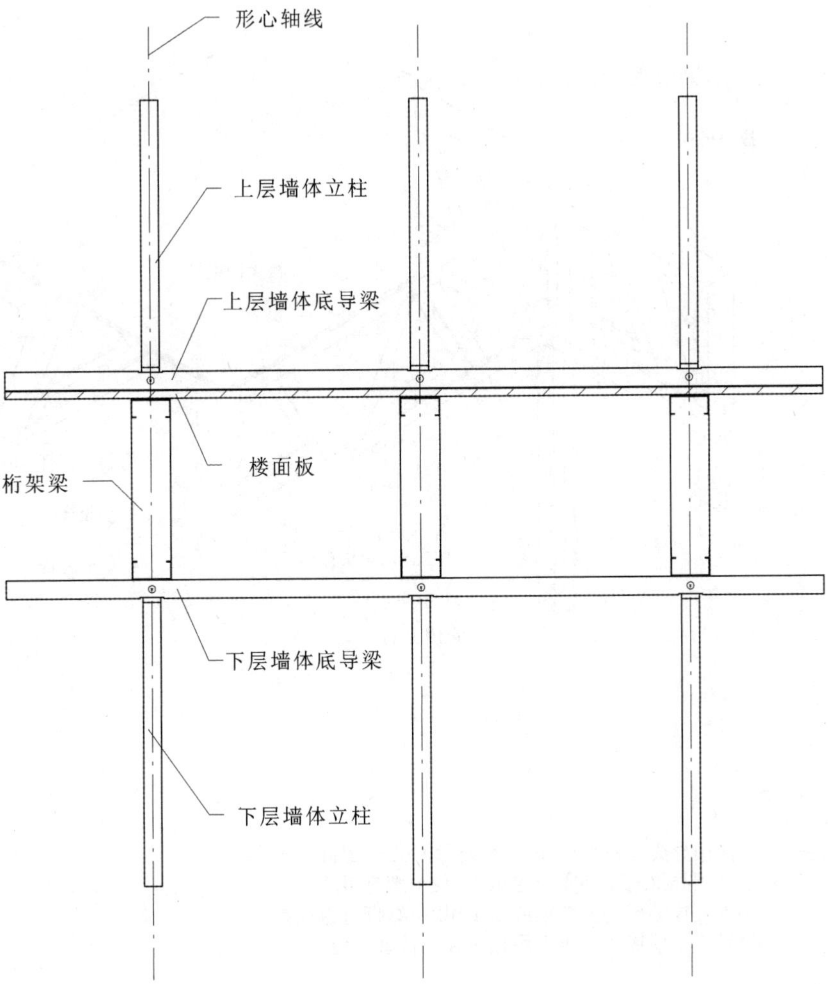

注：1. 低层冷弯薄壁型钢房屋上下层墙体立柱及桁架梁的轴线偏差不宜超过20 mm。
2. 多层冷弯薄壁型钢房屋上下层墙体立柱及桁架梁的轴线偏差不应超过3 mm。

桁架梁与承重墙连接一

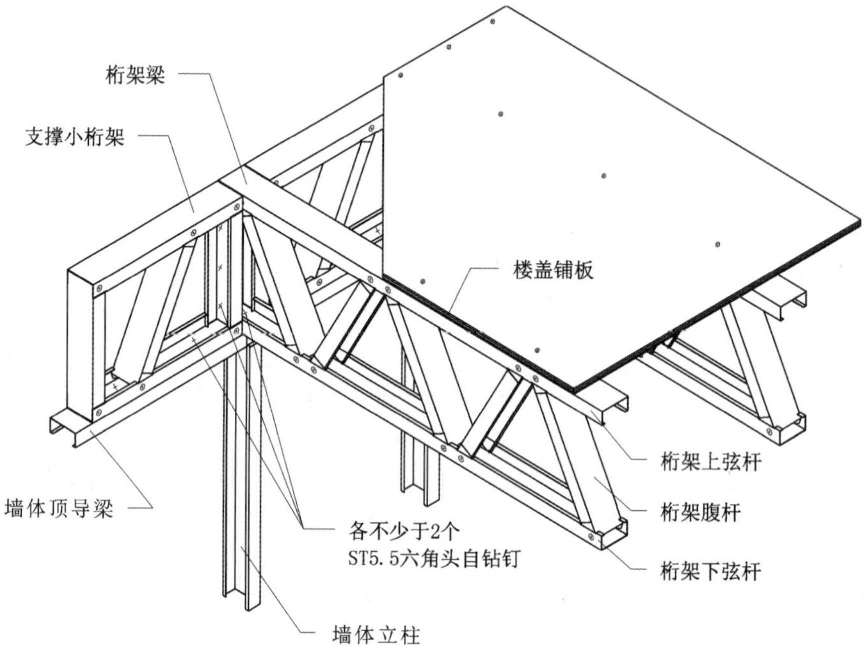

注：1. 墙体顶导梁与桁架梁连接处应至少用2个螺钉可靠连接。
2. 墙体顶导梁与刚性支撑应至少用2个螺钉可靠连接。
3. 刚性支撑端部与桁架梁应至少用2个螺钉可靠连接。
4. 螺钉不方便连接时可采用相应连接件替代连接。

桁架梁与承重墙连接二

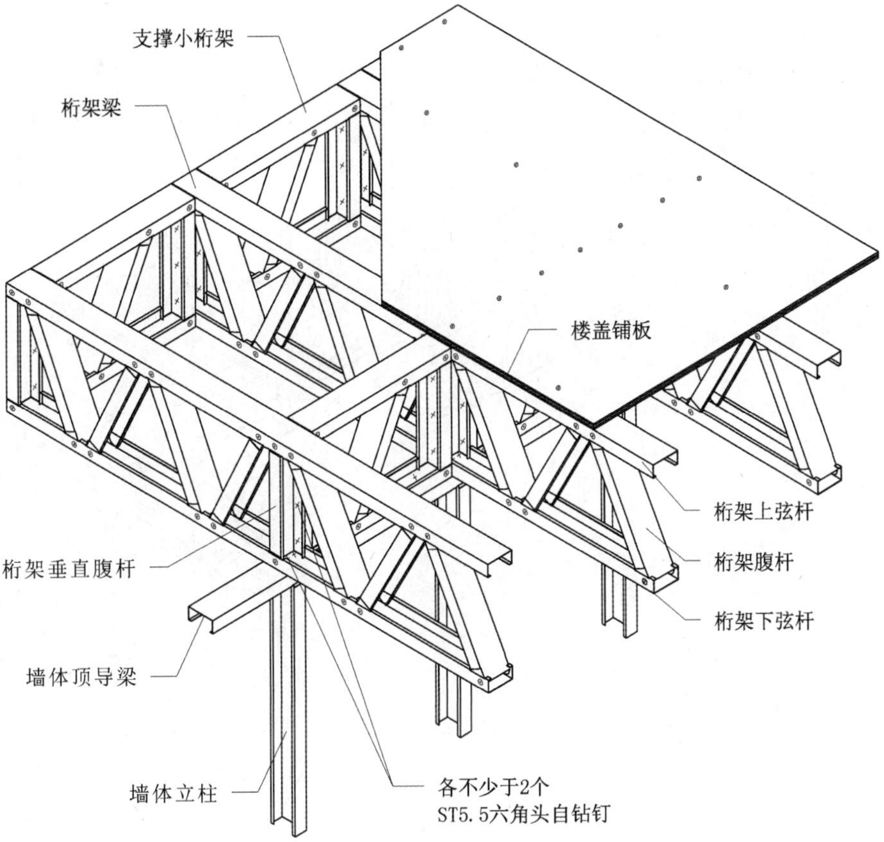

注：1. 墙体顶导梁与桁架梁连接处应至少用2个螺钉可靠连接。
2. 墙体顶导梁与刚性支撑应至少用2个螺钉可靠连接。
3. 刚性支撑端部与桁架梁应至少用2个螺钉可靠连接。
4. 螺钉不方便连接时可采用相应连接件替代连接。

桁架梁与承重墙连接三

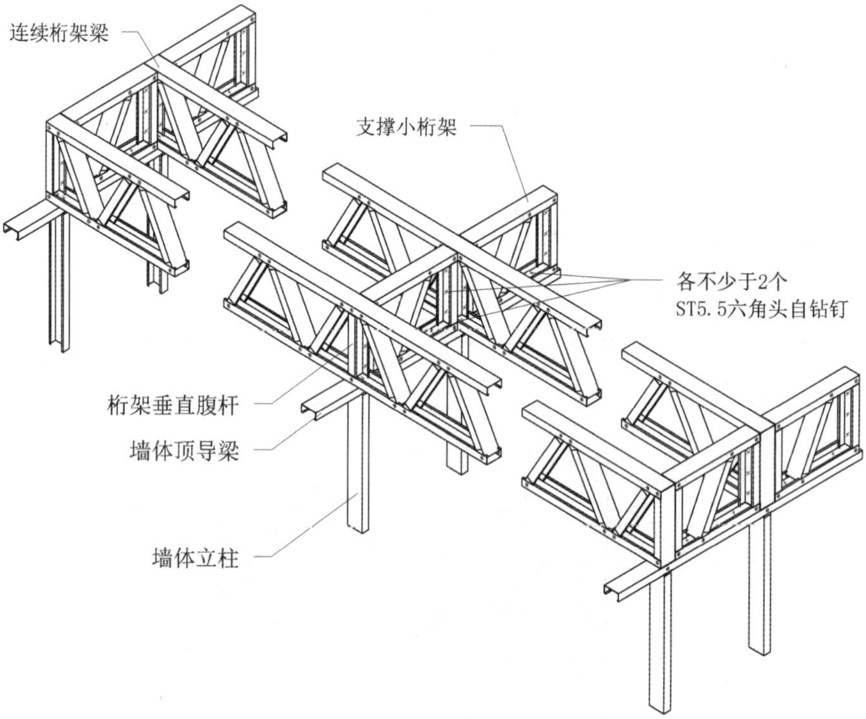

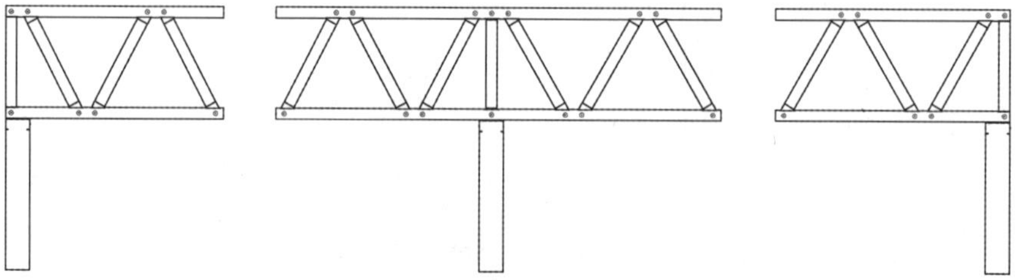

端部支座　　中间支座　　端部支座

注：1.连续桁架梁中间支座处应沿支座长度方向设置刚性支撑。
2.连续桁架梁中间支座处应有一根垂直腹杆与下方支座墙体对齐。
3.桁架梁与墙体顶导梁连接处应至少用2个螺钉可靠连接。
4.墙体顶导梁与刚性支撑应至少用2个螺钉可靠连接。
5.刚性支撑端部与桁架梁应至少用2个螺钉可靠连接。
6.螺钉不方便连接时可采用相应连接件替代连接。

桁架梁与承重墙连接四

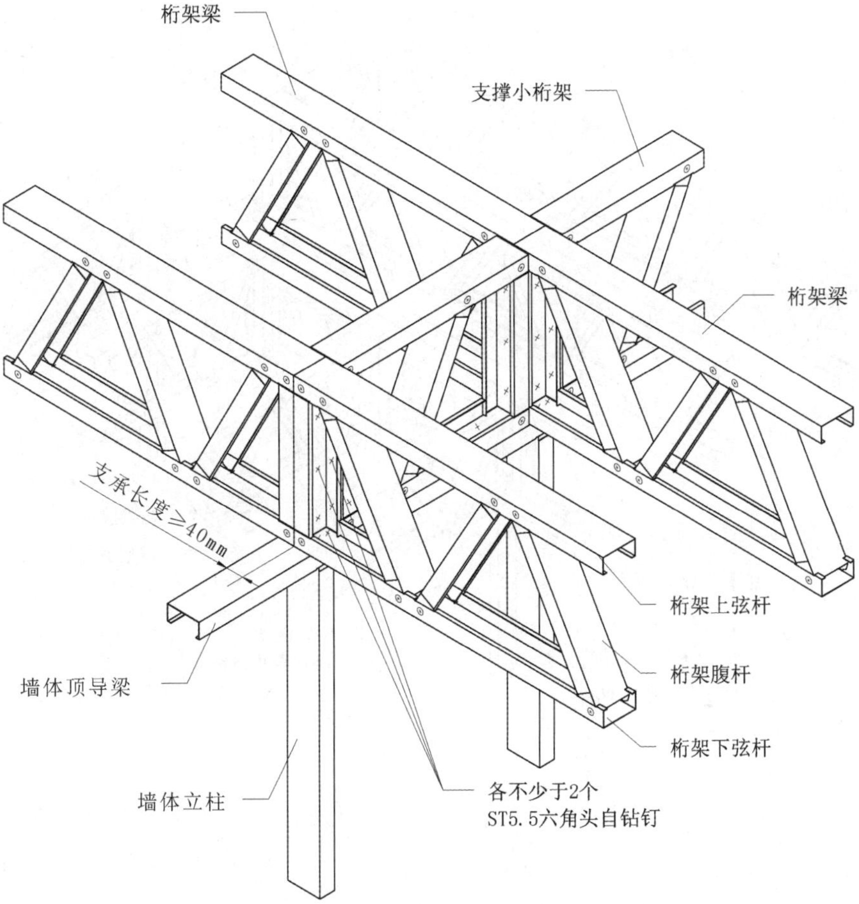

注：1. 桁架梁支承在承重墙体上的支承长度不应小于40 ㎜。
2. 桁架梁与桁架梁宜用2个或以上螺钉可靠连接。
3. 墙体顶导梁与桁架梁连接处应至少用2个螺钉可靠连接。
4. 墙体顶导梁与刚性支撑应至少用2个螺钉可靠连接。
5. 刚性支撑端部与桁架梁应至少用2个螺钉可靠连接。
6. 螺钉不方便连接时可采用相应连接件替代连接。

桁架梁与承重墙连接五

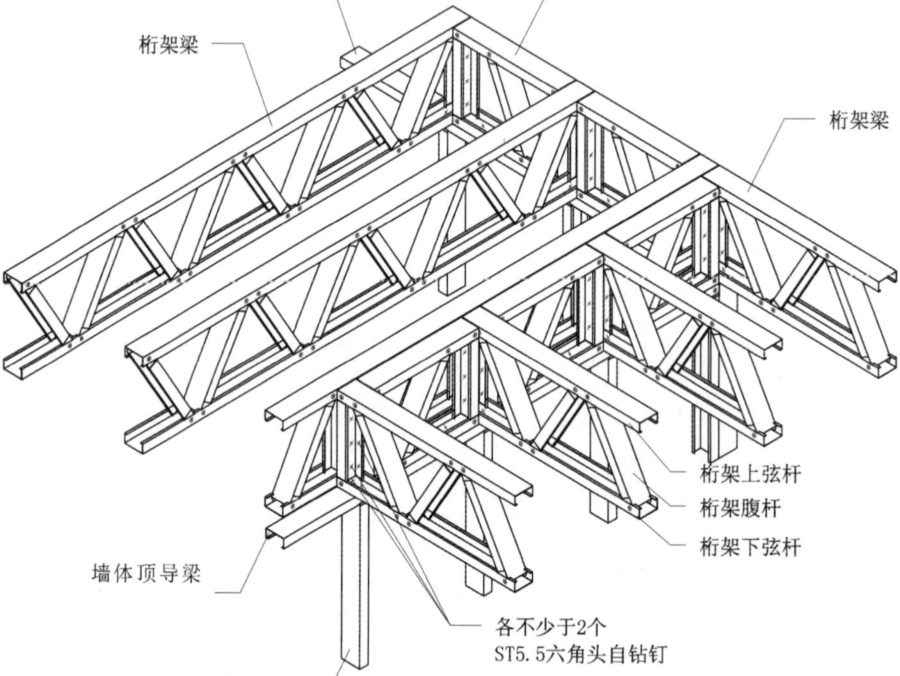

注：1.桁架梁支承在承重墙体上的支承长度不应小于40 mm。
2.桁架梁与桁架梁宜用2个或以上螺钉可靠连接。
3.墙体顶导梁与桁架梁连接处应至少用2个螺钉可靠连接。
4.墙体顶导梁与刚性支撑应至少用2个螺钉可靠连接。
5.刚性支撑端部与桁架梁应至少用2个螺钉可靠连接。
6.螺钉不方便连接时可采用相应连接件替代连接。

桁架梁穿管线

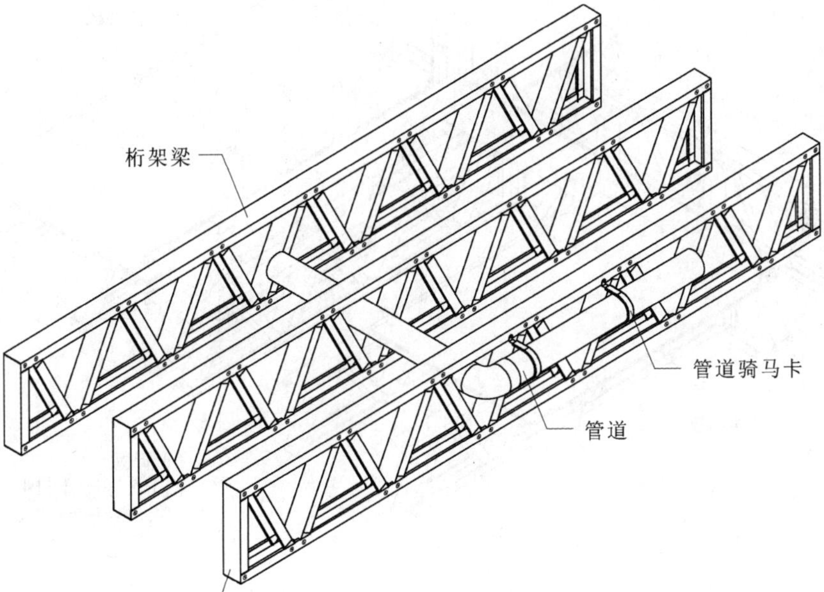

湿区下沉连接

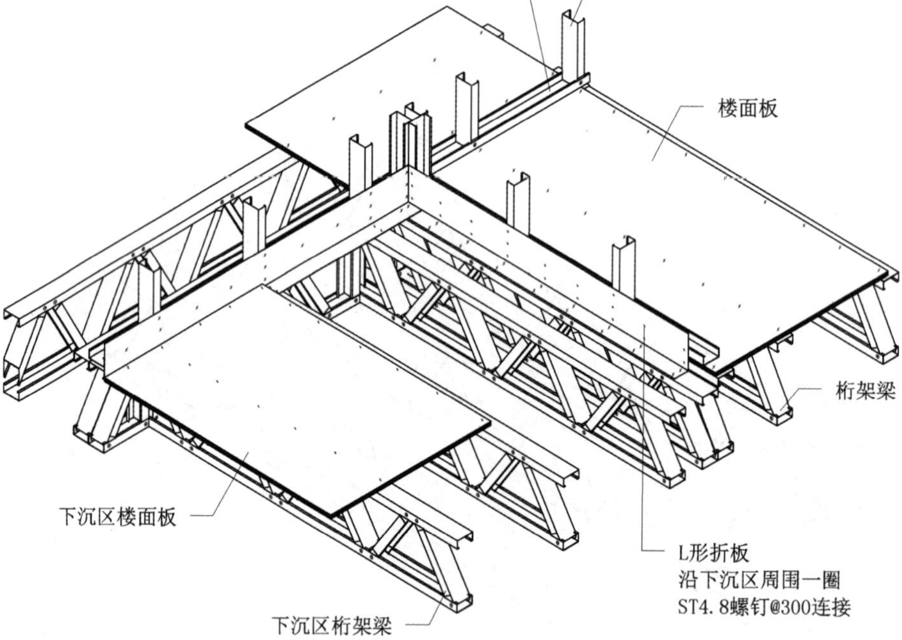

注：所有湿区下沉连接同此法。

楼面铺板

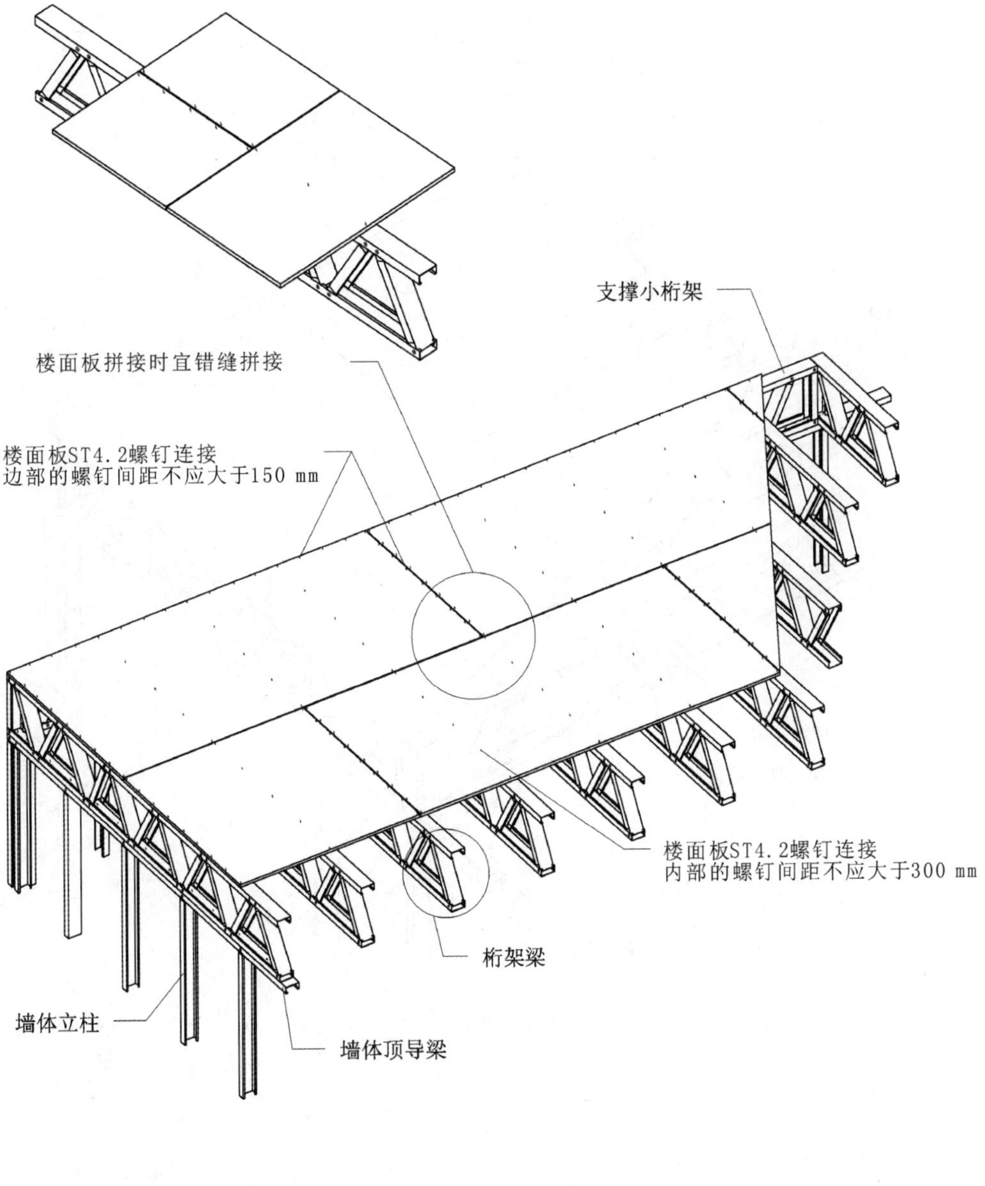

注：1. 楼面板安装的接缝宽度为4 mm，允许偏差±2 mm，螺钉孔边距不应小于12 mm。
2. 楼面板安装至少应在3榀桁架梁上，板中间至少有1榀桁架梁支承。

楼面板接缝加强连接

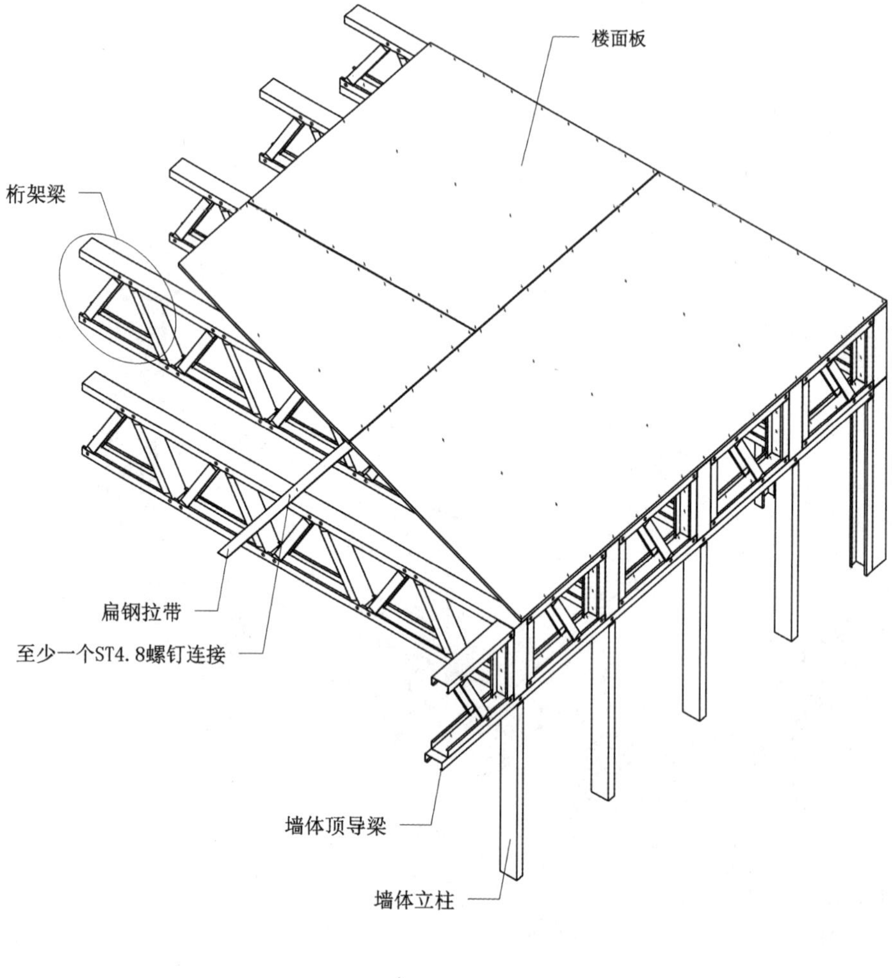
楼面板
桁架梁
扁钢拉带
至少一个ST4.8螺钉连接
墙体顶导梁
墙体立柱

8. 斜梁屋面与 CC 背对背屋架

屋面承重结构可以采用桁架或斜梁，斜梁上端支承于组合截面的屋脊梁。本章主要介绍斜梁屋面和 CC 背对背屋架。本章中的斜梁屋面是指以 C 形构件作为屋面斜梁，斜梁上端支承于屋脊梁的屋面承重结构形式；CC 背对背屋架是指以 C 形构件作为屋面主要的支承件，构件腹板与腹板相互连接组合而成的屋架结构。

当屋面桁架的腹杆较长时，可设置相应的侧向支撑有效减少腹杆在桁架平面外的计算长度。交叉支撑能够保证腹杆体系的整体性，有利于保持屋面桁架的整体稳定。

山墙屋架的腹杆与墙体立柱宜上下对应，山墙屋架与墙体连接时应设置相应的条形连接件，以抵抗向上的风吸力和地震作用产生的上拔力，以增强墙体和屋面体系的整体性，防止在飓风和强震作用下，屋面与墙体相分离。

屋面板直接铺设在斜梁屋面或 CC 背对背屋架上，屋面板一般采取结构用定向刨花板或其他结构面板，一块屋面板宜跨 3 根或以上的 CC 背对背屋架或斜梁。屋面板错缝安装并留 3～5 mm 的接缝宽度，在其接缝处应增加螺钉的密度，连接边部铺板的螺钉间距不应大于 150 mm。连接屋面板与屋架或斜梁的螺钉，其头部宜沉入板内 0.5～1.0 mm，螺钉周边板材不应有破损。

斜梁屋面的主要连接有屋架上弦与屋脊连接、斜梁与屋脊连接、组合屋脊梁连接、斜梁与墙体连接等。

CC 背对背屋架的主要连接有 CC 背对背屋架节点加强连接、CC 背对背屋架与墙体连接、屋脊折板连接、CC 背对背主屋架与次屋架连接等。

本章主要通过图例介绍斜梁屋面与 CC 背对背屋架的构造、屋架上弦与屋脊连接、屋架与墙体连接、主屋架与次屋架连接、屋脊折板连接、屋面铺板等内容。

斜梁屋面构造示意

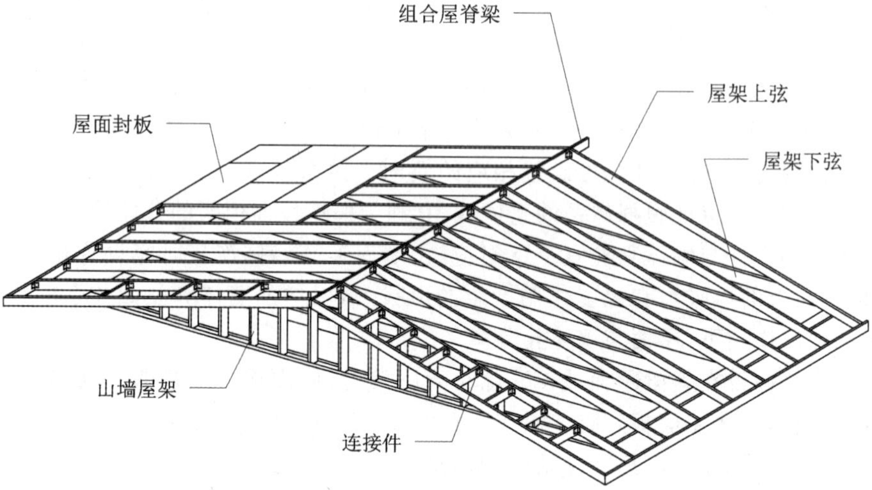
组合屋脊梁
屋架上弦
屋面封板
屋架下弦
山墙屋架
连接件

CC 背对背屋架构造示意

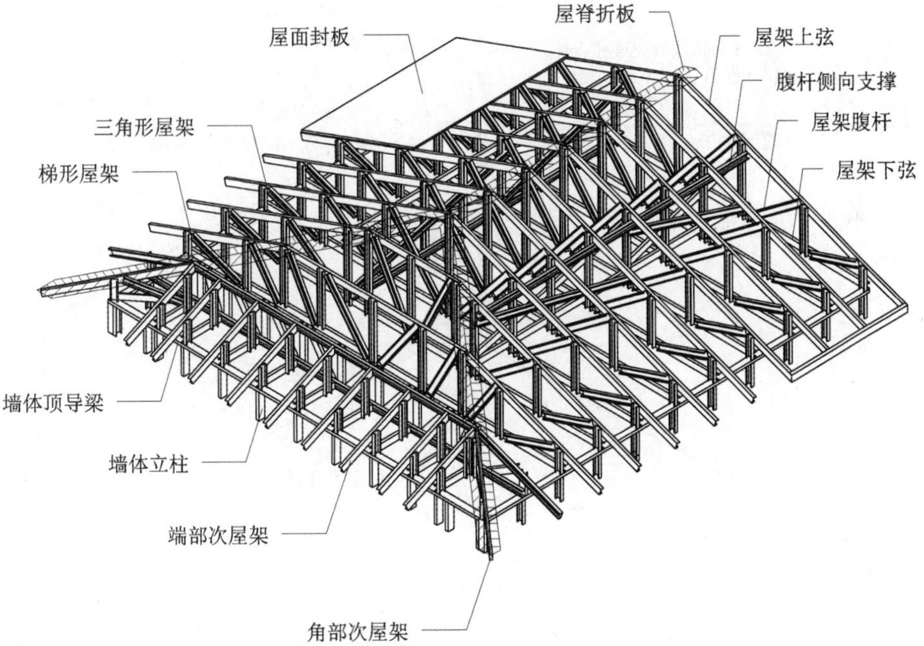

屋架上弦与屋脊连接一

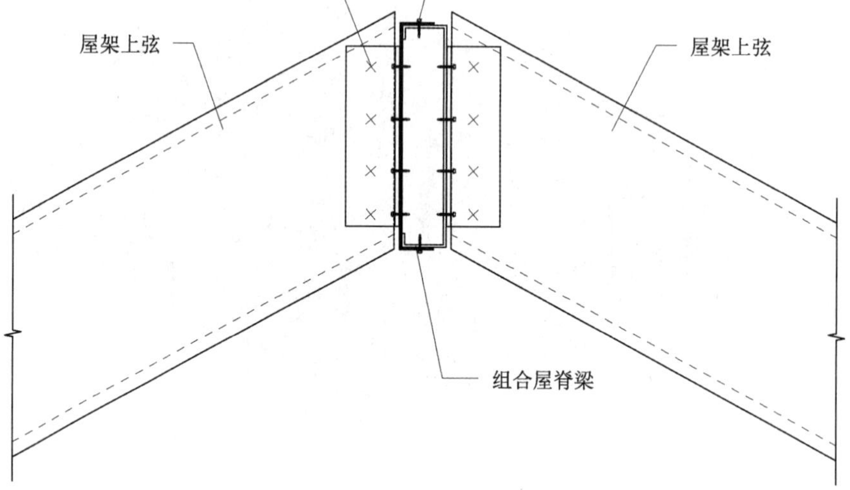
ST4.8螺钉@300
沿翼缘方向上下各一排
角钢与上弦及脊梁连接
ST4.8螺钉各不少于4个
屋架上弦
屋架上弦
组合屋脊梁

屋架上弦与屋脊连接二

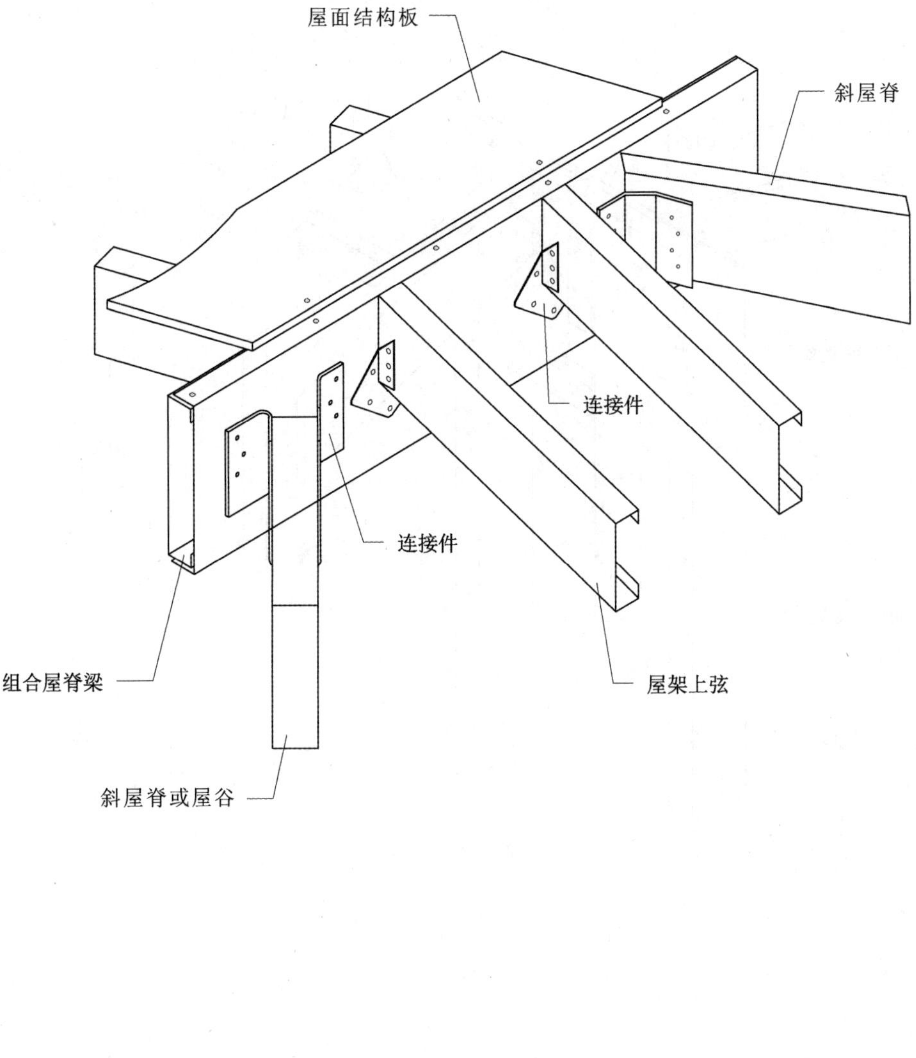
屋面结构板
斜屋脊
连接件
连接件
组合屋脊梁
屋架上弦
斜屋脊或屋谷

屋架上弦与屋脊连接三

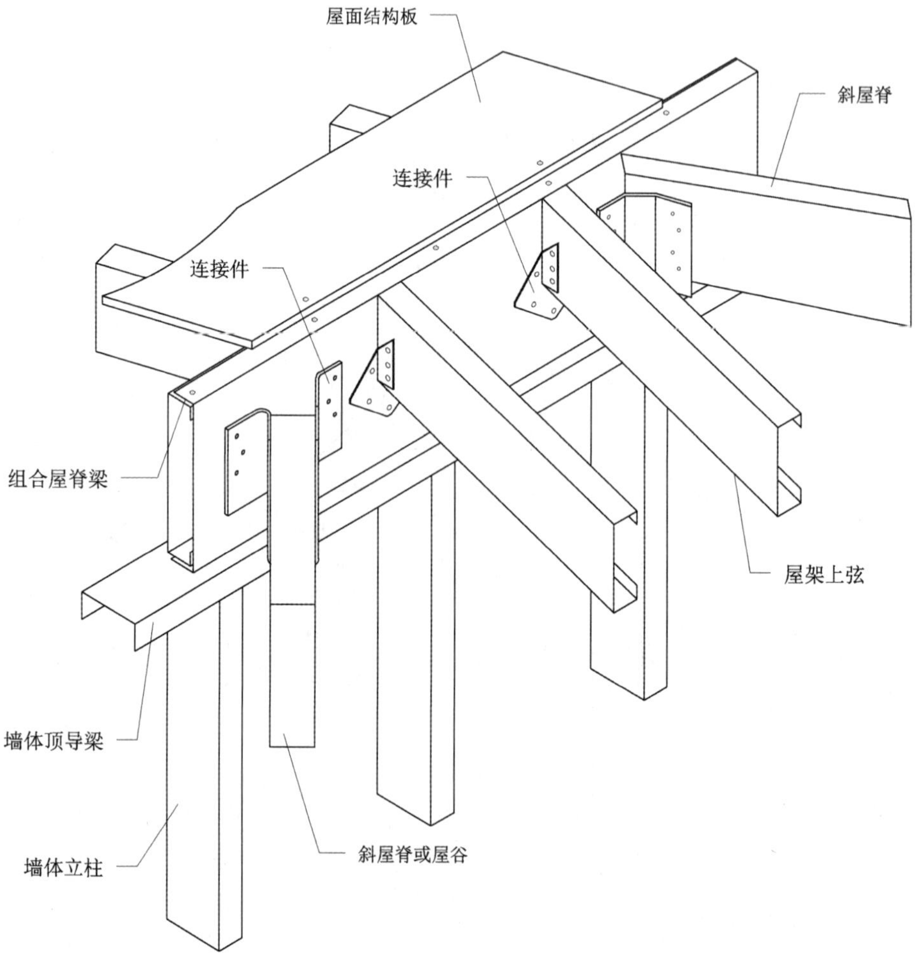
屋面结构板
斜屋脊
连接件
连接件
组合屋脊梁
屋架上弦
墙体顶导梁
斜屋脊或屋谷
墙体立柱

CC 背对背屋架节点加强一

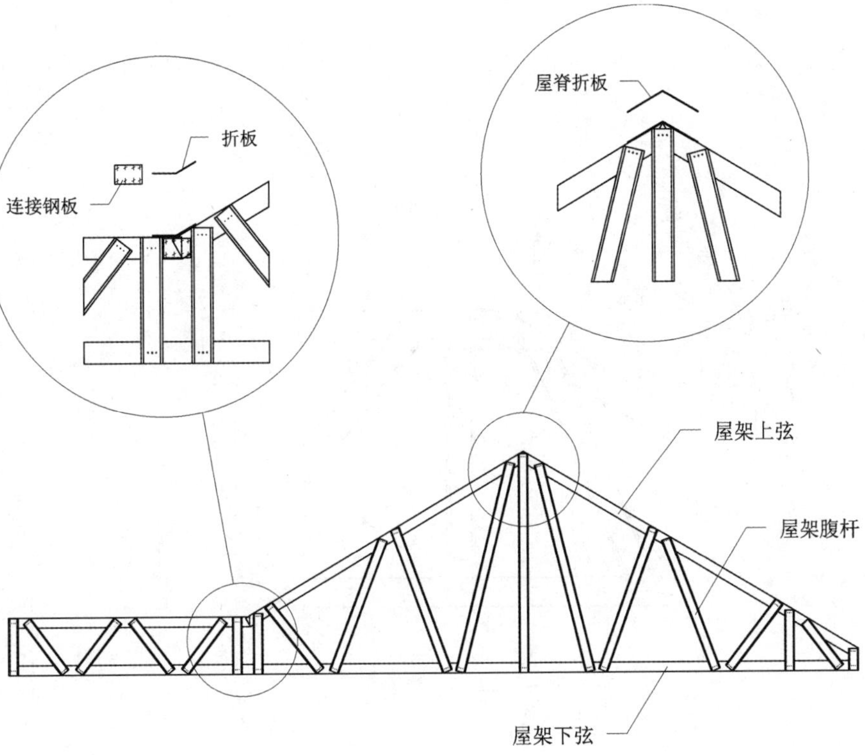

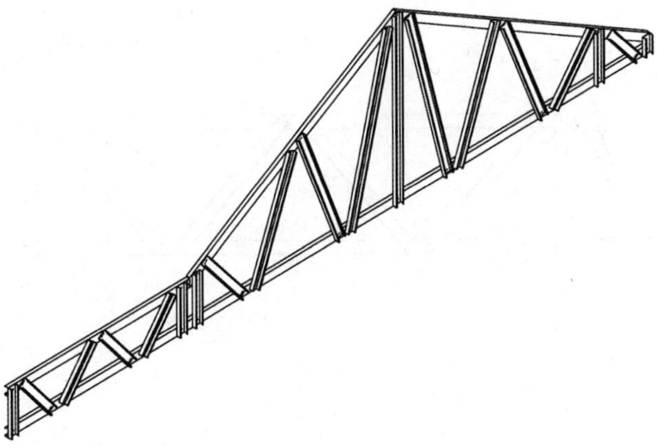

CC 背对背屋架节点加强二

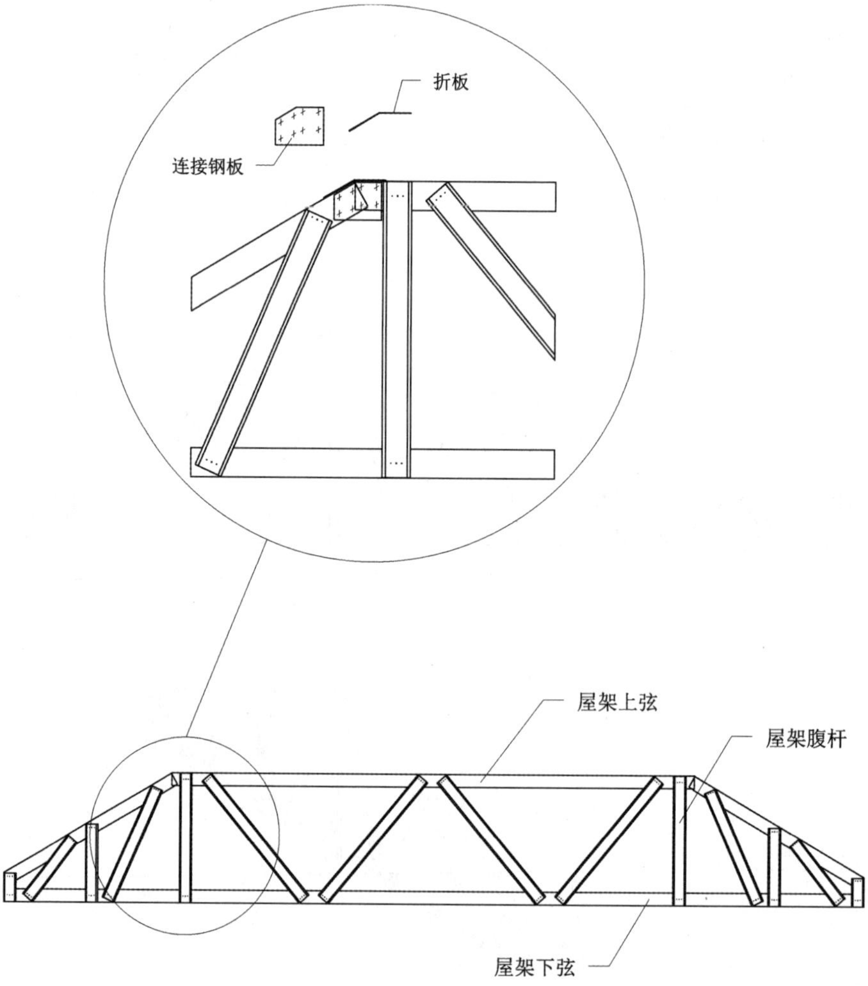

屋架与墙体连接一

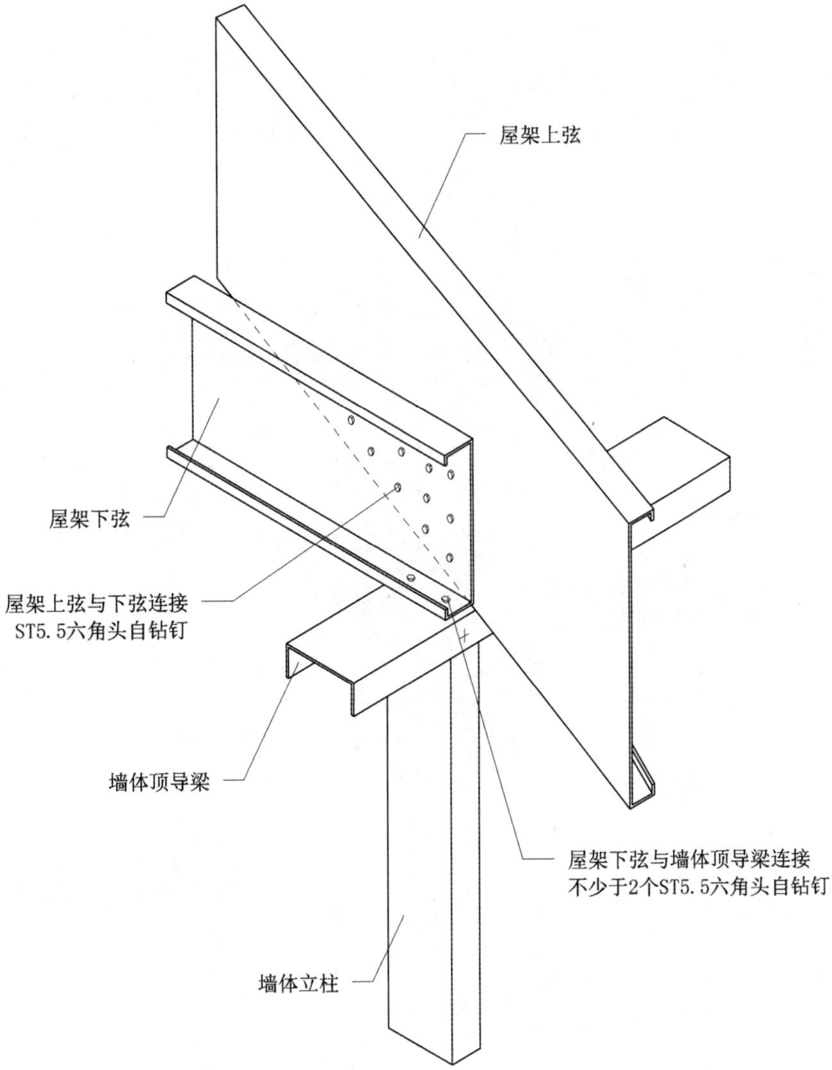
屋架上弦
屋架下弦
屋架上弦与下弦连接
ST5.5六角头自钻钉
墙体顶导梁
屋架下弦与墙体顶导梁连接
不少于2个ST5.5六角头自钻钉
墙体立柱

屋架与墙体连接二

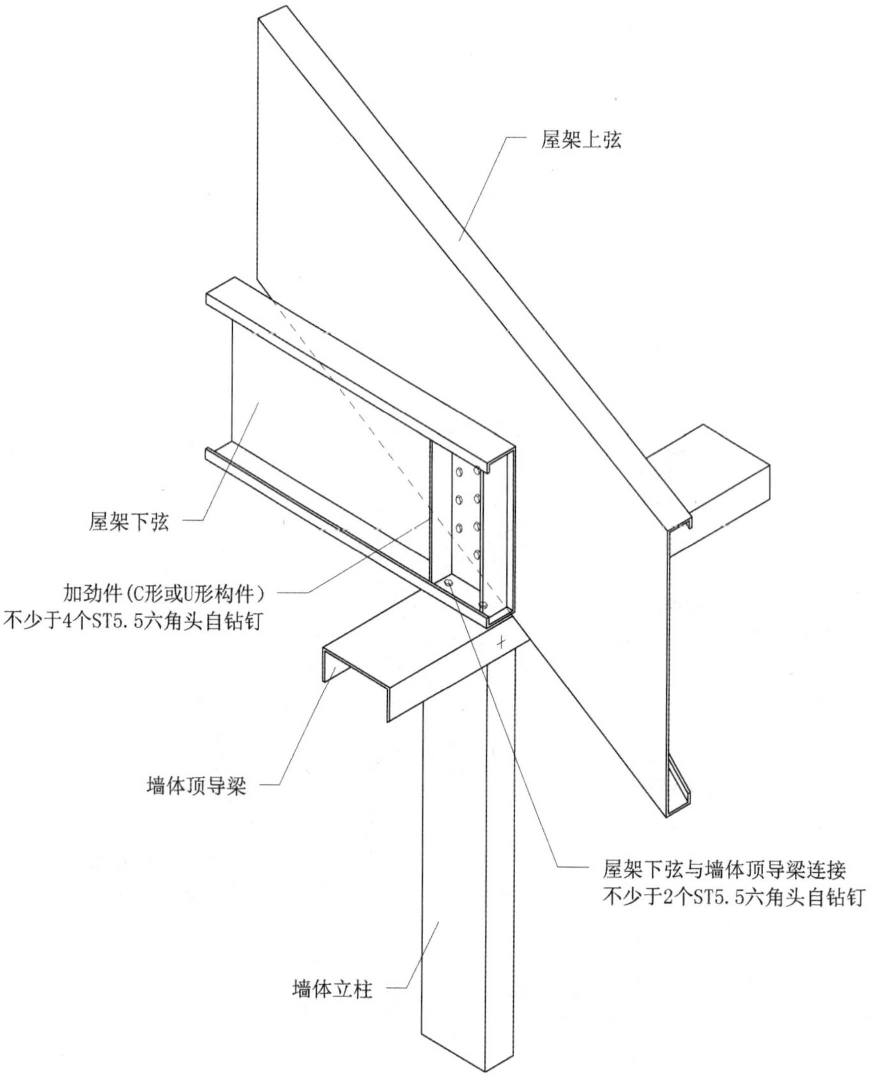
屋架上弦
屋架下弦
加劲件(C形或U形构件)
不少于4个ST5.5六角头自钻钉
墙体顶导梁
屋架下弦与墙体顶导梁连接
不少于2个ST5.5六角头自钻钉
墙体立柱

屋架与墙体连接三

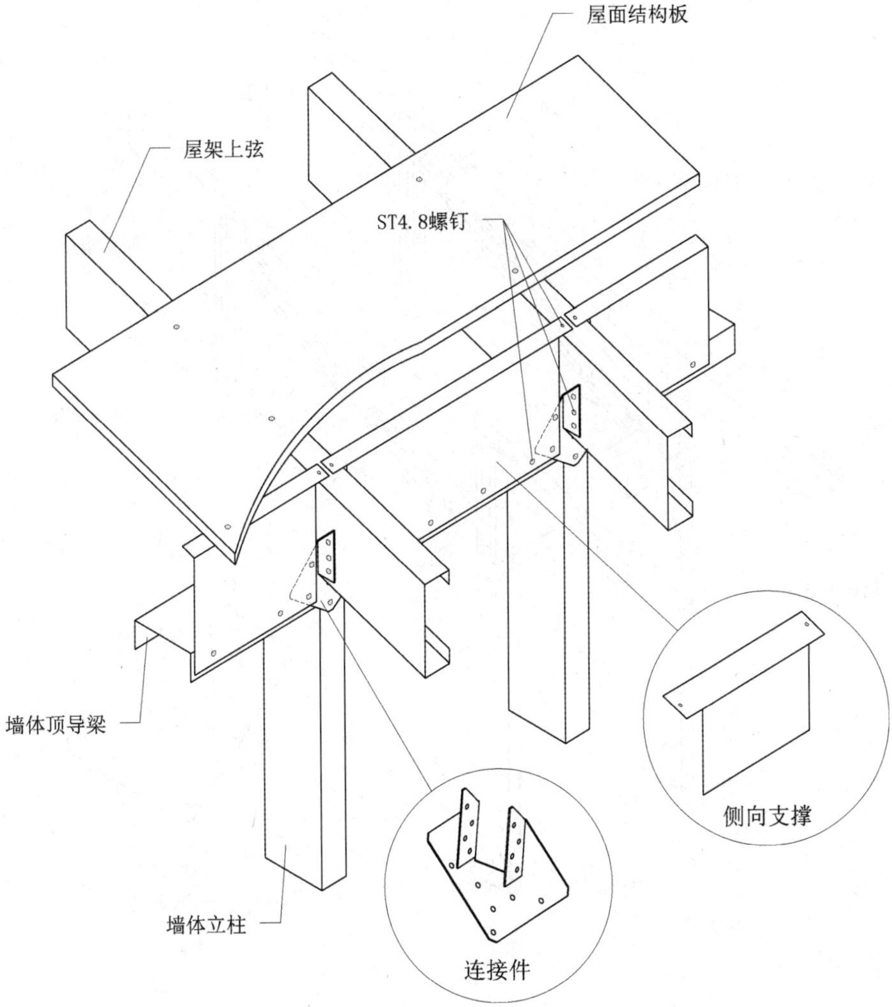
屋面结构板
屋架上弦
ST4. 8螺钉
墙体顶导梁
侧向支撑
墙体立柱
连接件

屋架与墙体连接四

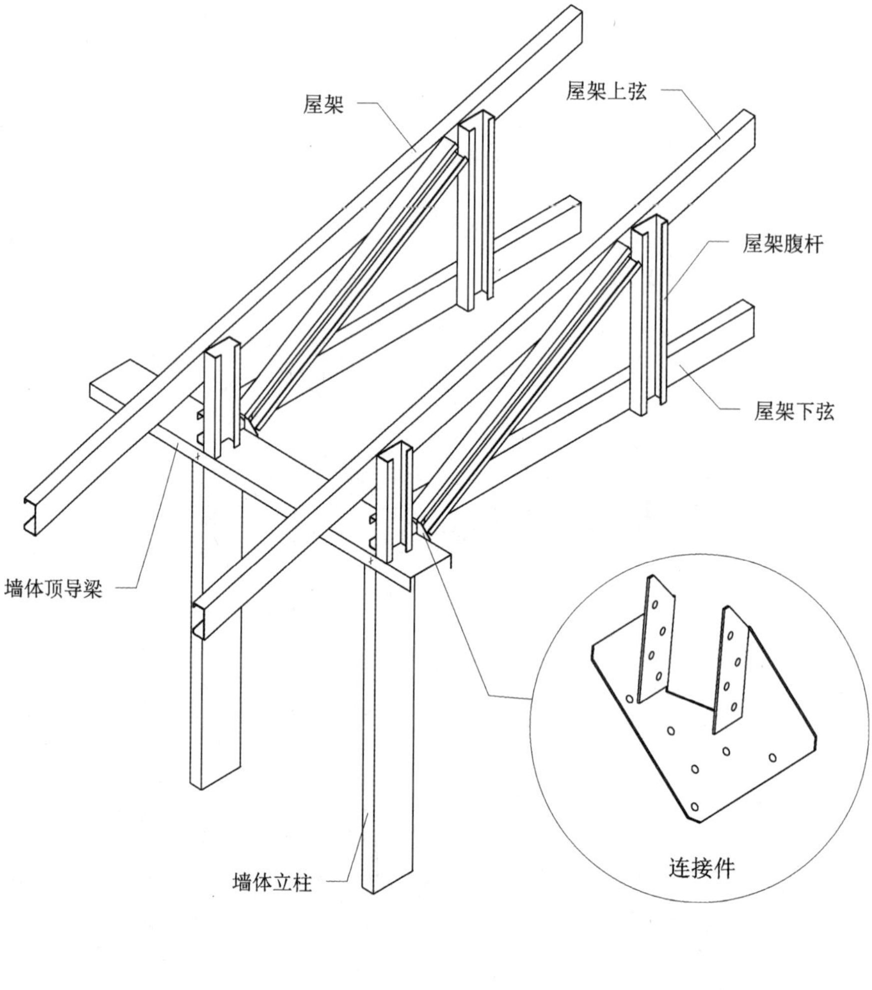
屋架
屋架上弦
屋架腹杆
屋架下弦
墙体顶导梁
墙体立柱
连接件

山墙屋架与墙体连接

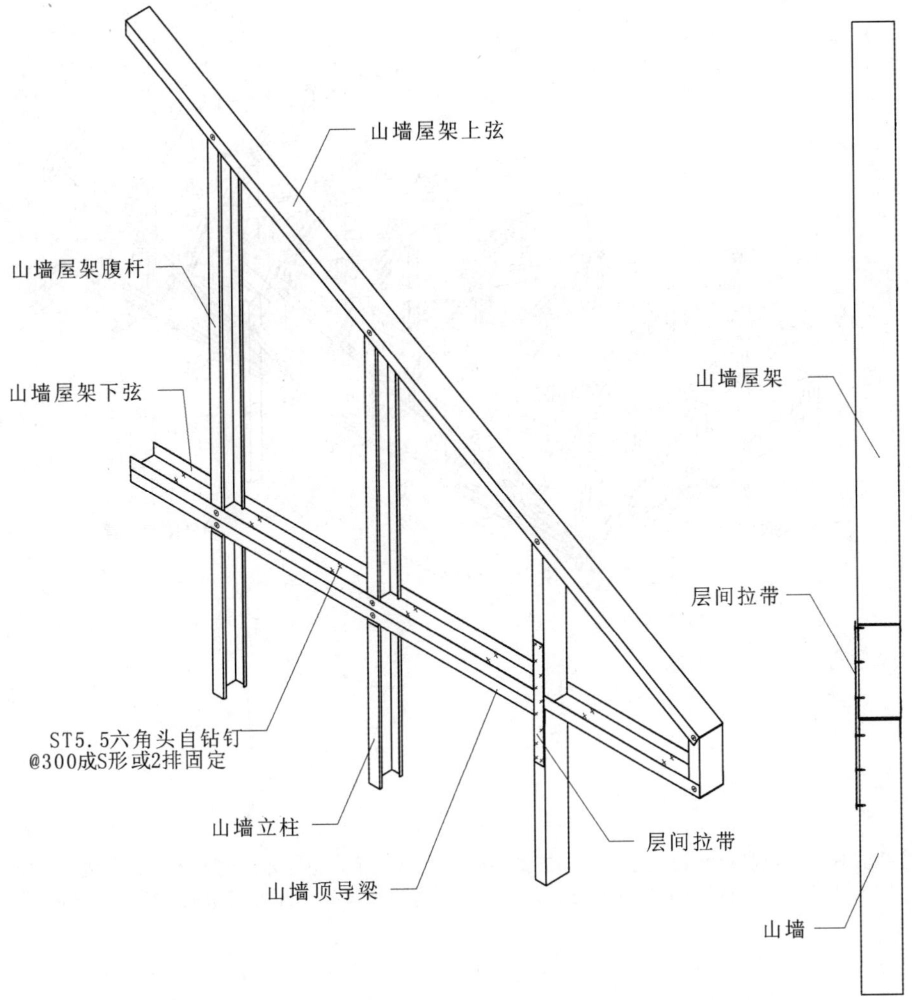

注：1. 山墙屋架的腹杆与下方山墙立柱宜上下对应，并应沿外侧设置间距不大于2 m的层间拉带。
2. 层间拉带与山墙立柱及山墙屋架各不宜少于6个ST4.8螺钉固定。

屋架侧向支撑

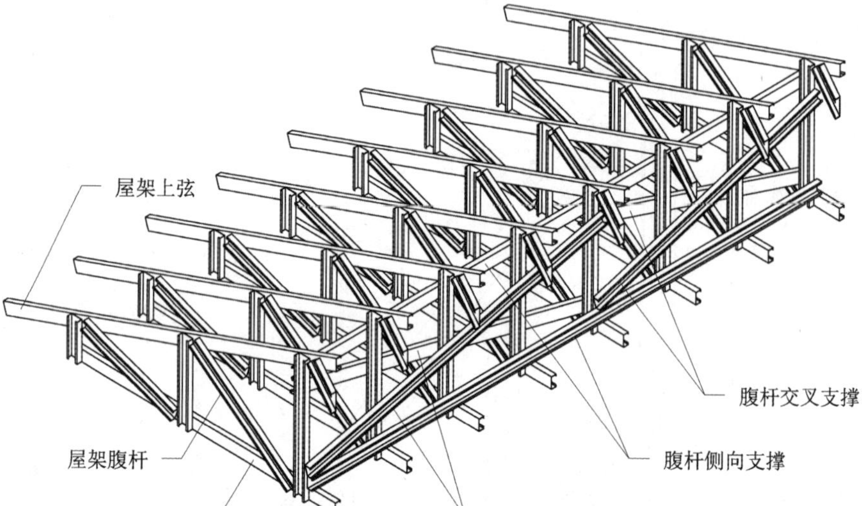

注：1. 在屋架腹杆处宜设置纵向侧向支撑和交叉支撑，保证腹杆体系的整体性和屋架的稳定。
2. 当屋架腹杆高度超过2.0 m时，在其中部沿垂直于屋架平面方向布置一道侧向支撑。

主屋架与次屋架连接

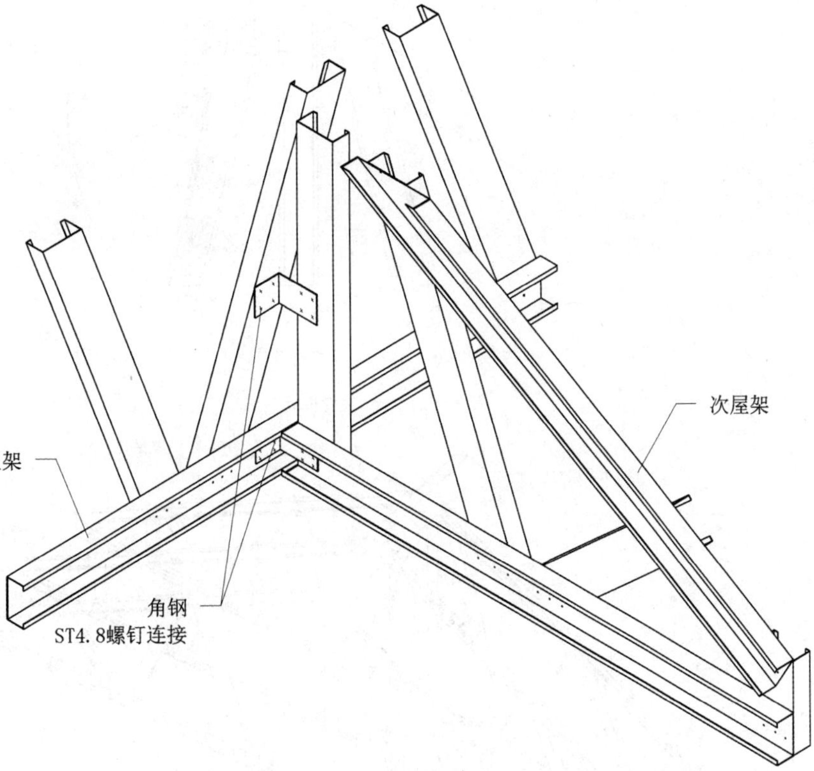

屋脊折板连接

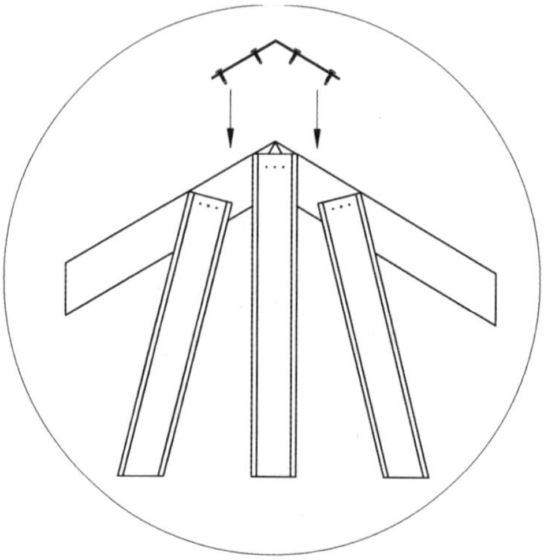

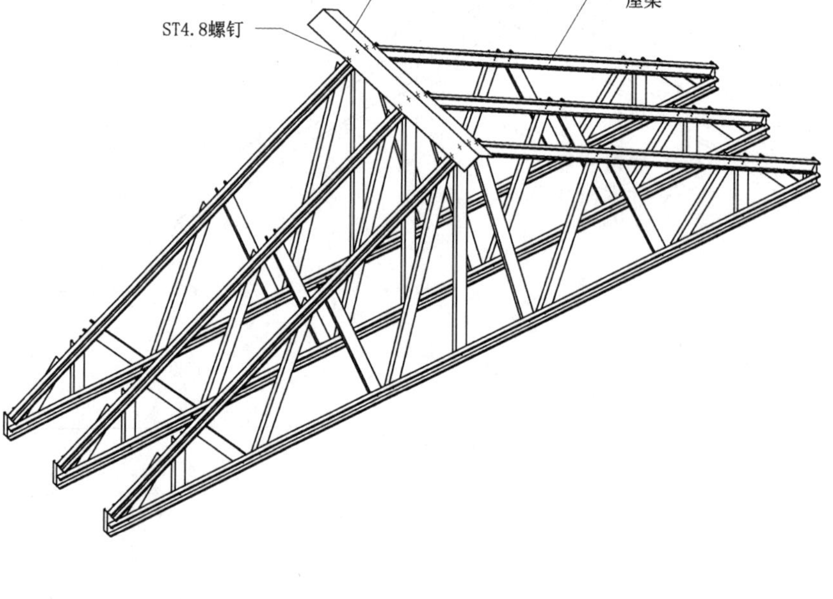

注:屋脊折板厚度≥1.0 mm，屋谷折板安装同此法。

雨篷屋架与墙体连接

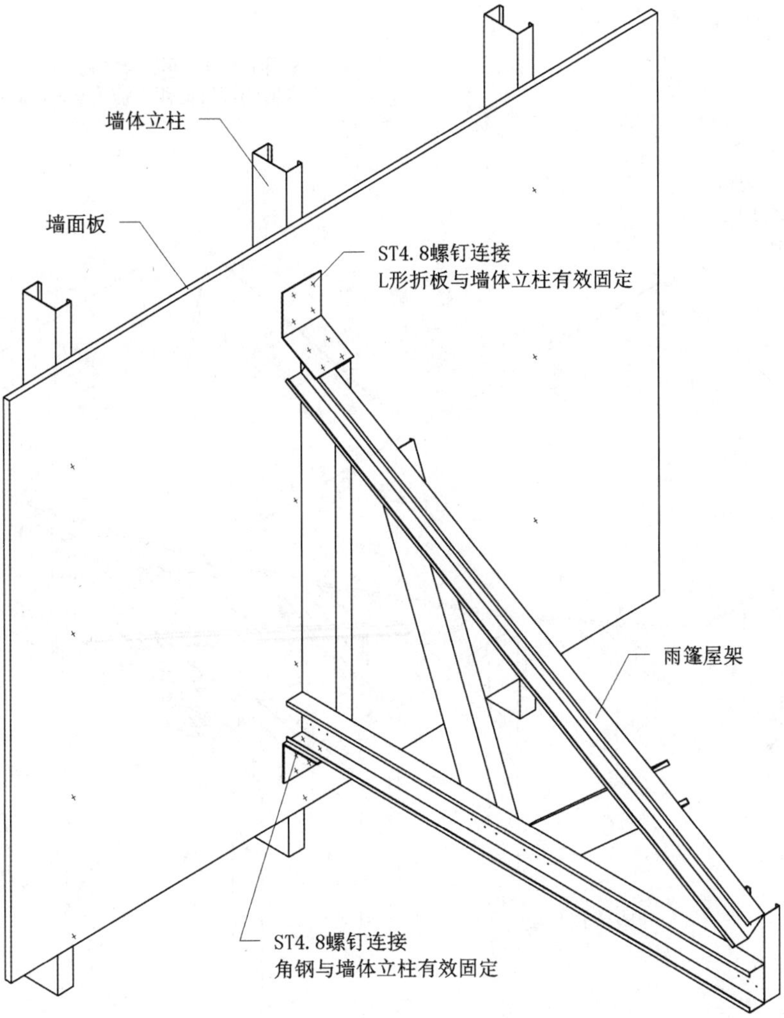
墙体立柱
墙面板
ST4.8螺钉连接
L形折板与墙体立柱有效固定
雨篷屋架
ST4.8螺钉连接
角钢与墙体立柱有效固定

屋面铺板

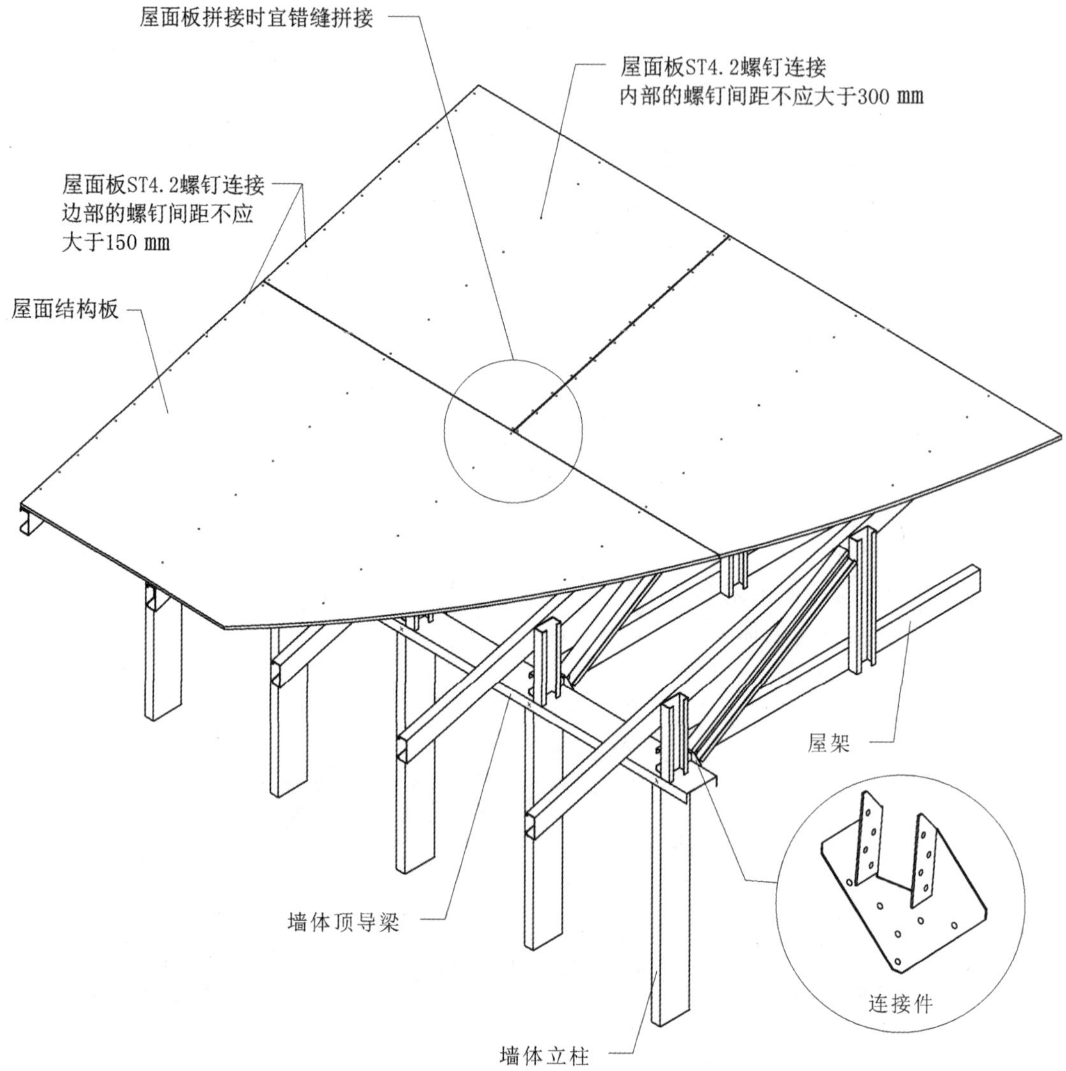

注：1.屋面板安装的接缝宽度为4mm，允许偏差±2mm，螺钉孔边距不应小于8mm。
2.屋面板安装至少应在3榀屋架上，板中间至少有1榀屋架支承。
3.斜梁结构屋面的屋面铺板同此法。

9. CC 开口连接屋架

本章中的 CC 开口连接屋架是指以 C 形构件作为主要的支承件，部分 C 形构件切除卷边，C 形截面间开口方向与开口方向对应连接组合而成的屋架结构。

屋架是屋盖的主要荷载承重部件。冷弯薄壁型钢结构建筑主要是采用坡屋顶屋盖，坡屋顶屋盖具有排水流畅、制作简单、构件尺寸精度高、安装方便等优点。但坡屋面对屋架质量要求高，屋架应该稳定、牢固、结合紧密。对 C 形构件进行组合、在关键型钢连接处切除连接时多余的型钢卷边有助于 C 形构件之间的紧密连接，避免屋架出现多余的突出部分。

CC 开口连接屋架与 CC 背对背屋架本质上是一样的。当屋面桁架的腹杆较长时，可设置相应的侧向支撑有效减少腹杆在桁架平面外的计算长度。交叉支撑能够保证腹杆体系的整体性，有利于保持屋面桁架的整体稳定。

山墙屋架的腹杆与墙体立柱宜上下对应，山墙屋架与墙体连接时应设置相应的条形连接件，以抵抗向上的风吸力和地震作用产生的上拔力，以增强墙体和屋面体系的整体性，防止在飓风和强震作用下，屋面与墙体相分离。

本章主要通过图例介绍 CC 开口连接屋架的构造、屋架与墙体连接、屋架与屋架对接、主屋架与次屋架连接等内容。

CC 开口连接屋架构造示意

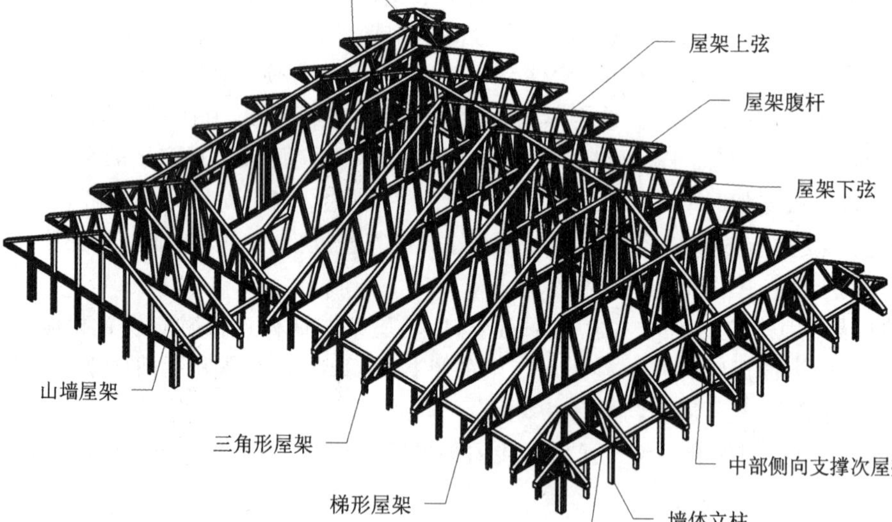

屋架与墙体立柱轴线偏差

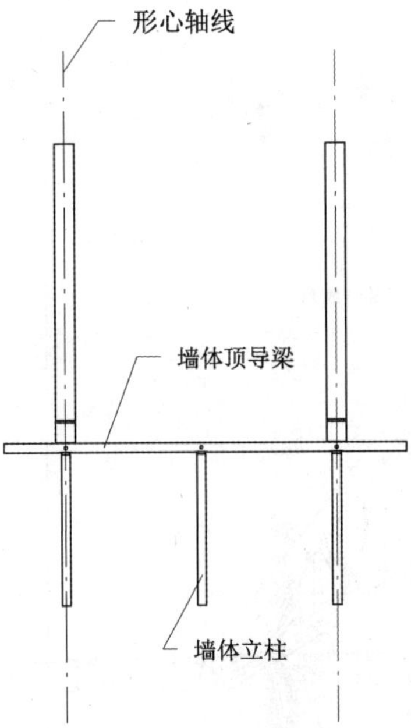

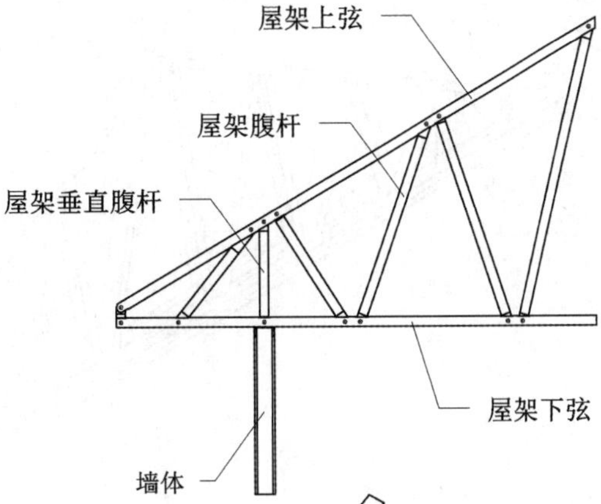

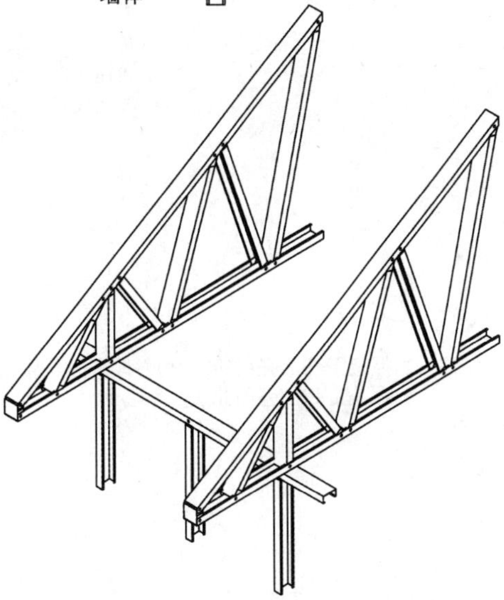

注：1. 屋架与下方支座墙体支座处应有一根垂直腹杆与下方支座墙体对齐。
2. 屋架与下方支座墙体立柱的轴线偏差不宜超过20 mm。

屋架下弦加强

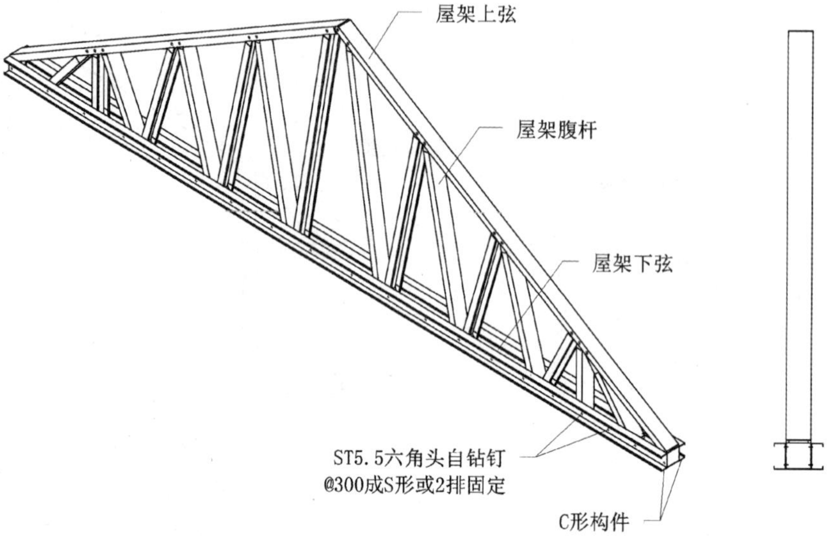

注：1. 屋架下弦加强用的C形构件厚度应与屋架下弦构件厚度相同，长度可减少5~10 mm。
2. 屋架上弦加强同此法。

屋架与墙体连接一

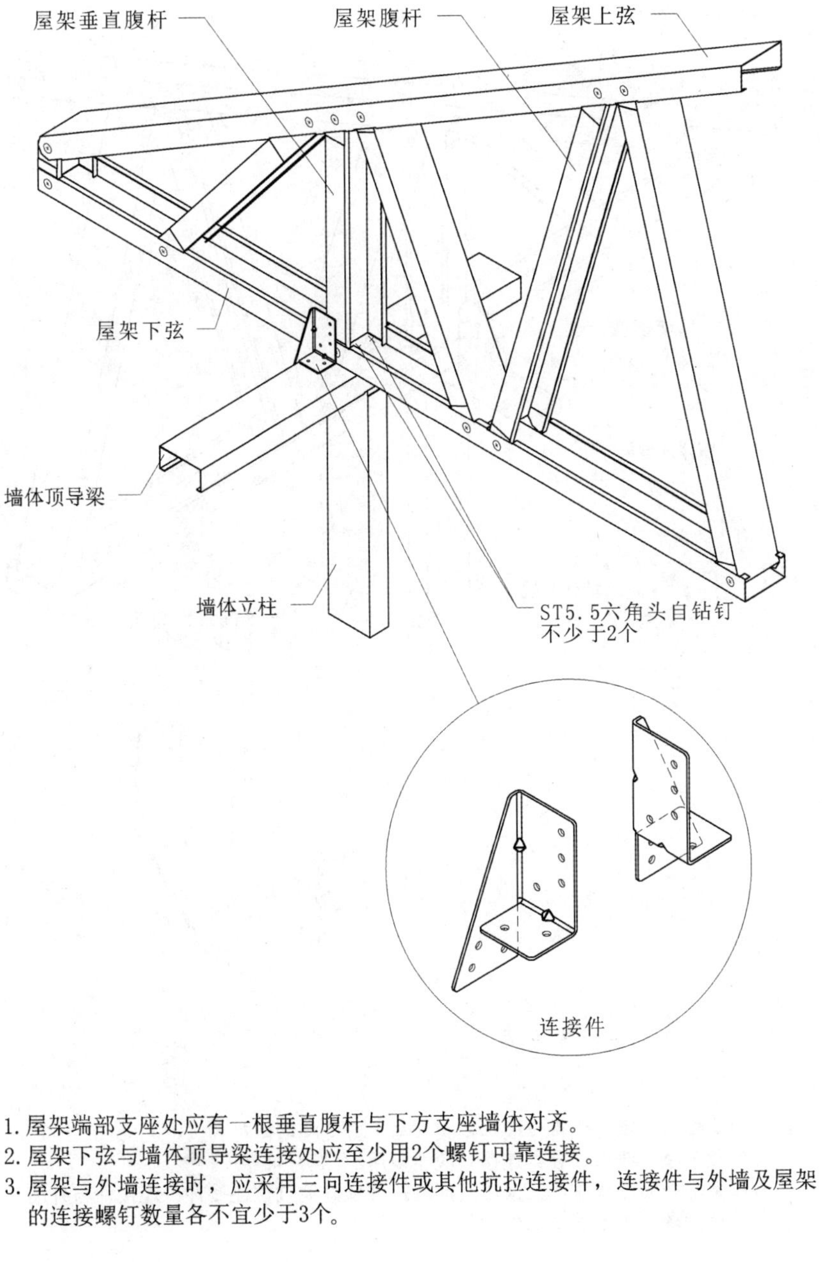

注：1.屋架端部支座处应有一根垂直腹杆与下方支座墙体对齐。
2.屋架下弦与墙体顶导梁连接处应至少用2个螺钉可靠连接。
3.屋架与外墙连接时，应采用三向连接件或其他抗拉连接件，连接件与外墙及屋架的连接螺钉数量各不宜少于3个。

屋架与墙体连接二

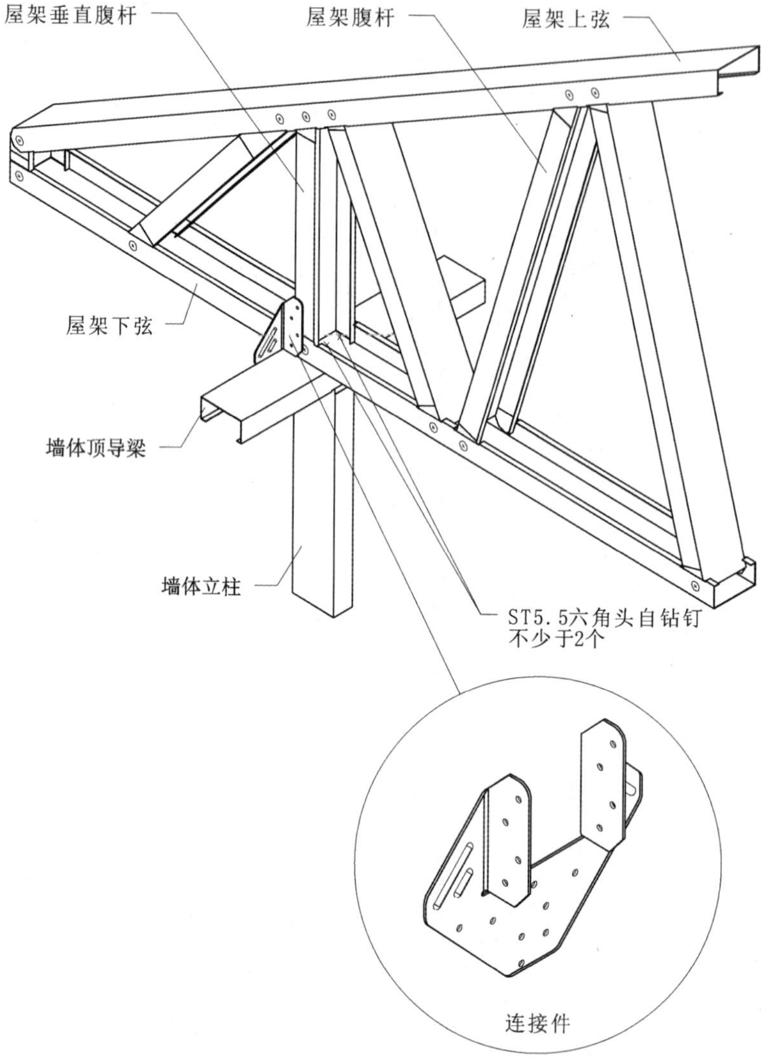

注：1.屋架端部支座处应有一根垂直腹杆与下方支座墙体对齐。

2.屋架下弦与墙体顶导梁连接处应至少用2个螺钉可靠连接。

3.屋架与外墙连接时，应采用三向连接件或其他抗拉连接件，连接件与外墙及屋架的连接螺钉数量各不宜少于3个。

连续屋架与墙体连接

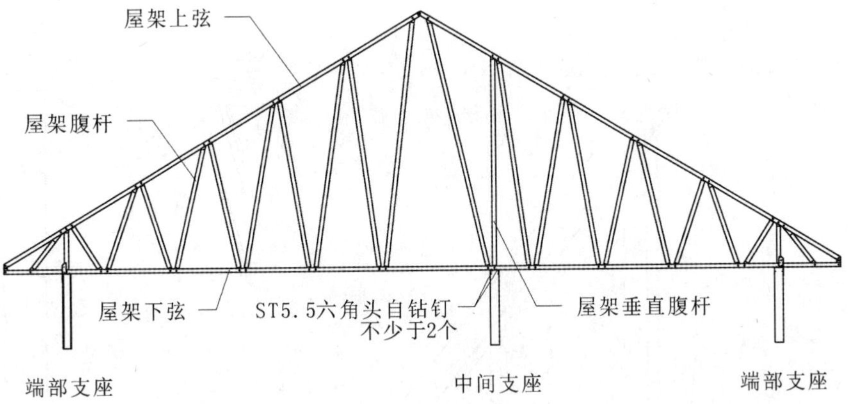

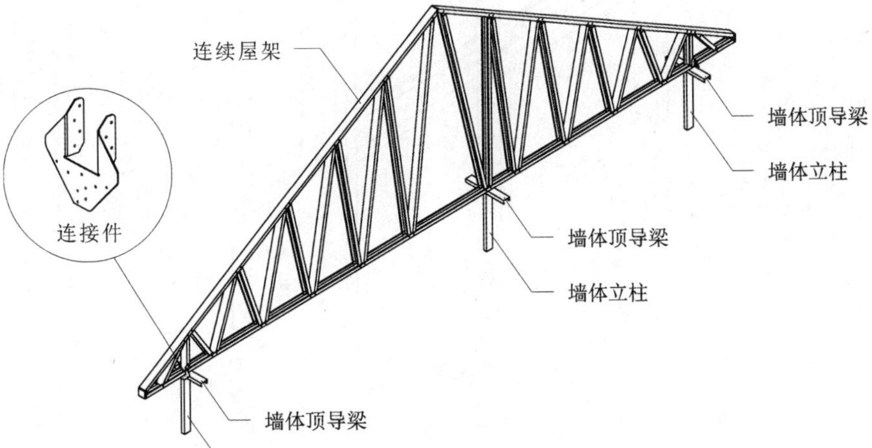

注：1. 连续屋架端部支座及中间支座处应有一根垂直腹杆与下方支座墙体对齐。
2. 屋架下弦与墙体顶导梁连接处应至少用2个螺钉可靠连接。
3. 屋架与外墙连接时，应采用三向连接件或其他抗拉连接件，连接件与外墙及屋架的连接螺钉数量各不宜少于3个。

山墙屋架与墙体连接

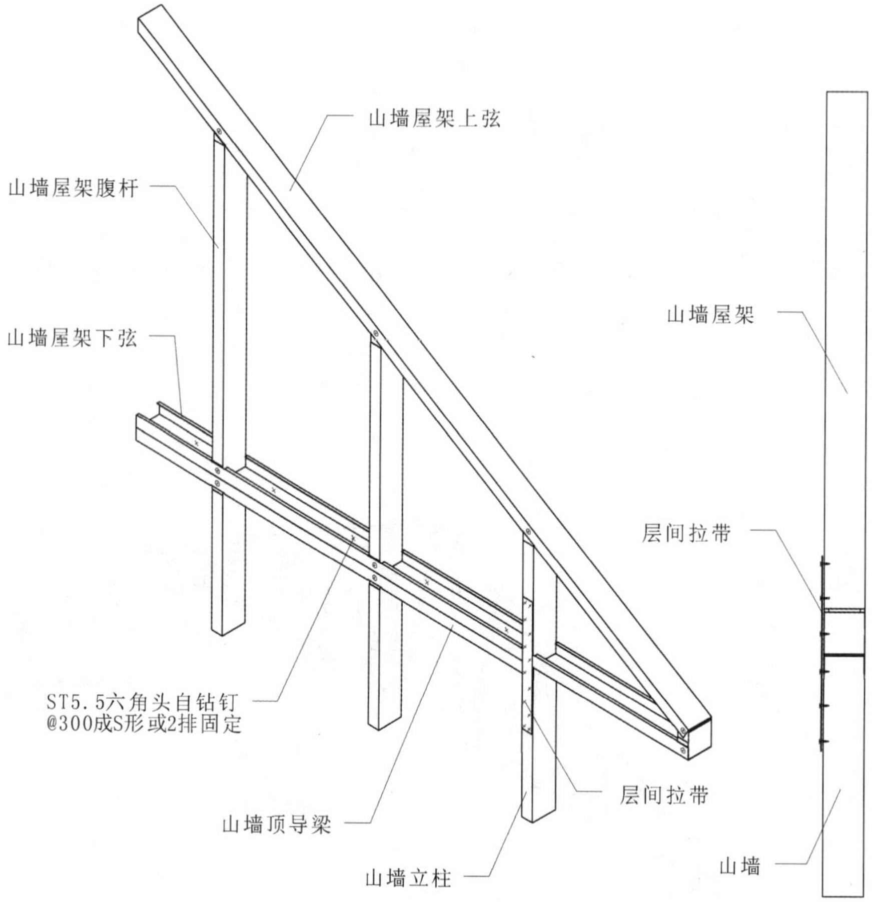

注：1.山墙屋架的腹杆与下方山墙立柱宜上下对应，并应沿外侧设置间距不大于2 m的层间拉带。
2.层间拉带与山墙立柱及山墙屋架各不宜少于6个ST4.8螺钉固定。

屋架下弦分段拼接

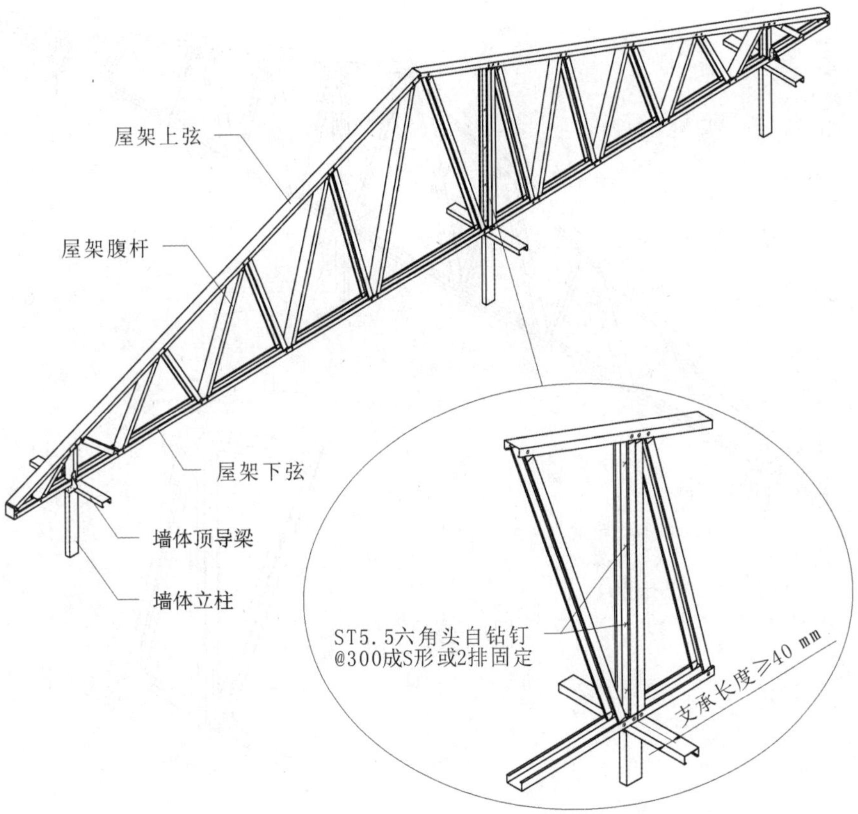

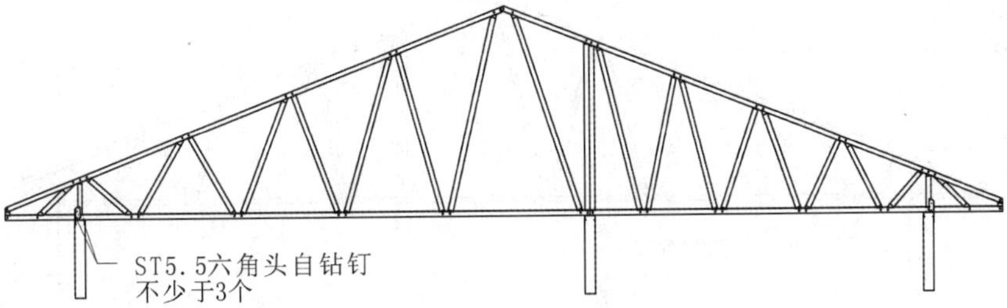

注：1. 屋架下弦较长时可采用分段拼接，拼接点应在承重墙上，下弦的支承长度不应小于40 mm。
2. 屋架下弦与墙体顶导梁连接处应至少用2个螺钉可靠连接。
3. 屋架与外墙连接时，应采用三向连接件或其他抗拉连接件，连接件与外墙及屋架的连接螺钉数量各不宜少于3个。

屋架与屋架对接

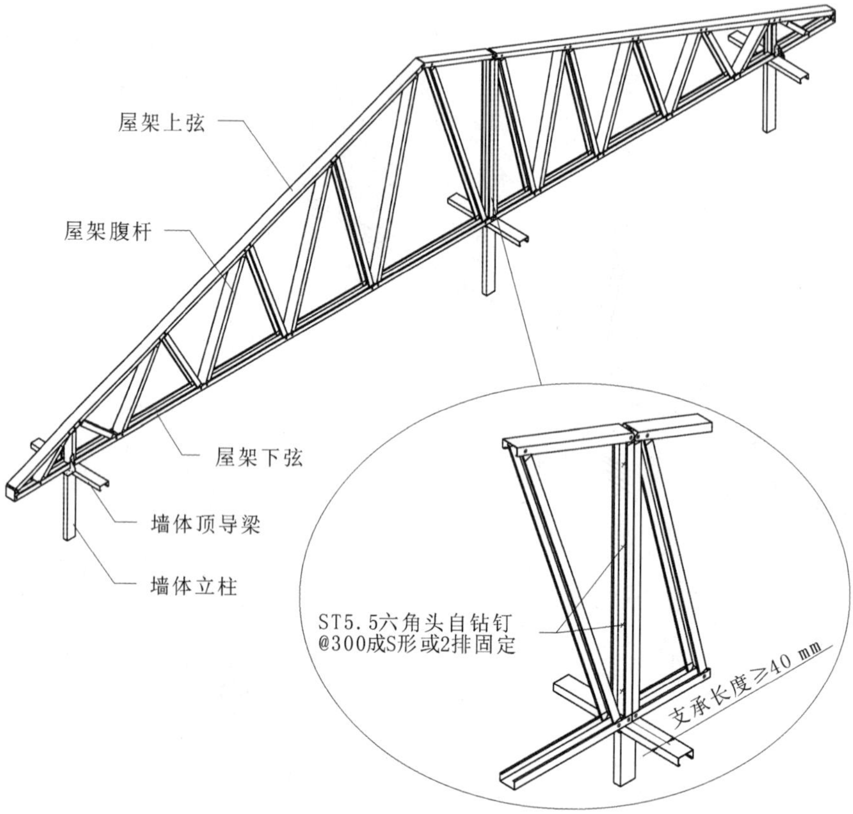

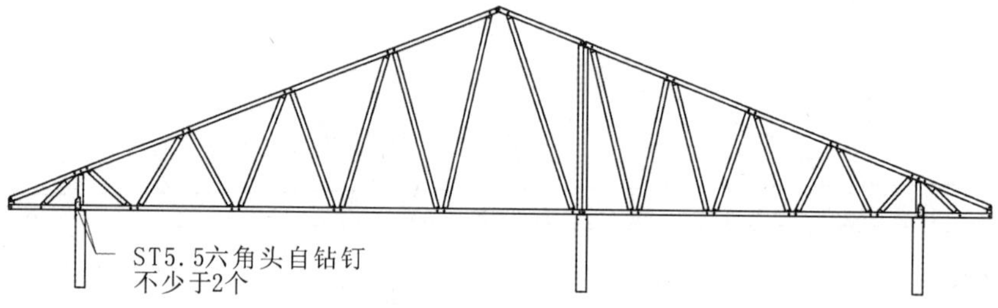

注：1. 屋架较长时可分成多段对接，对接点应在承重墙上，下弦的支承长度不应小于40 mm。
2. 屋架下弦与墙体顶导梁连接处应至少用2个螺钉可靠连接。
3. 屋架与外墙连接时，应采用三向连接件或其他抗拉连接件，连接件与外墙及屋架的连接螺钉数量各不宜少于3个。

屋架侧向支撑一

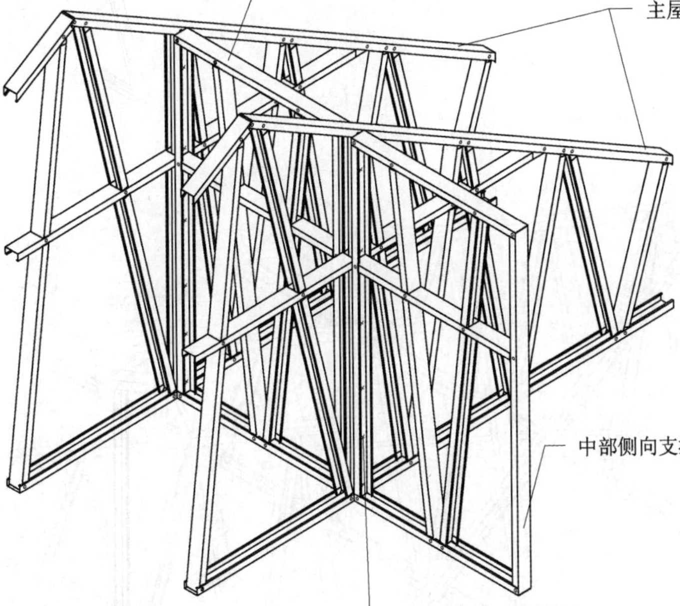
中部侧向支撑次屋架
主屋架
中部侧向支撑次屋架
ST5.5六角头自钻钉
沿腹板方向@500

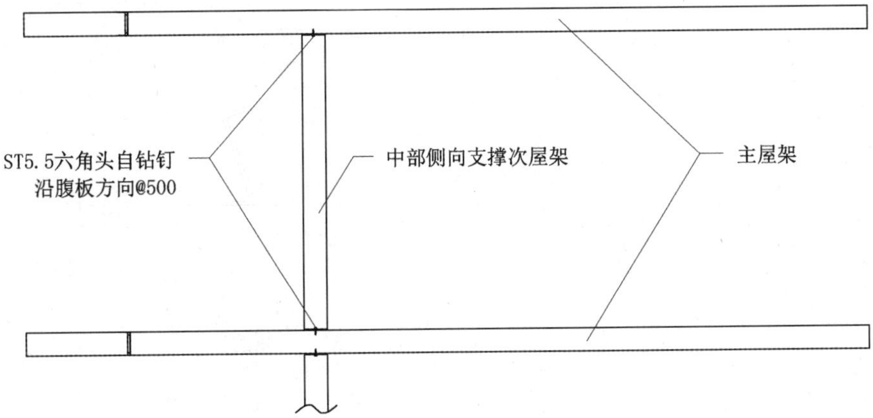
ST5.5六角头自钻钉
沿腹板方向@500
中部侧向支撑次屋架
主屋架

屋架侧向支撑二

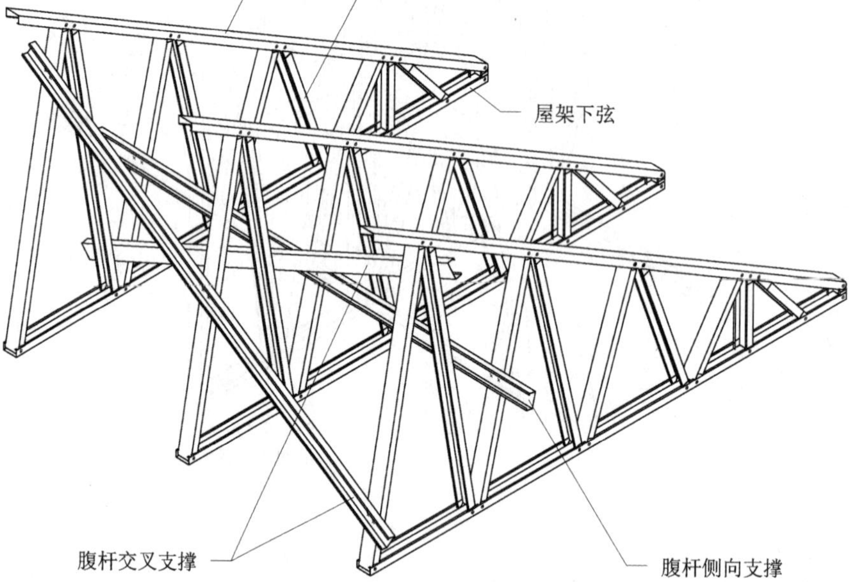
屋架上弦
屋架腹杆
屋架下弦
腹杆交叉支撑
腹杆侧向支撑

主屋架与次屋架连接

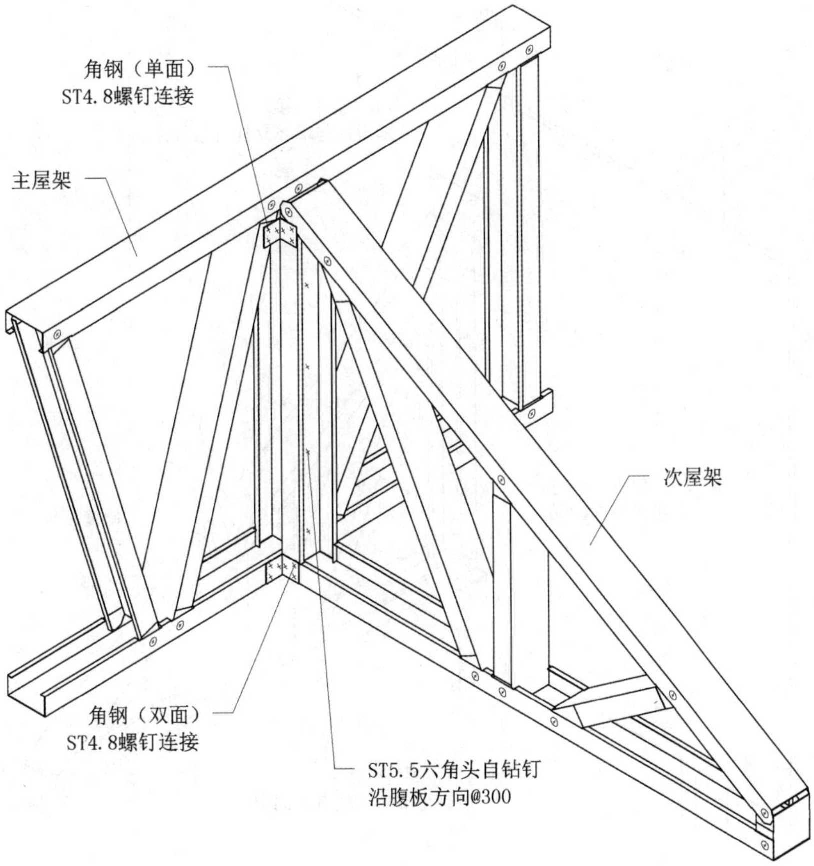
角钢（单面）
ST4.8螺钉连接
主屋架
次屋架
角钢（双面）
ST4.8螺钉连接
ST5.5六角头自钻钉
沿腹板方向@300

雨篷屋架与墙体连接

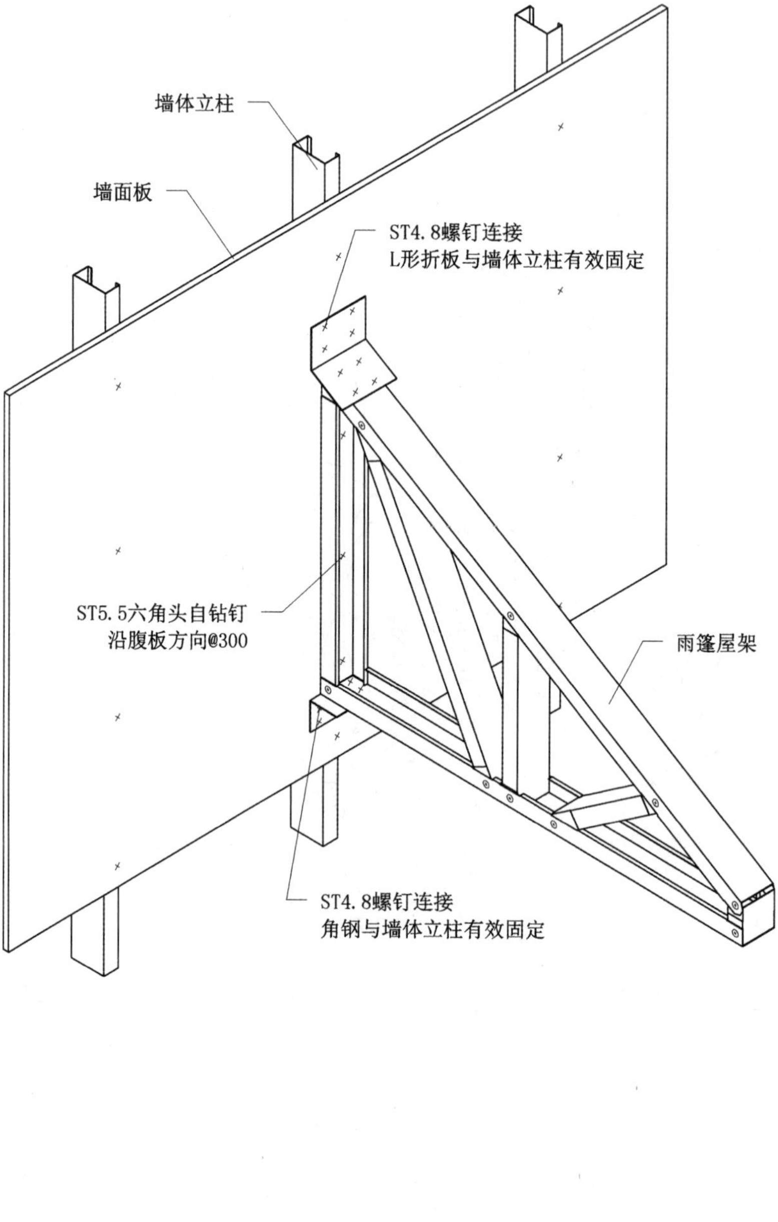
墙体立柱
墙面板
ST4.8螺钉连接
L形折板与墙体立柱有效固定
ST5.5六角头自钻钉
沿腹板方向@300
雨篷屋架
ST4.8螺钉连接
角钢与墙体立柱有效固定

屋架、墙体和吊顶面板的连接

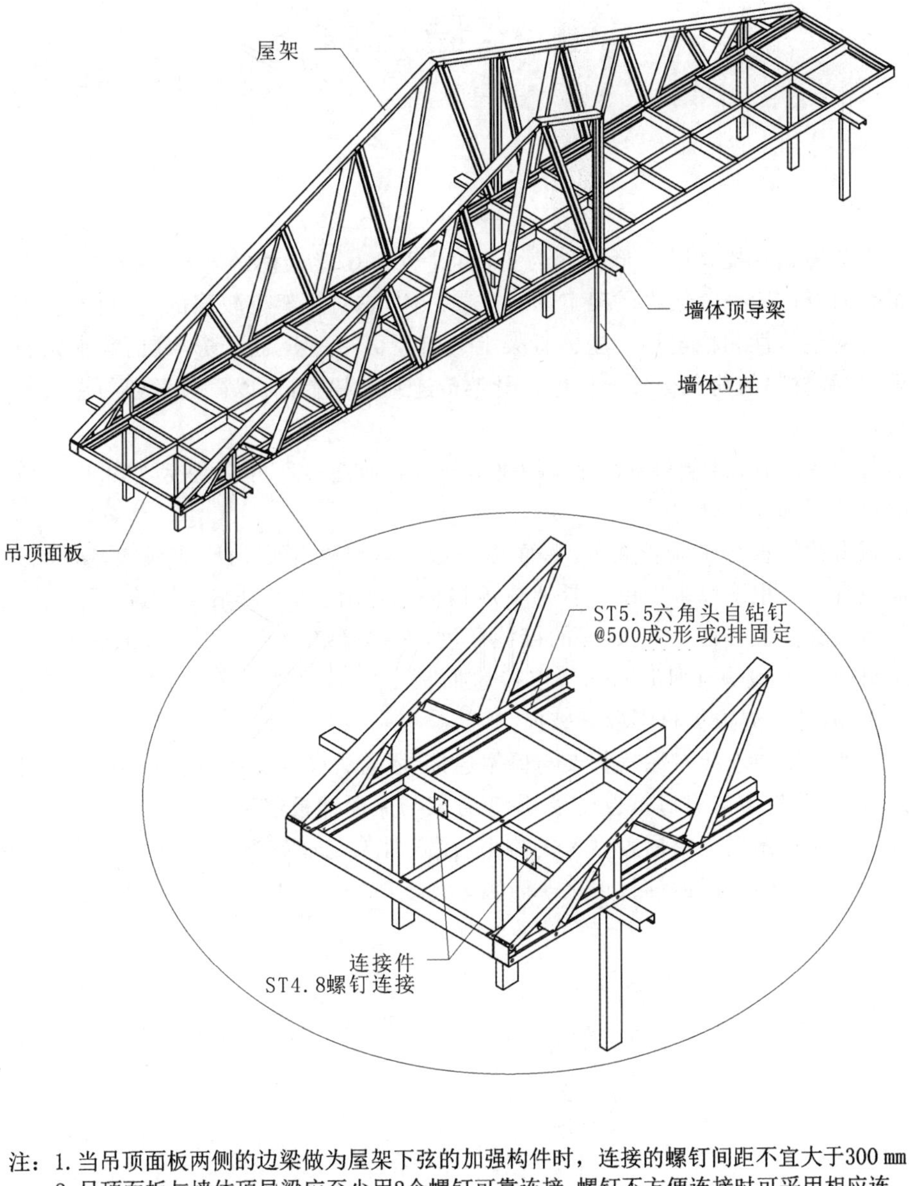

注：1. 当吊顶面板两侧的边梁做为屋架下弦的加强构件时，连接的螺钉间距不宜大于300 mm。

2. 吊顶面板与墙体顶导梁应至少用2个螺钉可靠连接，螺钉不方便连接时可采用相应连接件连接。

10. 屋盖骨架

本章中的屋盖骨架是以C形构件为主，通过切除C形构件的卷边、腹板等C形构件相互穿插组合而成。屋盖骨架将屋架牢固地连成一体，它对屋架有较强的约束作用，提高了整个屋盖系统的整体性和稳定性。屋盖骨架上装有屋面板、保温层、防水层、顺水条、挂瓦条、屋面瓦等，这些材料的荷载全部通过屋盖骨架传递到屋架上，所以屋盖骨架与屋架的连接必须牢固稳定。

屋盖骨架在屋脊、斜脊和屋谷处应用钢折板或相应连接件可靠连接，它可以有效增加屋盖骨架的整体性和稳定性。

屋面板直接铺设在屋盖骨架上，屋面板一般采取结构用定向刨花板或其他结构面板。一块屋面板宜跨3根或以上的屋盖骨架支承构件，这样设计可以增强屋盖的稳定性和整体性。屋面板错缝安装并留3～5 mm的接缝宽度，在其接缝处应增加螺钉的密度，连接边部铺板的螺钉间距不应大于150 mm。连接屋面板与屋盖骨架的螺钉，其头部宜沉入板内0.5～1.0 mm，螺钉周边板材不应有破损。

屋盖骨架的主要连接有屋盖骨架与屋架连接、屋盖骨架与支撑构件连接、屋盖骨架与屋脊折板连接、屋盖骨架与檐口折板连接、屋盖骨架与屋面铺板连接等。

本章主要通过图例介绍屋盖骨架的构造、屋盖骨架与屋架连接、屋脊折板连接、屋谷折板连接、檐口折板连接、屋面铺板连接等内容。

屋盖骨架构造示意

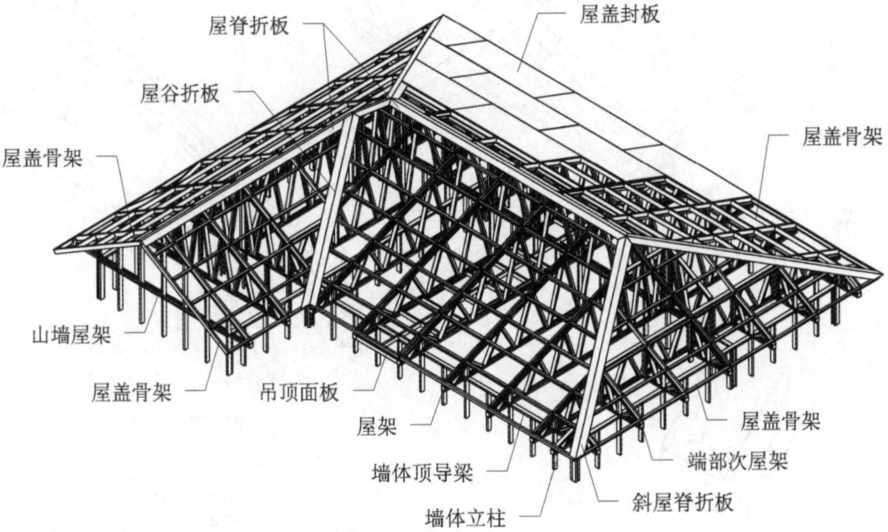
屋脊折板
屋盖封板
屋谷折板
屋盖骨架
屋盖骨架
山墙屋架
屋盖骨架
吊顶面板
屋架
屋盖骨架
端部次屋架
墙体顶导梁
斜屋脊折板
墙体立柱

屋盖骨架与屋架连接一

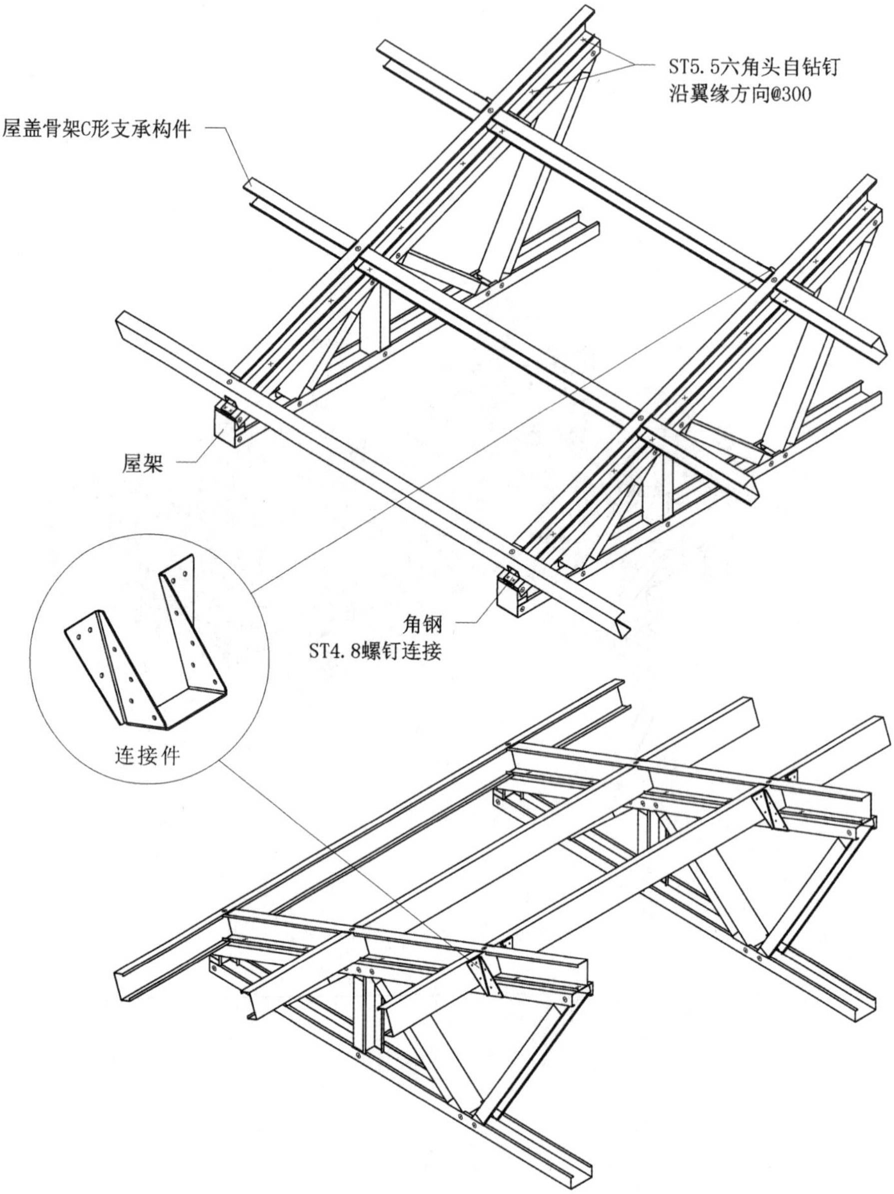

注：1.屋盖骨架的C形支承构件与屋架上弦连接处应至少用1个螺钉可靠连接。
2.螺钉不方便连接时可采用相应连接件替代连接。

屋盖骨架与屋架连接二

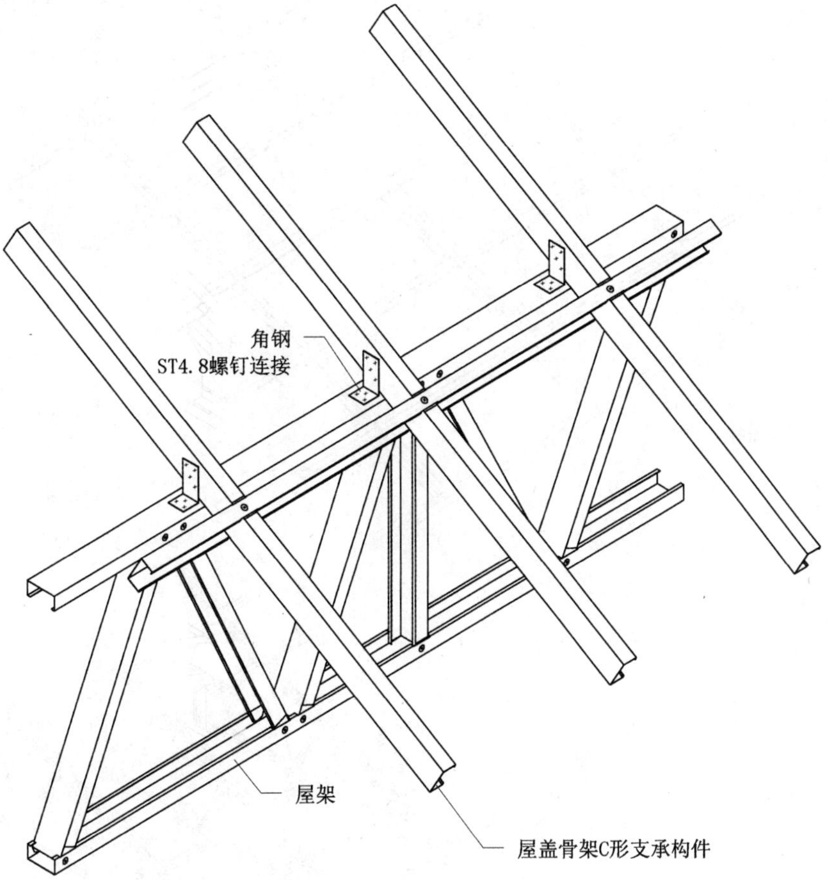

注：角钢与屋架及屋盖骨架的连接各不应少于2个螺钉。

屋盖骨架间连接

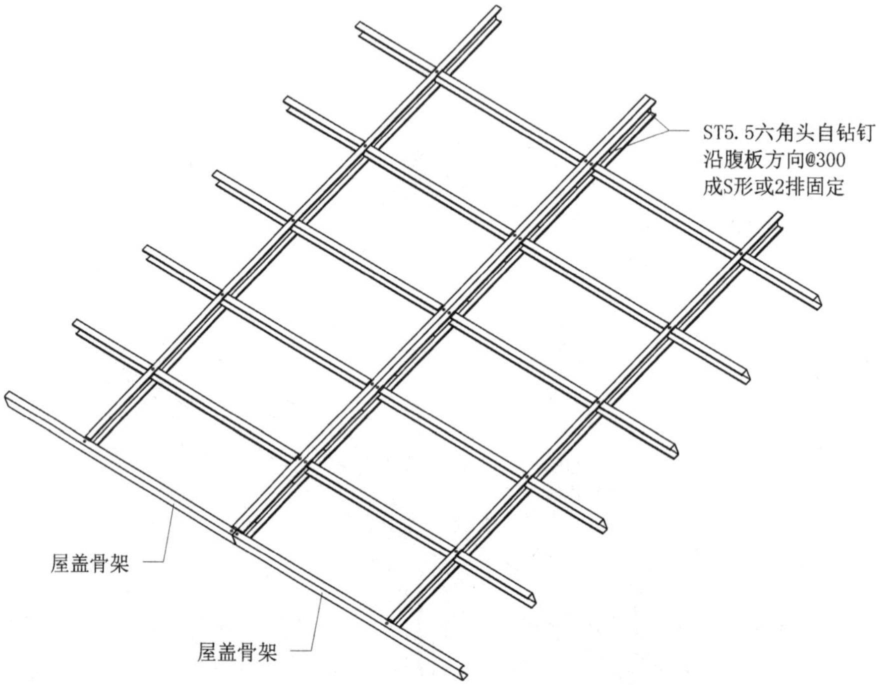
ST5.5六角头自钻钉
沿腹板方向@300
成S形或2排固定
屋盖骨架
屋盖骨架

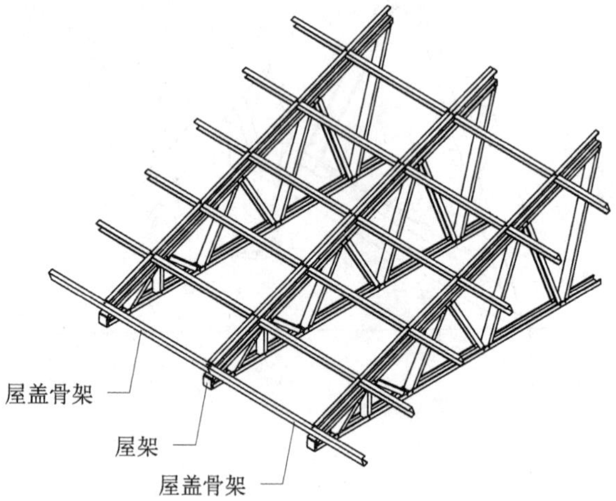
屋盖骨架
屋架
屋盖骨架

屋脊折板连接

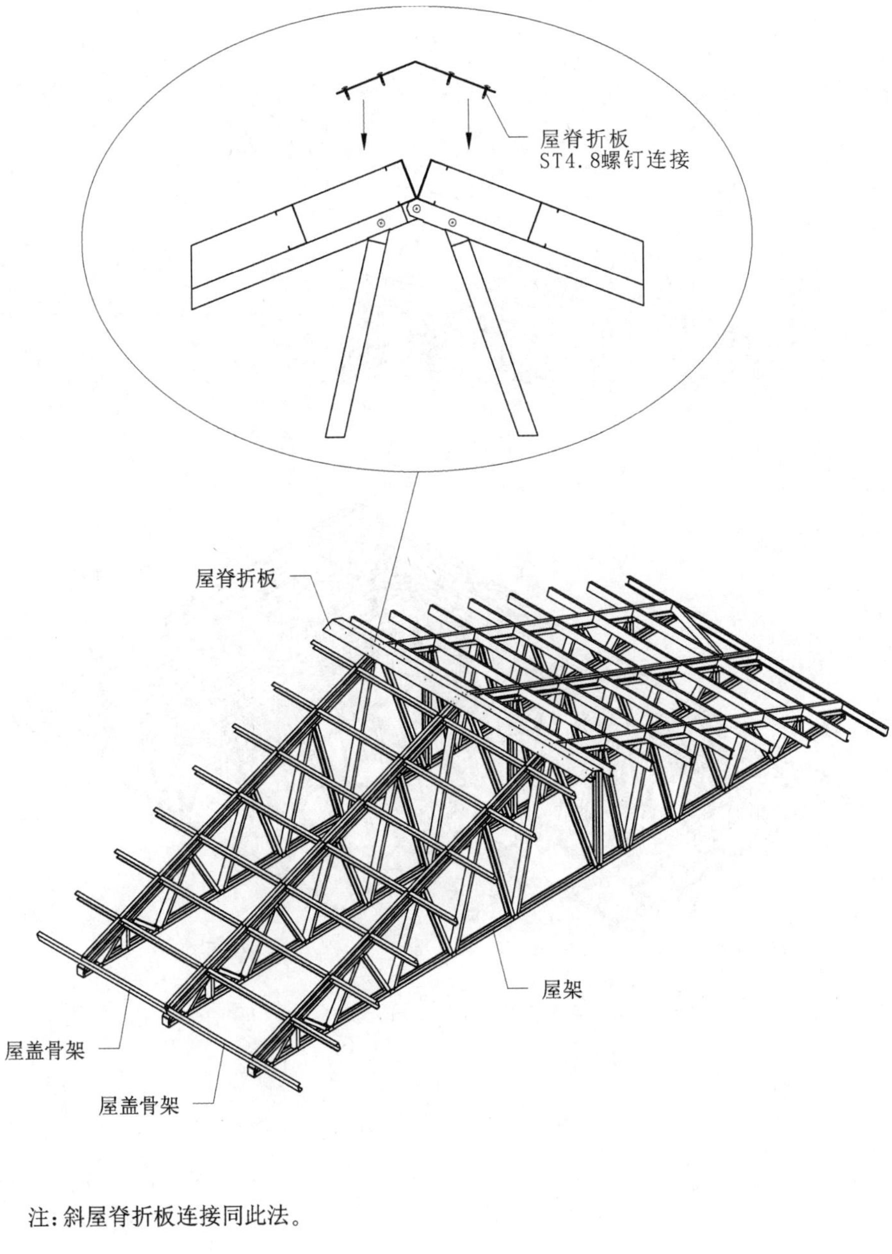

注:斜屋脊折板连接同此法。

屋谷折板连接

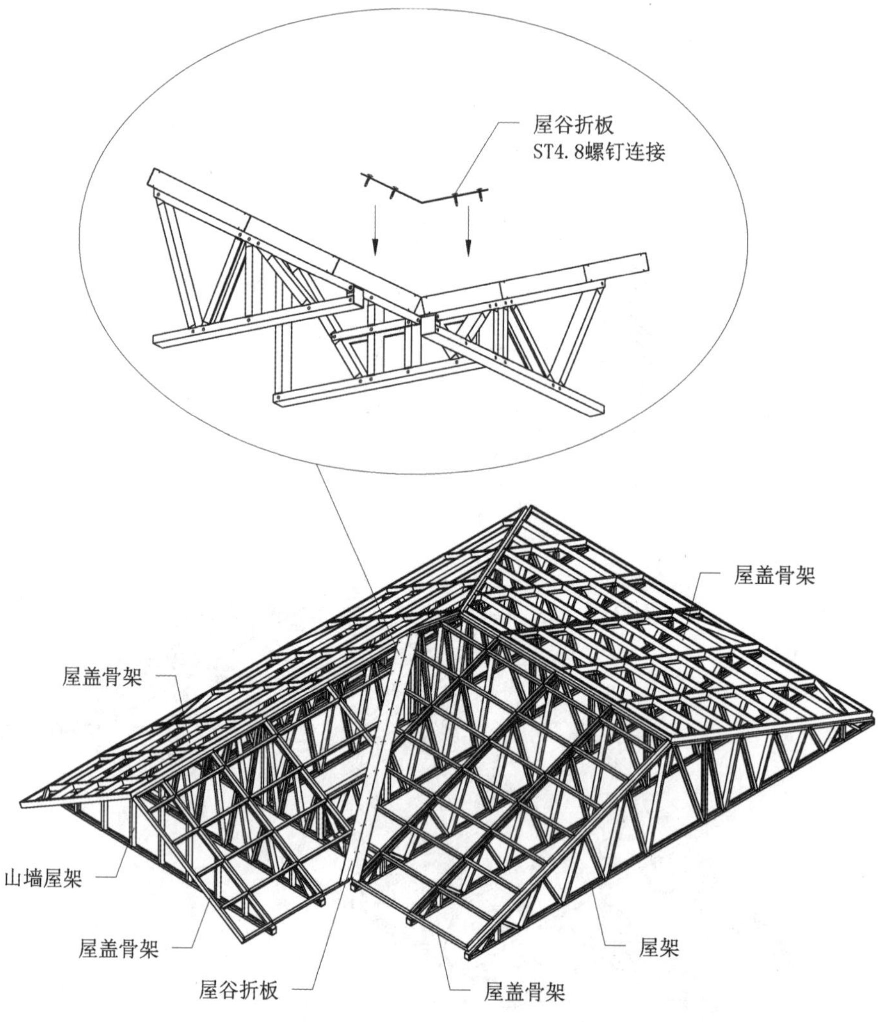
屋谷折板
ST4.8螺钉连接
屋盖骨架
屋盖骨架
山墙屋架
屋盖骨架
屋谷折板
屋架
屋盖骨架

檐口折板连接一

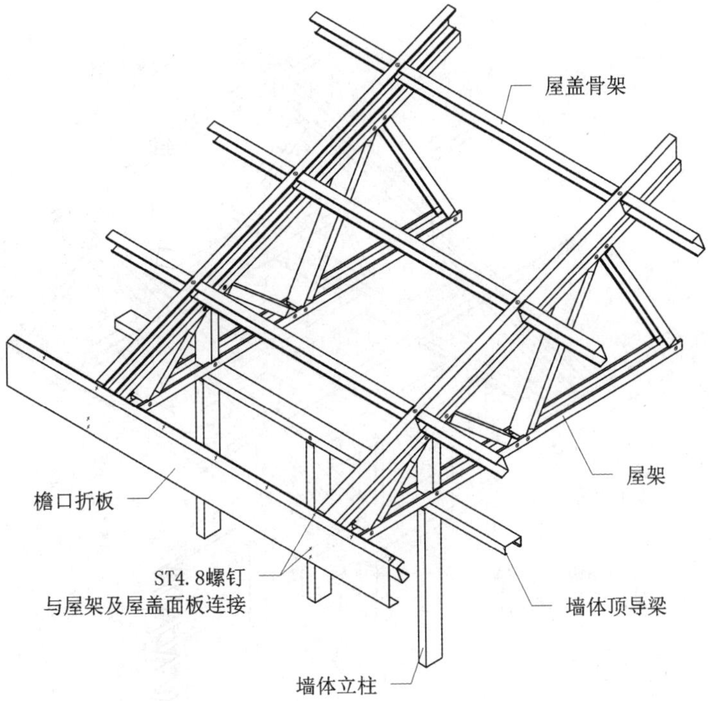
屋盖骨架
屋架
檐口折板
ST4.8螺钉
与屋架及屋盖面板连接
墙体顶导梁
墙体立柱

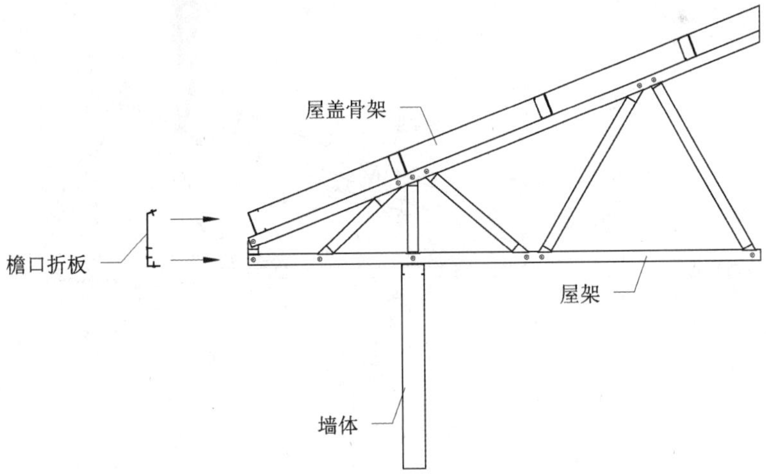
屋盖骨架
檐口折板
屋架
墙体

檐口折板连接二

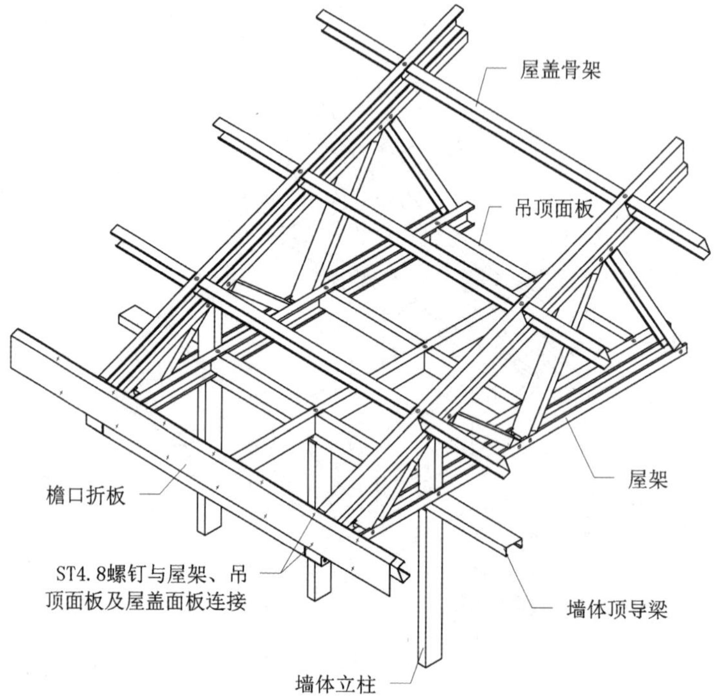
屋盖骨架
吊顶面板
屋架
檐口折板
ST4.8螺钉与屋架、吊
顶面板及屋盖面板连接
墙体顶导梁
墙体立柱

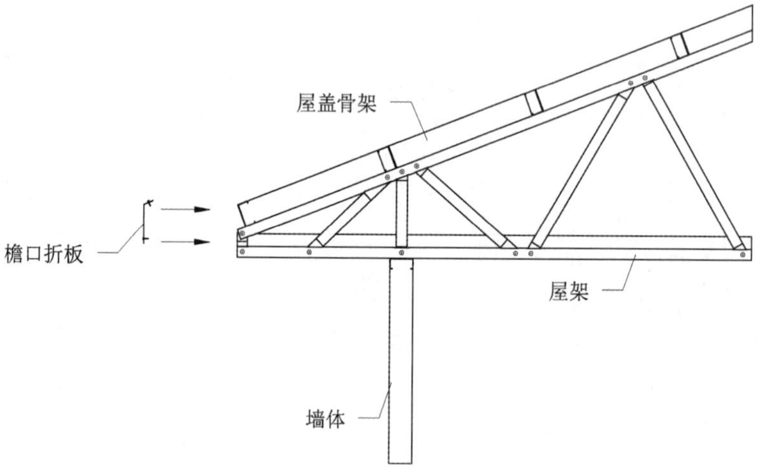
屋盖骨架
檐口折板
屋架
墙体

屋盖铺板

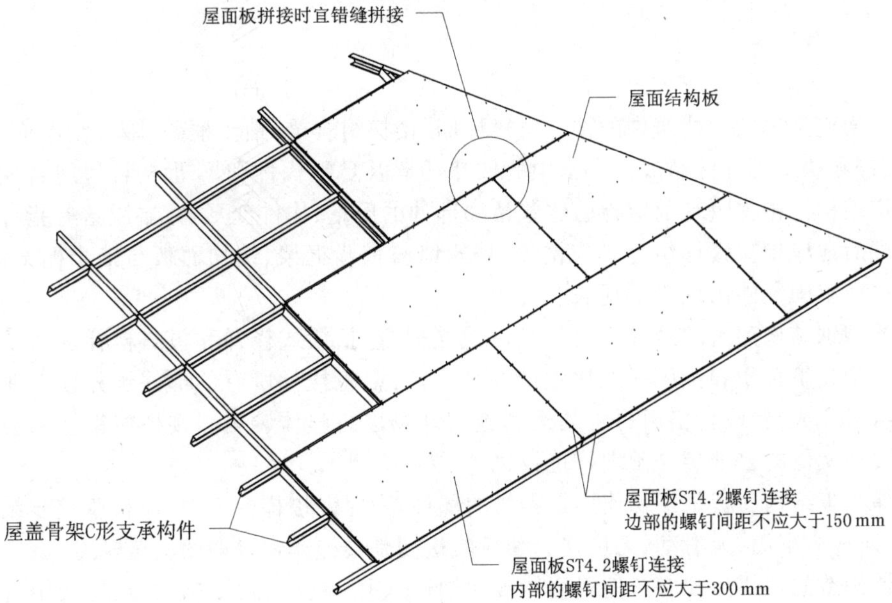

注：1. 屋面板安装的接缝宽度为4 mm，允许偏差±2 mm，螺钉孔边距不应小于8 mm。
2. 屋面板安装至少应在3根C形支承构件上，板中间至少有1根C形构件支承。

11. 楼梯

冷弯薄壁型钢结构建筑中的楼梯由楼梯墙、楼梯组合梁、踏步框架、踏步结构面板、楼梯平台、栏杆和扶手等部件组成。本章中的楼梯是指以C形构件和U形构件等组合成各种样式的楼梯结构。楼梯组装前应检验这些楼梯部件的质量、构件变形、镀层脱落等指标。楼梯整体装配后还应检验楼梯组合梁与楼盖、楼梯墙与踏步框架、结构面板与踏步框架的连接，这些连接应牢固不能出现松动现象。

薄壁型钢结构建筑的楼梯主要是装配式楼梯，包括梁式楼梯和板式楼梯。为了发挥薄壁型钢结构建筑轻质和工厂标准化生产的特点，可以将楼梯所有的部件预先在专业的安装平台上组装完成，验收合格后再将其运到施工现场进行整体装配。楼梯型钢结构装配时应该按照设计文件的要求事先预埋好抗拔、抗剪螺栓。

楼梯踏步结构面板是楼梯使用最频繁的部件，为保证楼梯的安全，应检验踏步结构面板的连接，连接应牢固、无滑动、无位移。踏板的松动是楼梯非常普遍的安全隐患。

楼梯构造的主要形式有落地式墙体楼梯构造、CU组合梁式楼梯构造、桁架组合梁式楼梯构造。

本章主要通过图例介绍几种楼梯的构造及其连接方式。

落地式墙体楼梯一构造

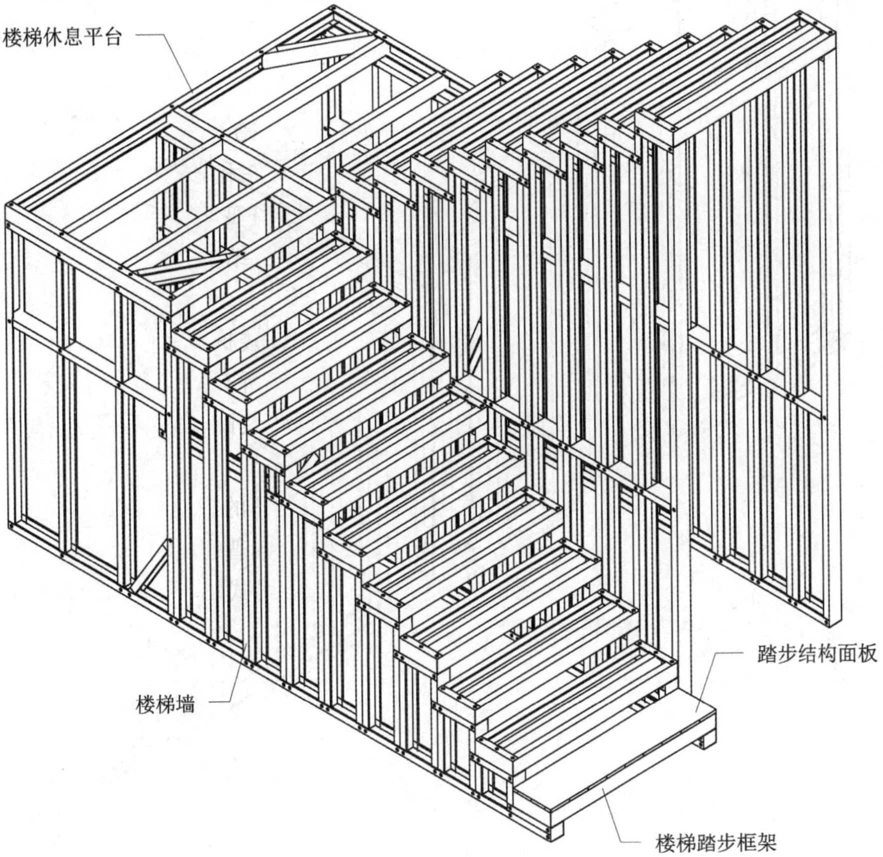
楼梯休息平台
踏步结构面板
楼梯墙
楼梯踏步框架

落地式墙体楼梯一连接

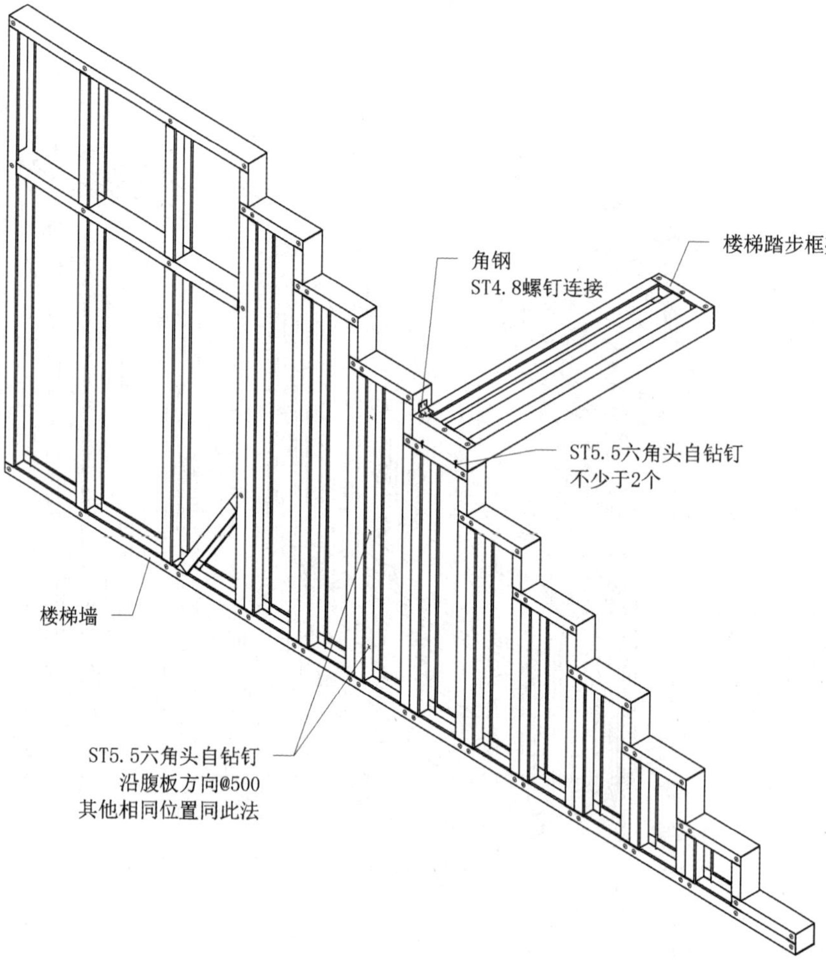

注：1. 楼梯踏步框架和楼梯休息平台与楼梯墙体的连接处应至少用2个螺钉可靠连接。
2. 楼梯墙体的C形构件背对背位置参考2C背对背组合柱的连接方式固定。

落地式墙体楼梯二构造

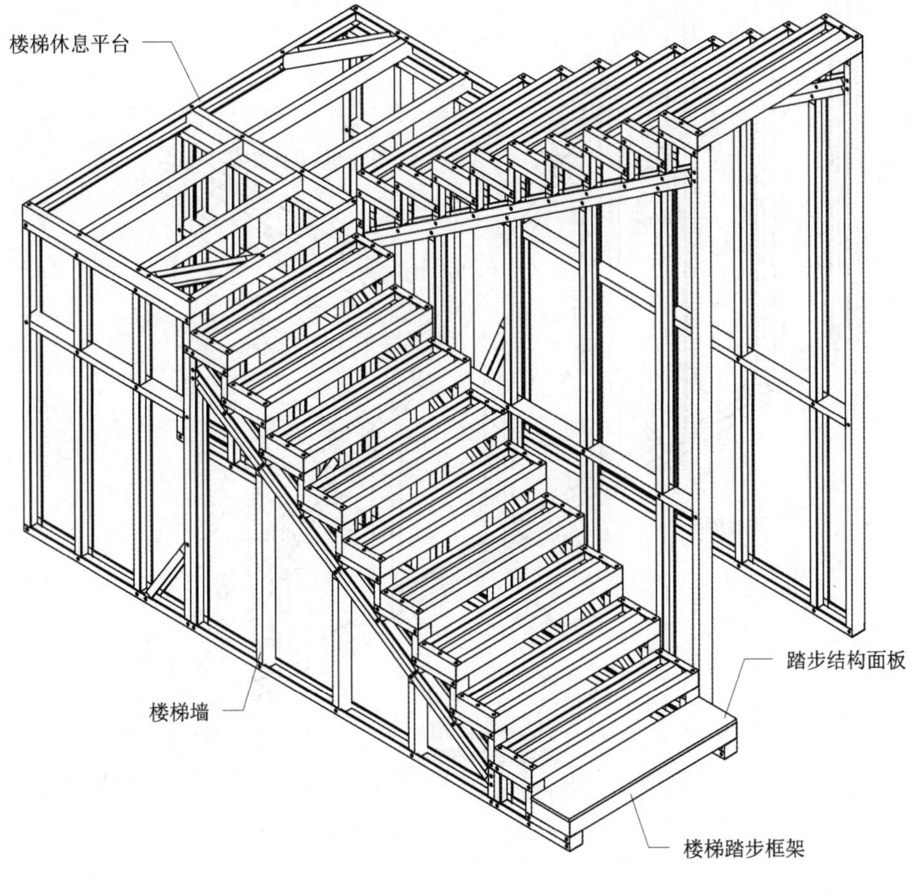
楼梯休息平台
踏步结构面板
楼梯墙
楼梯踏步框架

落地式墙体楼梯二连接

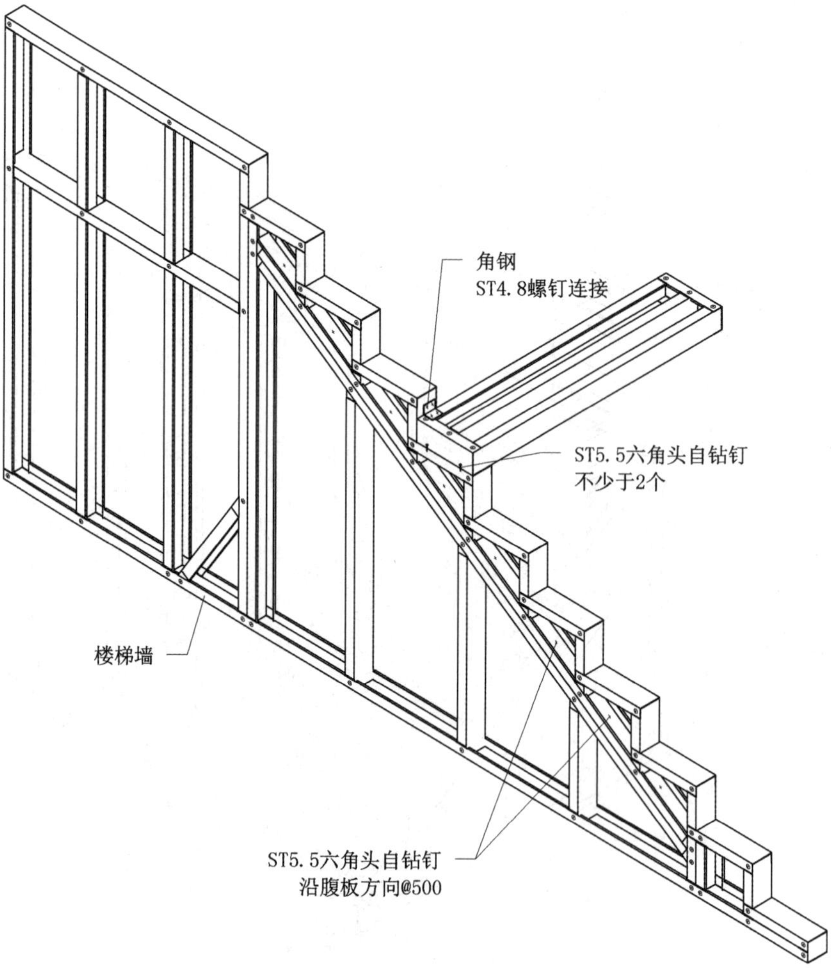

注：1. 楼梯踏步框架和楼梯休息平台与楼梯墙体的连接处应至少用2个螺钉可靠连接。
2. 楼梯墙体的C形构件背对背位置参考CC背对背组合柱的连接方式固定。

CU 组合梁式楼梯构造

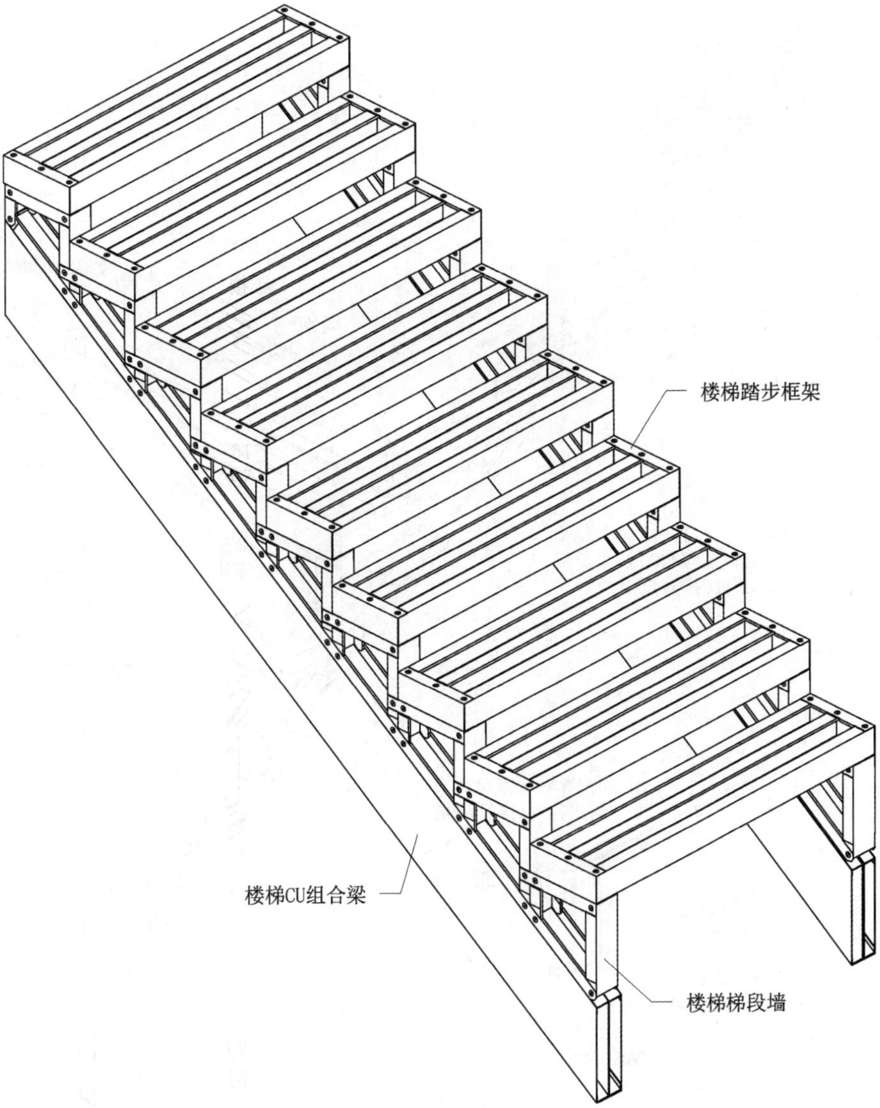

CU组合梁式楼梯连接

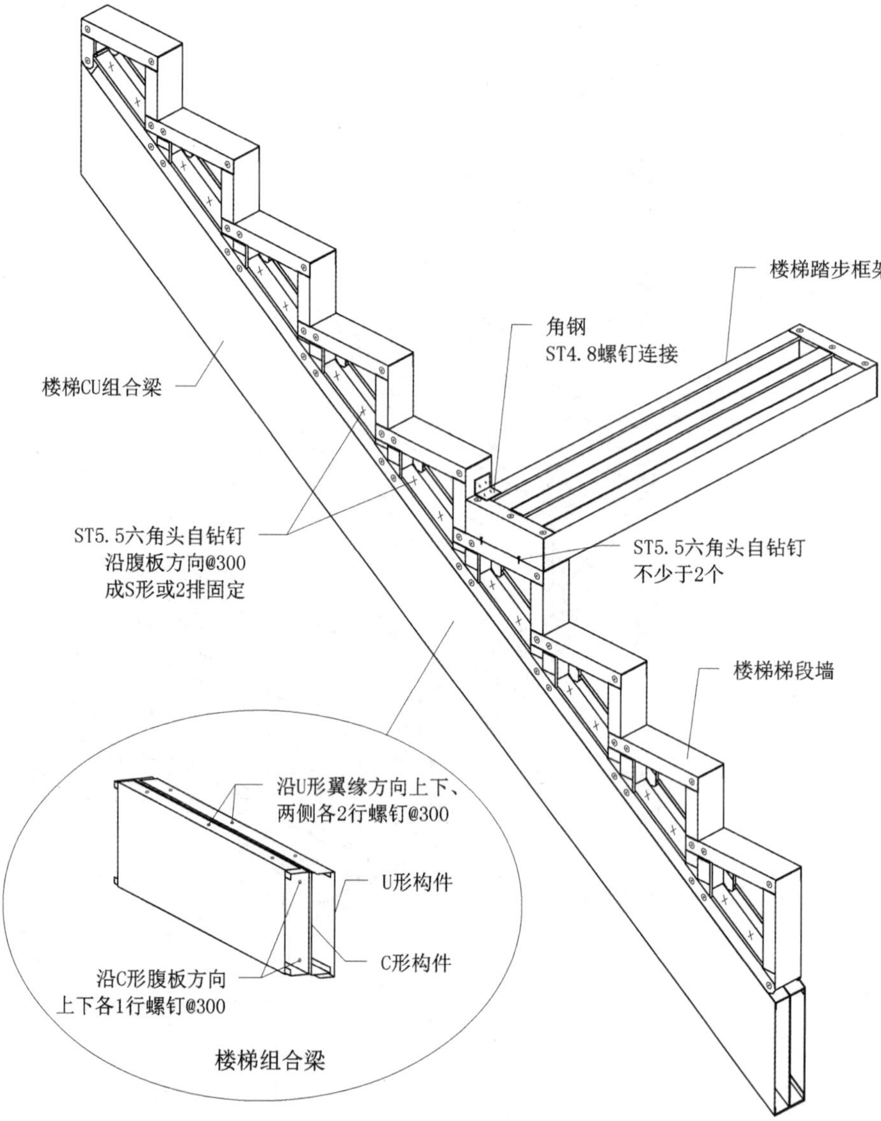

注：1. 楼梯踏步框架与楼梯梯段墙的连接处应至少用2个螺钉可靠连接。
2. 楼梯梯段墙与楼梯CU组合梁螺钉不便连接时可用相应连接件连接。
3. 楼梯CU组合梁与楼梯平台和休息平台连接参考组合梁与组合梁连接。

桁架组合梁式楼梯构造

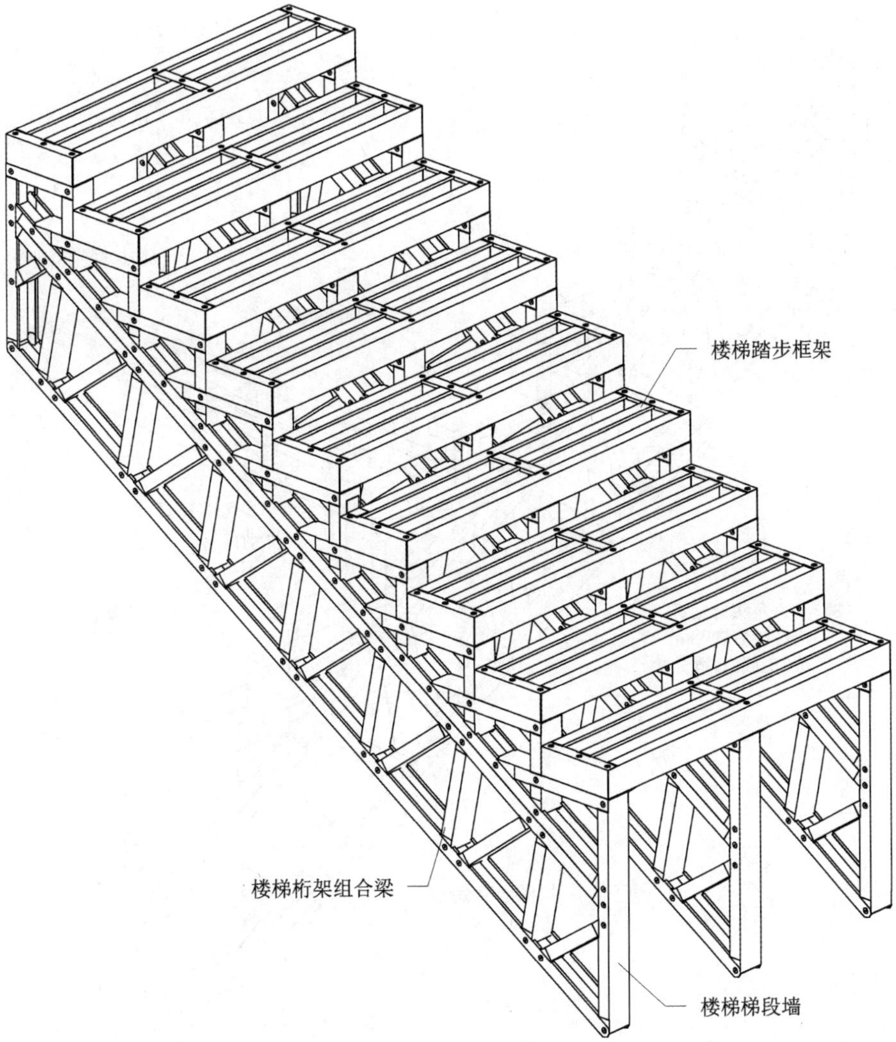

桁架组合梁式楼梯连接

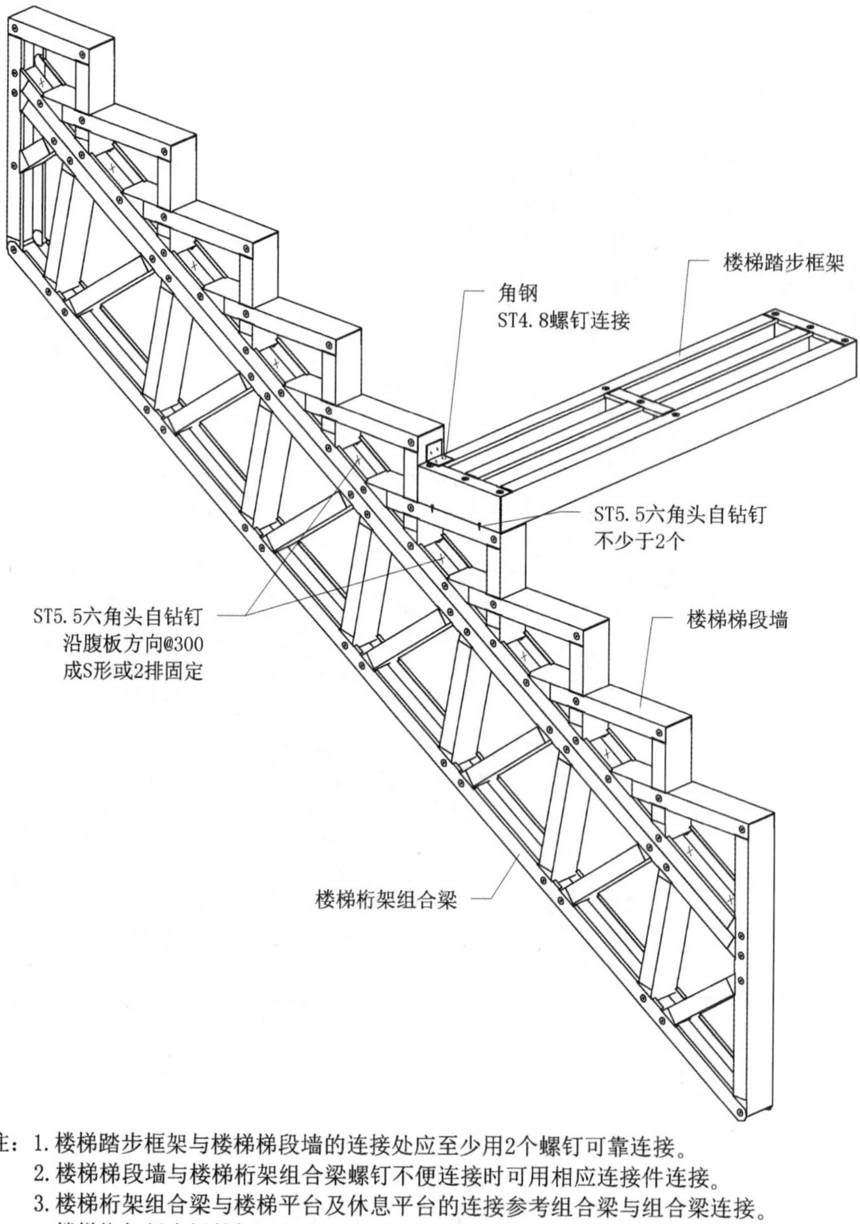

注：1. 楼梯踏步框架与楼梯梯段墙的连接处应至少用2个螺钉可靠连接。
2. 楼梯梯段墙与楼梯桁架组合梁螺钉不便连接时可用相应连接件连接。
3. 楼梯桁架组合梁与楼梯平台及休息平台的连接参考组合梁与组合梁连接。
4. 楼梯桁架组合梁的加固方式可参考桁架梁加固方式。

参考文献

[1] 中国建筑标准设计研究院.低层冷弯薄壁型钢房屋建筑技术规程.JGJ 2017-2011[S].北京.中国建筑工业出版社,2011.

[2] 住房和城乡建设部住宅产业化促进中心.冷弯薄壁型钢多层住宅技术标准.JGJ/T421—2018[S].北京.中国建筑工业出版社,2018.

[3] 中国建筑标准设计研究院.国家建筑标准设计图集·钢结构住宅(一).05J910-1[S].北京.中国计划出版社,2006.